地震・津波と火山の事典

東京大学地震研究所=監修

藤井敏嗣
纐纈一起 =編

丸善出版

「地震・津波と火山の事典」刊行の辞

　「リテラシー」というカタカナ言葉を，見聞きすることが多くなりました．「金融リテラシー」とか「情報リテラシー」のように用いられ，それぞれの分野に関する素養を身につけていることを指します．この言葉を使うならば，専門家でない一般の方々の「地震・津波リテラシー」と「火山リテラシー」の向上を願って，本書は企画されたものです．

　地震や火山噴火に見舞われることの多い我が国ですから，誰でも地震や火山の素養は自然に身についていると思われるかもしれません．しかし，「津波警報」が出されても9割の住民が避難しなかったり，緊急地震速報の運用開始が地震予知の成功と勘違いされたりすることを見聞きすると，地震・津波リテラシーが身についているのか疑問符がつきます．また，雲仙普賢岳の災害でも，もう少し高い火山リテラシーをもち，一般の人も「火砕流」の危険性をきちんと認識していれば，犠牲者も少なくなっていたに違いありません．このようなことから，私たち地震研究所は，すべての国民の「地震・津波リテラシー」と「火山リテラシー」の向上こそが，地震・津波・火山噴火がもたらす恐るべき災害を軽減する第一歩だと信じています．それと同時に，私たちの住む地球の内部で起こっている現象をきちんと理解しておくことは，現代人・国際人としての教養としても欠かせないことだとも確信しています．

　本書では表面的な知識の羅列を避け，地震・津波・火山現象について体系的な理解が進むように配慮しました．必要最小限の数式と，工夫された多くの図表はその表れであり，刊行にこぎつけることができたのは，企画・編集に当たった藤井敏嗣教授と纐纈一起教授の辛抱強い努力のおかげです．ここに記して深く感謝します．

2008年1月

東京大学地震研究所長
大　久　保　修　平

まえがき

　我が国は地震と火山の国である．太平洋プレートやフィリピン海プレートが沈み込む，ユーラシア大陸東端の島弧に住む私たち日本人は，地震や津波や火山噴火を避けることができない．世界中で最も地学的変動の激しい場所に生活しているのである．ところが，学校教育で地震や火山について学ぶ機会は非常に乏しいのが現実である．現在の我が国では，小学校や中学校の理科で地震や火山のことを学ぶことになっている．しかし，そのあとの高等学校では，地震や火山についての内容を含む地学は選択科目の1つであり，現実問題として選択する生徒はあまり多くない．その理由の1つは，大学の入試科目として地学が課されることがまれだからである．高校で地学を教えられる教師の数も減っている．結局のところ，日本人の大部分は中学校の1年生でならった地震や火山についての知識を更新することなく社会人になるのである．

　自然災害にはマニュアルだけでは対処できない．災害はさまざまな形で発生し，どれ1つとして同じものはない．したがって，地震・津波や火山噴火による災害から身を守るには，地震・津波や火山噴火がどのようなものであり，どのようにして発生するのか，またどのような範囲に被害が生じるのかなどについて，できるだけ正確な知識をもつことが重要である．正確な知識があれば，想像力を発揮して対処することもできる．

　本書は地震，津波，火山に関する基本的な知識を一般の人々に身につけてもらうことを目的に作られた．執筆者には対象となる読者にわかりやすく書くようにお願いしたが，複数の著者が執筆するというスタイルをとった以上，すべての内容を同じレベルで調整することは不可能であった．正確を期すため，数式をある程度使わなければならない箇所も出てきた．しかし，内容的には図版も多用し，可能な限り読みやすいものに仕上げたつもりである．事典というタイトルを設定したが，地震学や火山学に関する理論・事象は膨大なので，そのすべてを網羅することは初めから考えなかった．したがって，本書は地震学や火山学の専門家にとっては物足りないはずである．しかし，将来，地震や火山を研究しようとする高校生や大学生にとっては，全体を把握できる入門書として使えると思っている．

　本書は3章からなる．第1章は地震と火山という観点での地球の見方であり，第2章と第3章のイントロダクションにもなっている．第2章は，地震とは何かということから，地震による揺れ，諸現象，災害などについて解説し，地震や揺れを予測するとはどういうことかについても述べた．津波とその災害は，主に地震により引き起こされるので，第2章で解説を行った．第3章は，火山がどうしてできるか，火山噴火とはどのようなものか，火山災害にどのように対処したらよいかについて述べた．最近の主な噴火についてもわかりやすく解説した．また，地球上の火山を理解するために地球以外の惑星の火山についても述べた．地球とは異なるサイズ，環境の惑星でどのような火山が見られるかに思いをはせることによって，地球の火山とはどのようなものかもわかってくる．

　もともと，この企画は執筆者の1人で，現在気象庁に勤務している土井恵治氏が地震研究所のアウトリーチ推進室の専任助教授として在職していた時期に始まったものである．第1章を執筆した名古屋大学の山岡耕春氏も原稿執筆時は地震研究所教授であった．また，第2章の2.3節を執筆した日本大学の工藤一嘉氏も地震研究所に所属していた．そのことを思うと，本書の企画から出版まで大変長い時間がかかっていることを実感する．忙しい中，貴重な原稿を寄せていただいた執筆者の中には長くお待ちいただいた方もいる．ここに記して

感謝する次第である．

　企画から出版に至るまでの期間，忍耐強く待っていただいた丸善株式会社出版事業部の堀内洋平氏，終盤の編集という大変な仕事を引き受けていただいた小根山仁志氏，遠藤絵美氏に心から感謝する．最後に，国立大学法人化後の東京大学地震研究所のアウトリーチ活動の一環としての，この出版企画に快く同意され，励ましていただいた，地震研究所所長の大久保修平氏に感謝したい．

2008年1月

藤　井　敏　嗣
纐　纈　一　起

編者・執筆者一覧

編 者　　藤　井　敏　嗣　　東京大学地震研究所　火山噴火予知研究推進センター
　　　　　　纐　纈　一　起　　東京大学地震研究所　地震火山災害部門

執筆者　　工　藤　一　嘉　　日本大学　生産工学部　建築工学科
　　　　　　栗　田　　　敬　　東京大学地震研究所　地球流動破壊部門
　　　　　　纐　纈　一　起　　東京大学地震研究所　地震火山災害部門
　　　　　　島　崎　邦　彦　　東京大学地震研究所　地球流動破壊部門
　　　　　　都　司　嘉　宣　　東京大学地震研究所　地震火山災害部門
　　　　　　土　井　恵　治　　気象庁　総務部　防災企画調整官
　　　　　　中　田　節　也　　東京大学地震研究所　火山噴火予知研究推進センター
　　　　　　藤　井　敏　嗣　　東京大学地震研究所　火山噴火予知研究推進センター
　　　　　　山　岡　耕　春　　名古屋大学　大学院環境学研究科　地震火山・防災研究センター
　　　　　　山　下　輝　夫　　東京大学地震研究所　地球計測部門

（2008年1月現在，五十音順）

目　次

1　地球　1

1.1　地球の内部　［山岡耕春］　1
- 1.1.1　地球の構造　1
- 1.1.2　地球の核（コア）　3
- 1.1.3　マントル　5
- 1.1.4　地　殻　8

1.2　地球の動き　［山岡耕春］　10
- 1.2.1　マントル対流　10
- 1.2.2　プレートテクトニクス　12
- 1.2.3　海洋底の拡大と火山活動　14
- 1.2.4　プレートの沈み込み　15
- 1.2.5　地球の動きを測る　16

2　地震　19

2.1　地震とは何か　［山下輝夫］　19
- 2.1.1　はじめに　19
- 2.1.2　近代地震学の創始　19
- 2.1.3　地震群の特徴　23
- 2.1.4　地震を引き起こす力　23
- 2.1.5　複双力源と地震モーメント　25
- 2.1.6　震源断層の幾何学的分類　26
- 2.1.7　広がりのある断層　27
- 2.1.8　断層のずれの詳細とアスペリティ　28
- 2.1.9　断層のずれの多様性　30
- 2.1.10　大地震の繰り返し　31
- 2.1.11　地震発生の引き金　34
- 2.1.12　震源の深い地震の発生機構　34

2.2　地震波と地震動　［纐纈一起］　36
- 2.2.1　はじめに　36
- 2.2.2　地震波の発生　36
- 2.2.3　地震波の伝播　37
- 2.2.4　地震波の減衰・増幅　38
- 2.2.5　強震動と震度　39
- 2.2.6　地震計　41
- 2.2.7　地震動の観測　42
- 2.2.8　地震波による構造探査　44

2.3　地震に伴う諸現象と災害　［工藤一嘉］　46
- 2.3.1　はじめに　46
- 2.3.2　震源近傍の地殻変動，地盤変動　46
- 2.3.3　強震動がもたらす現象と被害　48
- 2.3.4　地震による二次災害　57

2.4　津波とその災害　［都司嘉宣］　61
- 2.4.1　世界語「津波・tsunami」　61
- 2.4.2　津波の発生　62
- 2.4.3　津波の流体力学　66
- 2.4.4　津波の測定　71
- 2.4.5　日本列島周辺海域に起きた地震津波　73
- 2.4.6　日本を襲った遠地津波　79
- 2.4.7　近年発生した外国の津波　80
- 2.4.8　津波の警報発令　82
- 2.4.9　沿岸市街地の津波対策　83

2.5　地震の予測　［島崎邦彦］　87
- 2.5.1　海溝型地震の予測　87
- 2.5.2　活断層で起こる地震の長期予測　91
- 2.5.3　強震動予測　94
- 2.5.4　確率論的地震動予測地図　97

3 火 山　103

- 3.1 火山とは　[藤井敏嗣]　103
  - 3.1.1 火山のつくり・種類　103
  - 3.1.2 活火山　105
  - 3.1.3 活火山以外の火山　107
- 3.2 火山のもと，マグマ　[藤井敏嗣]　109
  - 3.2.1 マグマとは　109
  - 3.2.2 マグマはどうしてできる　109
  - 3.2.3 マグマの上昇とマグマ溜まり　112
  - 3.2.4 マグマ組成の変化　113
- 3.3 噴火のしくみとその規模　[中田節也]　116
  - 3.3.1 噴火の原因と種類　116
  - 3.3.2 マグマの粘性と気泡のでき方　116
  - 3.3.3 噴火の規模　117
- 3.4 火山噴火に伴う諸現象　[中田節也]　121
  - 3.4.1 地震活動　121
  - 3.4.2 地殻変動　124
  - 3.4.3 地磁気変化と電気抵抗変化　125
  - 3.4.4 重力変化　126
  - 3.4.5 火山ガスおよび地下水の変化　127
- 3.5 火山噴出物と噴火現象　[中田節也]　130
- 3.6 火山噴火と環境　[藤井敏嗣]　132
  - 3.6.1 火山活動と環境変動　132
  - 3.6.2 歴史時代・現代の大噴火と気候変動　132
  - 3.6.3 噴火と大気汚染　133
- 3.7 火山活動による災害　[土井恵治]　135
  - 3.7.1 火山災害の要因と被害の様相　135
  - 3.7.2 火山災害対策　142
- 3.8 過去の主な噴火　[中田節也]　153
  - 3.8.1 有珠山　153
  - 3.8.2 三宅島　153
  - 3.8.3 雲仙普賢岳　156
  - 3.8.4 セントヘレンズ火山　157
  - 3.8.5 ピナツボ火山　158
  - 3.8.6 スフリエールヒルズ火山　160
- 3.9 地球外の火山　[栗田 敬]　161
  - 3.9.1 火山活動を引き起こす熱源　161
  - 3.9.2 太陽系の火山　162

- 資 料
  - ●火山活動度と火山のランク　172
  - ●日本の活火山一覧表　173
  - ●日本の主な噴火災害　176
  - ●日本の主な地震・津波災害　180
- 索 引　186

column

火山の不思議な名前　104	航空機事故　140
海嶺火山活動　107	土石流，泥流，ラハール　141
洪水玄武岩　108	噴火警報と噴火警戒レベル　144
地震でできるマグマ：シュードタキライト　112	桜島の爆発予測　146
日本の主な広域火山灰層　119	火山噴火予知連絡会　147
ポンペイとエルコラーノ　120	富士山の被害想定　150
深部低周波地震　122	富士山の活動と低周波地震　152
茂木モデル　124	神津新島の地震活動と地殻変動　155
ダイナモ理論とピエゾ磁気効果　126	風変わりな熱源・潮汐変形熱とは何か？　161
火山ガスの同位体組成　129	クレーター年代学　162
マグマの破片　130	惑星探査によって明らかにされる惑星の表面　164
噴 石　137	巨大なオリンポス・モンスの影響　165

1 地球

1.1 地球の内部

1.1.1 地球の構造

(1) 地球は層構造をしている

地球の内部は大まかにいえば層構造をしている．その構造は主に3つの部分から構成されていて，外側から順に**地殻，マントル，核**（コア）とよばれている（図1.1）．これはゆで卵にたとえるとわかりやすい．卵の殻にあたるのが地殻で，地球表面を薄く覆っている．その内側の白身にあたるのがマントルであり，黄身にあたるのが核である．地殻の厚さは大陸と海洋とでは異なり，大陸の下では30～60 kmの厚さであるのに対し，海洋の下では約6 km程度の厚さとなっている．地殻の下の深さ約2,900 kmまでがマントルで，それより内側が核である．地殻とマントルが岩石からできているのに対し，核は鉄やニッケルなどの金属でできている．核は深さ約5,150 kmを境にして外側が液体の外核で内側が固体の内核である．

(2) 地球の構造は地震波で調べる

このような地球の構造はどのようにして調べたのだろうか．地球の中心まで掘ることはできない．そこで地球の内部を伝わる地震波を用いて調べたのである．地震波にはP波（縦波）とS波（横波）があり，それぞれ伝わる速さと性質が異なる．P波の方

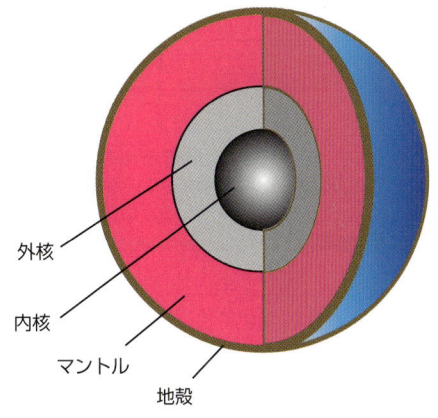

図1.1 地球の構造：地球の断面の模式図．地球は外側から地殻，マントル，核とよばれる部分に分かれている．地殻とマントルは主に固体の岩石からなり，核は液体金属からなる外核と，固体の金属からなる内核に分かれている．

がS波よりも伝わる速度が速く，またP波は固体の中も液体の中も伝わることができるが，S波は液体の中を伝わることができない．さらに伝わる速さは岩石の種類によって異なり，伝わる速さが急に変化する場所では，波が反射したり屈折したりする．このような地震波の性質を利用して，いろいろな場所で発生した地震による波を世界中の地震計でとらえ，その所要時間（**走時**という）から地球内部を地震波が伝わる速度を推定するのである．そのように

して得られた地球内部の速度構造を図1.2に示す．

図をみると，深さとともに徐々に増えてきた地震波速度が，深さ2,900 km付近で急激に変化していることがわかる．これは固体の岩石でできたマントルと液体の金属でできた核との違いを表している．液体の核ではP波速度が減少するとともにS波が伝わらなくなっていて（S波速度がゼロ），核が液体でできていることを示している（詳細は2.2.2節参照）．

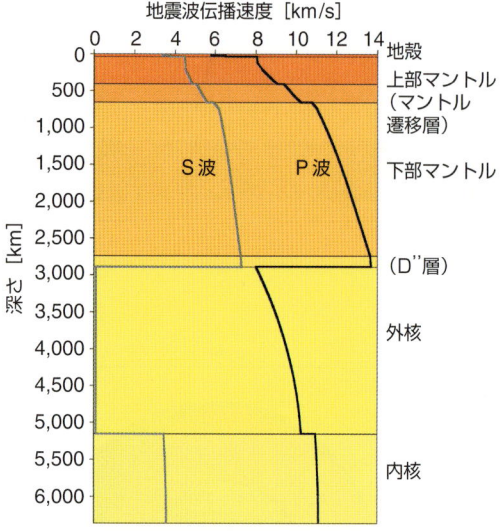

図1.2　地球内部の地震波速度の標準モデルのひとつ：P波とS波の速度が深さにより異なっている様子がわかる．

(3) 主な不連続面

地震波を用いて調べると，地球の内部には地震波の伝わる速度が急に変化する深さがあることがわかる．これを**地震波速度不連続面**とよんでいる．そのうち主なものを説明しよう．

地表に最も近い不連続面は，地殻とマントルの境界である．この境界は**モホ面**（モホロビチッチの不連続面）とよばれ，その深さは場所によって大きく異なる．海洋地殻のモホ面の深さは世界中でほぼ一定で，約6 km程度であるが，大陸地殻のモホ面は場所によって大きく異なり，30 kmから60 km程度となっている．

マントル内の深さ100 kmあたりより深い部分は，それより浅い部分よりも地震波速度（特にS波）の遅い**低速度層**があると考えられている．この低速度層は**アセノスフェア**とよばれ，岩石の一部が溶けていて流動しやすくなっていると考えられている．そのためこの低速度層より上のマントルは一体として動きやすくなり，**リソスフェア**とよばれている．

深さ660 km付近には，マントル全体を2つに分ける不連続面があり，マントル対流にも大きな影響を与えていると考えられている．これよりも浅い部分を**上部マントル**，深い部分を**下部マントル**とよんでいる．上部マントルと下部マントルは，マントルを構成する主要な鉱物の結晶構造が異なる．そのため地震波の伝わる速度も異なっている．

マントルの最下部には厚さ100～200 kmの**D″**（Dダブルプライム）とよばれる層がある．これは，マントル対流の結果できた層と考えられるが，その成因とマントル対流に対する役割の解明が待たれる．

マントルと外核との境界は地球の内部で最大の不連続であることは先に述べたが，核の内部にも深さ5,150 km付近に不連続があることがわかっている．それより深い場所ではS波も伝わることから，**内核**とよばれる固体の核が存在すると考えられている．地球中心部の高圧により外核では液体だった金属が固体となっているのであろう．

(4) 地球は何でできているか

地球は，太陽系を構成していたチリやガスが集まってできた微惑星や隕石が，集積・合体して46億年前に形成されたと考えられている．そのため地球全体としての平均的な構成物質や元素は，現在も太陽系の中を漂っていて，時々地球上に降ってくる隕石を調べることによって知ることができる．しかし現在の地球は，先に述べたように，一様な構造ではなく層構造をなしている．これは大量の微惑星や隕石が衝突・合体したために，その重力エネルギーが解放されて熱となり，地球が大規模に溶けたためと考えられている．その結果，重い（密度の大きい）成分は地球の中心に集まり，鉄やニッケルといった金属でできた核が形成された．それに対し軽い（密度の小さい）ケイ酸塩は表面へと上昇していき，マントルと地殻を形成した．さらに火山の噴火などによって揮発性の気体や水蒸気が地表に放出され，地球の重力にとらえられて大気をつくった．そのうち水蒸気は地表の冷却に伴って凝縮し，海洋を形づくった．このようにして地球の構造ができたのである．

(5) 不均質性が地球の営みの謎を解く鍵

おおまかには層構造をなしている地球も，詳しく調べると場所によって地震波の伝わる速度が異なっていることがわかってきた．このような状態を不均

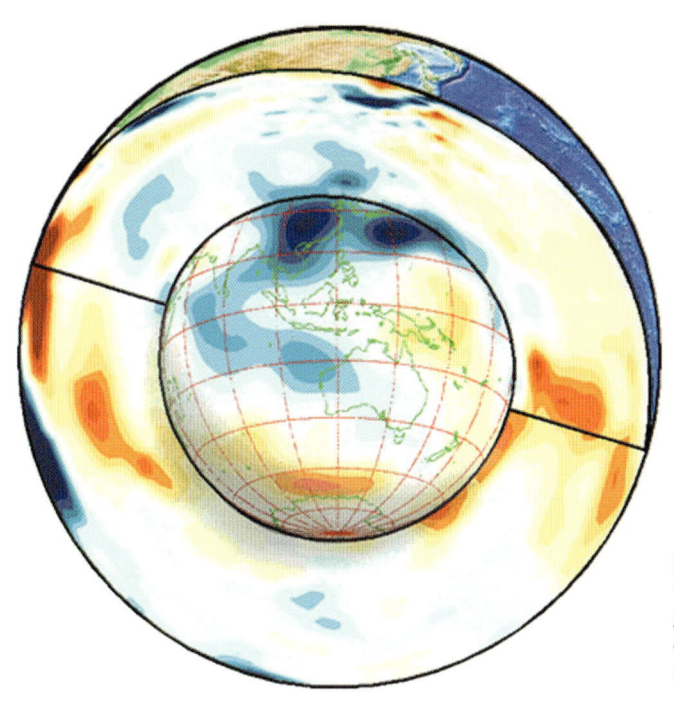

図 1.3
マントルの速度の不均質：標準的な地震波速度モデルからのずれを色で表したもの．青色の部分は速度が速い領域，赤色の部分は速度が遅い領域．

質とよんでいる（図 1.3）．マントル内にも場所によって地震波速度の速い場所と遅い場所があり，速い場所は温度の低い場所，遅い場所は温度の高い場所とみなされている．そのためマントル内の速度の不均質はマントル対流の形状を直接に示すと考えられ，さかんに研究されている．

1.1.2 地球の核（コア）

(1) 核の構造と構成物質

地球の中心には半径約 3,500 km の核が存在する．核の密度が約 10^4 kg/m^3 と推定されていることから，核は金属でできていると考えられている．地球は原始太陽系の内部でちりが集まってできた．そのため，太陽系の平均的な元素の割合は，太陽系形成初期から取り残されたものと考えられる隕石を分析することでわかる．太陽系の元素存在割合から推定すると，地球の核は**鉄**と**ニッケル**が主成分であると推定されている．重量にして鉄が約 90 %，ニッケルが約 5 %で，それ以外に硫黄や酸素などの軽元素が含まれているといわれている．

核は，その中心に半径 1,220 km の**内核**と，それをとりまく外核からなる．**外核**は S 波を通さないことから融解状態にあると考えられている．それに対し，内核は固体である．内核は外核の冷却によって鉄が固化して核の中心に落下することによりでき，現在でも成長を続けていると考えられている．鉄が固化する際に，潜熱が発生したり，また鉄の固化時に軽元素を放出するため，内核の表面付近外側の液体の密度は小さくなり，浮力によって外核内部に対流が起きると考えられている．このような外核における対流が**地球磁場**の原因となっている（図 1.4）．

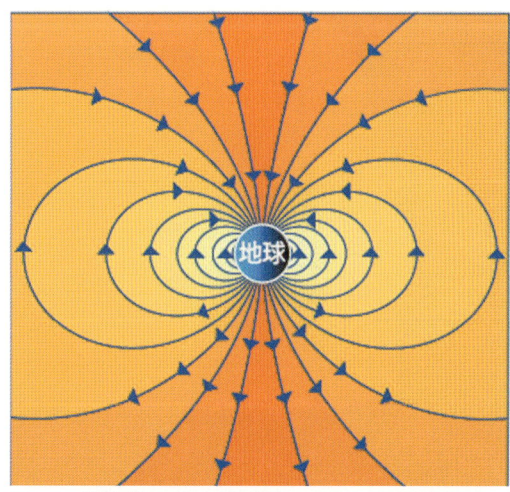

図 1.4 地球磁場の概念図：地球のまわりには磁場があり，それはちょうど地球の中心に磁石を置いた場合に似ている．

（2）地球磁場の原因

先に述べたように，外核は液体の金属でできていて，熱と軽元素によって対流している．それと同時に地球の自転により核が回転運動をしている．地球磁場の中でこのような液体金属の対流と回転により核の内部に電流を生じ，その電流によって新たな磁場がつくりだされる．電流は核の電気抵抗により熱に変わってしまうが，同時に磁場中の流体運動によって新たにつくりだされ，電流は維持される．核においては，磁場と流体運動が相互に影響を与えながら地球磁場を生成・維持をしていると考えられる．流体と電磁場の相互作用によって磁場を生成・維持する機構を**ダイナモ機構**とよんでいる（図1.5）．このような対流を扱う分野は電磁流体力学とよばれ，コンピュータの発達によって初めて深く研究することができるようになった分野である．

このように地球の磁場は液体である核の対流によって生成されているため，必ずしも安定ではなく，少しずつ変化している．例えば地磁気の北の方向と真の北との間の角度を表す偏角が毎年少しずつ変化していることは古くから知られていた．また地球表面の磁場のパターンも変化している．それにも増して最大の変動は，**地磁気の逆転**である．現在，地球磁場のS極は北極付近にあるが，過去には南極付近にあったこともある．このような地磁気の逆転は過去に何度も起きていたことが知られている．

（3）外核と内核の動き

数値計算技術の進歩によって外核内での対流パターンが次第に明らかになってきた．その結果によると，外核では回転軸方向に伸びた筒状のセルが，内核を取り巻いて多く並んだようなパターンの流れが基本的な構造となっているらしい（図1.6）．また全体としてそれらのパターンが東向きにゆっくりと移動している．外核は液体であるため，その対流の速度は固体のマントル対流に比べて非常に速いものの，1秒間に0.1mm程度と推定されている．これは年にすると10km程度の速度であるが，年に10cm程度であるプレートの動きに比べて10万倍の速さである．このような対流によって地球磁場とその変化を説明することができるが，計算そのものの精度がまだ十分ではなく，現在スーパーコンピュータを用いて研究が進められている．

内核は固体である．内核での対流がある可能性もあるが地球の深部であるためよくわかっていない．しかしながら，内核は均質ではなく，かつ球対称でもないので地震波の解析を用いて変化を推定できる．地震波と電磁流体力学によるシミュレーション結果を合わせると，年間約1度の速さで，マントルに対して東向きに回転しているらしい．

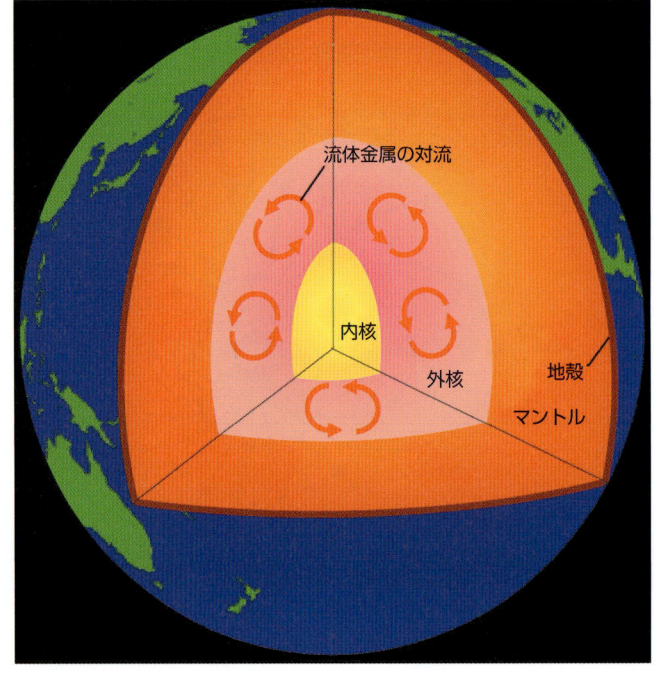

図1.5
核内のダイナモのイメージ図：外核の対流によって磁場を形成する．

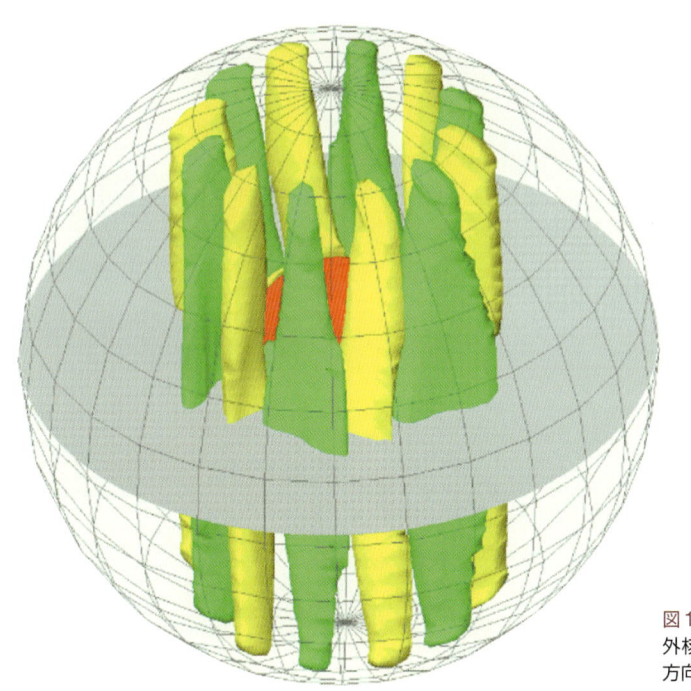

図1.6
外核の対流の基本構造：黄色と緑は対流の回転方向が逆になっている．

1.1.3 マントル

　地球表面は地殻に覆われているが，その直下から核の表面である深さ約2,900 kmまでをマントルとよんでいる．マントルは質量にして全地球の約7割，体積にして約8割を占めていて，地球の営みにとって重要な役割を果たしている．核と異なりマントルは岩石でできているが，ゆっくりとした速度で対流をしていると考えられ，地球内部の熱を地表に逃がす働きをしている．

(1) マントルを構成する物質

　核が鉄やニッケルという金属でできているのに対し，マントルはケイ酸塩を主体とした岩石でできている．地殻が薄い海域であっても，地殻の厚さは6 kmもあるため，穴を掘ってマントルの岩石を直接採取する試みはなされているもののまだできていない．しかし，マントルを構成する岩石を直接観察できる場所もある．プレート運動によって大陸が衝突して隆起した場所や，海底のプレートが陸上に乗り上げたような場所では最上部のマントルが地表に現れており，直接観察することができる．特に後者は**オフィオライト**とよばれ，海底のプレートの構造を直接観察できる貴重な場所である（図1.7）．また地下深部から上昇したマグマが固結した火山岩にはマントルの岩石がみつかることがある．これはマグマが上昇する際に通過する場所の岩石の一部を取り込んで上昇し，取り込んだ岩石が溶ける前に固結したものである．このような岩石は**捕獲岩（ゼノリス）**とよばれている．

　それらの岩石についての研究から，マントルを構成する岩石は**かんらん岩（ペリドタイト）**とよばれる岩石であり，鉱物としては6割がかんらん石（オリビン），残りが**輝石**と**ザクロ石（ガーネット）**から構成されていると考えられている．それぞれの化学組成はかんらん石が$(Mg,Fe)_2SiO_4$，輝石が$(Mg,Fe,Ca)SiO_3$，ザクロ石が$(Mg,Fe,Ca)_3Al_2Si_3O_{12}$である．この化学式中の( )は，( )の中の元素が結晶中にある割合で同時に存在することを表している．例えばマントル中のかんらん石ではMgとFeの割合が約9：1と考えられている．

　このような岩石は圧力が増えるに従い，結晶構造がよりコンパクトなものに変化する．つまり，地球の深部では高い圧力となるため，密度の高い結晶構造となっている．このような結晶構造の変化を**相変化**あるいは**相転移**とよんでいる．結晶の相変化により，岩石を伝わる地震波速度も変化するので，地球内部の地震波の伝わり方を調べることによりマントル内の岩石・鉱物の様子を知ることができる．

(a) 地殻最下部付近

(b) マントル最上部付近

図1.7
オマーン・オフィオライトにみられるモホ面近傍の岩石.

(2) マントルの構造

マントルも含めて地球内部の構造は地震波の伝わり方を用いて知ることができる．マントルは基本的には球対称の構造をしていて，深さとともに地震波の伝わる速さが増加していく．地殻直下のP波速度は約8km/sであるが核の直上では14km/s近くまで速くなっている．S波についても地殻直下で約4.5km/sであるものが核の直上では7km/s程度になっている（図1.2）．これは地下深部の大きな圧力によって，マントルを構成する岩石の結晶構造がより密になるためである．

マントルには，結晶構造の変化によって顕著に地震波速度が変化すると考えられている深さ（不連続面）が見つかっている（図1.8）．それは **410km不連続面**と**660km不連続面**とよばれている不連続面である．

410km不連続面は，深さ390～420kmに存在し，P波およびS波速度ともに約4～5％の急激な変化がある．この不連続は，マントルを構成するかんらん石（オリビン）の結晶構造がよりコンパクトな**スピネル**とよばれる結晶構造をもつリングウッダイトに相変化するためと考えられている．

さらに深部の660kmにも地震波速度が急に変化する場所がある．P波で4～5％，S波で6～8％の速度の急激な変化がある．この不連続も鉱物の結晶構造の変化によると考えられていて，スピネルという構造がよりコンパクトなペロブスカイトという構造に変化していると考えられている．この不連続面はマントルの流れを考える上で大変重要な面であり，この深さより上を**上部マントル**，下を**下部マントル**とよんでいる．

下部マントルの最上部ではP波およびS波速度がそれぞれ約11km/sと約6km/sであり，マントル最下部の速度である約14km/sと約7km/sまで徐々に増加していて，顕著な不連続面は確認されていない．ただし下部マントルの最下部はD″とよばれる厚さ100～200km程度の層が確認されている．D″は場所により厚さが異なっている可能性もあり，マントル対流を考える上で重要な層である．

(3) アセノスフェアとリソスフェア

マントルの最上部は，プレートテクトニクスに代表される地球表面の変動と直接関連した重要な領域である．その働きに最も重要な役割を果たしているのがアセノスフェアである．地震波の伝わる速さは通常深さとともに増加する．しかし海洋地殻下で深さ約100kmあたりで逆に浅部よりも地震波速度が小さくなっている層（**低速度層**）がみつかった．この層は**アセノスフェア**とよばれ，温度と圧力の条件によってマントルの岩石の融点に近くなり，場所によっては一部の岩石が溶けていて（**部分融解**とい

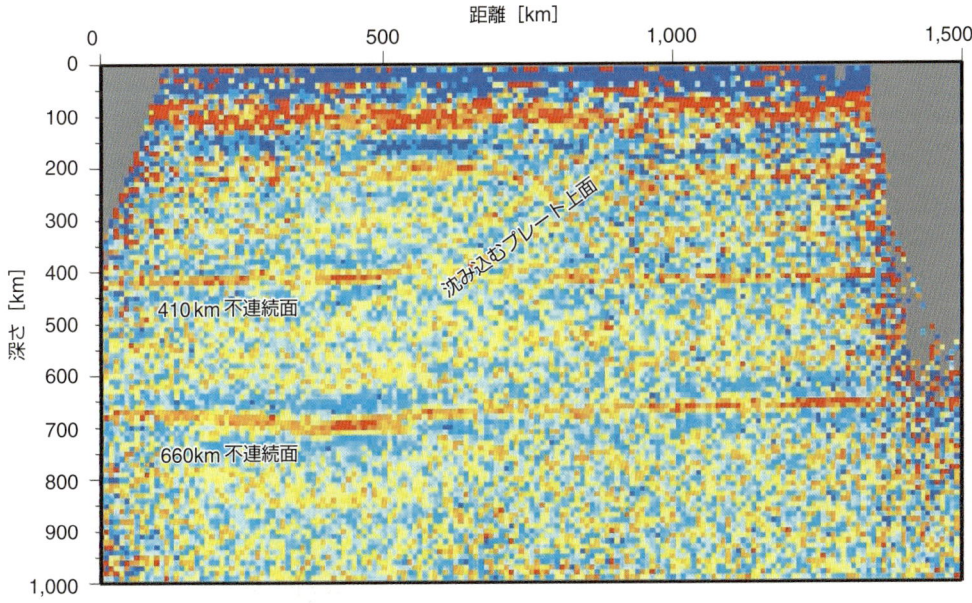

図1.8 マントル内における速度が急変する場所を地震の波を用いてとらえたもの：速度の急変する場所が濃い色で表現されている．410kmと660kmの不連続面のでこぼこや，沈み込むプレートの上面がみえている．

う），その結果粘性が低く流れやすくなっていると考えられている．低速度層が始まる深さは場所により異なり，大陸地域の下では150kmから始まることも示されている．

粘性の低いアセノスフェアの存在によって，アセノスフェアよりも上部のマントルは深部のマントルの動きとは切り離されて，一体となって動くことができる．この部分と地殻をあわせて**リソスフェア**とよんでいる．リソスフェアは**プレート**ともよばれ，その動きは地球表面の変動を直接もたらす最大の要因となっている（1.2.2項「プレートテクトニクス」）．

1.1.4 地 殻

(1) 海洋地殻と大陸地殻

地球の表面は地殻とよばれる薄い層によって覆われている．地殻は海と陸で構造が大きく異なっていることが昔から知られており，それぞれ**海洋地殻**および**大陸地殻**とよばれている（図1.9）．海洋地殻は厚さが5〜7kmで，場所によらず比較的一定であるのに対し，大陸地殻の厚さは場所により大きく異なっている．平均的には30〜35kmであるが，場所によっては60〜70kmに達する場所もある．

海洋地殻の生成過程は比較的単純である．海洋地殻は**海嶺**における火成活動によって形成される．海嶺とは隣り合うプレートが離れる場所であり，その隙間を埋めるようにマントルが上昇している．上昇するマントル内では圧力が減少して融点が下がるが，温度はほとんど下がらないため，深さ約70kmでマントル物質が溶けてマグマができる．マグマは周囲の岩石よりも密度が小さいため岩石の間隙をぬって上昇し，海底に達して冷却され固まる．このようなマグマの上昇と固化によってできたものが海洋地殻である．海嶺で生産された海洋地殻はプレートに乗ってはるばる移動し，最終的に海溝に達する．海溝において，海洋地殻の一部は陸側に付加されるものの，ほとんどはリソスフェアとともにマントル中に沈み込んで一生を終える．

それに対して，大陸地殻は，マントルで形成されたマグマが地殻下部に付加したり，プレートの沈み込みや衝突によって海山や海底堆積物が大陸周縁部に付加することによって形成されている．いずれもプレートの沈み込みに伴う重要なプロセスであり，大陸は沈み込みによって成長しているといっても過言ではない．大陸地殻はマントルよりも密度が小さいためにマントルに沈み込むことはほとんどない．そのため大陸地殻の中央部には非常に古い岩石が残っていて，地球形成の初期からの歴史が大陸地殻に刻まれている．

(2) 地殻の構造

海洋地殻は比較的単純で場所による違いが少ない．海洋地殻の構造は単純化して3層に分けて考えることができる（図1.10）．海底面に近い第1層は海底の堆積物であり，平均の厚さは約500mであるが，海嶺から離れるに従って厚くなる．堆積物は鉱物粒子や生物の遺骸でできている．その種類は水深や陸地からの距離，また，海底火山からの距離などの条件によっても異なる．一般に，陸地から離れた海底では粘土のような細かい粒子がゆっくりと堆積する．また有孔虫や珪藻などの微小な生物の殻も含まれている．第2層はマグマの急速な冷却によってできた層である．厚さは約2kmで，浅い部分は直接海水に触れて急冷された玄武岩の枕状溶岩でで

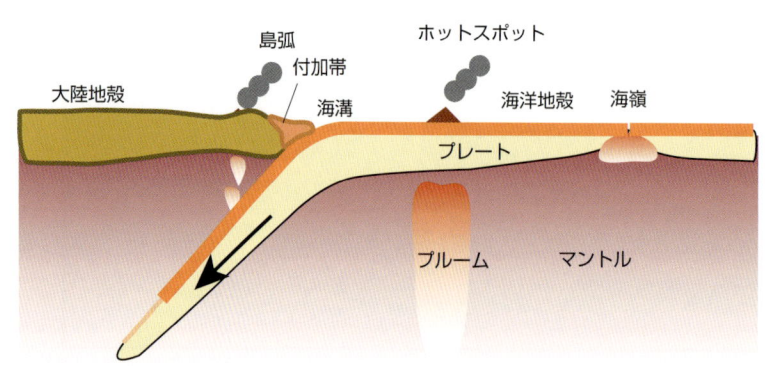

図1.9
海洋地殻と大陸地殻の模式図

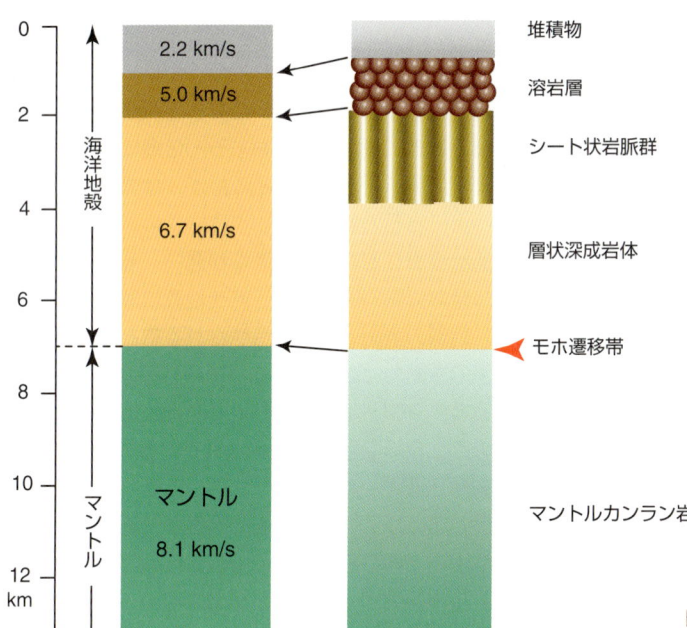

図1.10
海洋地殻の断面

きていて，深い部分はマグマが板状に上昇して固結した玄武岩の平行岩脈群からなる．第3層はマグマが比較的ゆっくり固まった層である．厚さは約5kmで，はんれい岩によって形成される．

大陸地殻は海洋地殻に比べて構造が非常に複雑であるが，おおむね20kmより浅い上部地殻とそれより深い下部地殻の2層に分けて考えることが多い．上部地殻は花崗岩質の岩石を主としており，下部地殻は玄武岩質を主としていると考えられている．特に下部地殻は地震波を反射する面が多く存在し，水平の板状に固まったマグマが多く存在すると考えられる．大陸地殻は長期間にわたる形成・発達の歴史を反映しているため，地域差が大きいことに留意する必要がある．大陸地殻は大きくクラトンと変動帯に分けられる．クラトンとは先カンブリア代に大きな変動を受けたものの，それ以降は変動もなく安定している大陸の部分である．さらにクラトンは太古代に変動を受けた地域と原生代以降に変形を受けた地域に分けるとよい．変動帯とは造山運動によって岩石が激しく変形している場所である．ヒマラヤは変動帯の代表であり，インドがユーラシア大陸に衝突することによって急激な隆起が起きている．一般に変動帯は大陸の縁辺部に存在している．

■図表の出典
図1.2　Wikipedia: http://de.wikipedia.org/wiki/IASP91
図1.3　文部科学省特定領域研究：スタグナントスラブ マントルダイナミクスの新展開より．
図1.4　京都大学大学院理学研究科附属地磁気世界資料解析センター：http://swdcwww.kugi.kyoto-u.ac.jp/index-j.html
図1.5　*Ibid.*
図1.6　陰山 聡（海洋開発研究機構地球シミュレータセンター）提供．
図1.7　写真（a）荒井章司（金沢大学自然科学研究科）提供．
　　　写真（b）宮下純夫（新潟大学理学部）提供．
図1.8　Kawakatsu,H. and Watada,S.: *EOS Trans. AGU*, **86**（Fall Meet. Suppl.）, abstract DI41A（2005）．
図1.10　静岡大学オマーン研究グループ（http://sepc5077.sci.shizuoka.ac.jp/~guest/SOS/SOS_j.html）の図を改変．

1.2 地球の動き

1.2.1 マントル対流

マントルは固体の岩石からできている．しかし岩石も力をかけ続けるとゆっくりとした速さで変形していくことが知られている．特に地表に比べて温度の高いマントルでは変形速度が大きくなる．マントルにおいては，放射性元素の崩壊に伴う熱の発生やコアで発生する熱の流入があり，それらの熱によってマントルの岩石は膨張して密度が下がる．その結果，圧力のバランスが崩れて浮力が働くと，その力に応じてマントルの岩石がゆっくりと変形していく．これが**マントル対流**である．

(1) 原動力―熱を地表へ運ぶ

マントル対流の原動力はいうまでもなく熱である．地球内部の熱源として最大のものは原始太陽系のちりや隕石が集まって地球が形成されたときにそれらが互いに衝突して発生した熱である．それ以外にも放射性元素の壊変による発熱，金属であるコアに流れる電流による発熱，およびコア内部の流れによる摩擦熱などがある．これらの熱が主に対流によって地表に運ばれる．もちろん伝導によっても熱を地表に運ぶことができるのだが，地球が非常に大きい上に岩石の熱伝導率が小さいため，伝導によって熱を運ぶことは非常に効率が悪い．そのためマントル全体に熱対流が起きて熱を地表に運ぶのである．

地球の表面で急激に冷やされることもマントル対流の原動力となっている．マントルの温度構造をみると，マントル最下部付近では不確定性は大きいものの2,500℃程度と推定されている（図1.11）．地表から深さ100 kmあたりでもまだ1,200℃近い温度であるが，地球の表面の温度は，その場所の気温や水温と同じである．このように地表の温度はマントル内の温度に比べると非常に低い．これはマントルが地球の表面で強烈に冷やされていることを示している．地表付近で冷やされたマントルは，その下のマントルよりも密度が大きい．そのため，地球表面で冷やされた部分はマントルの中に沈んでいく．また冷やされた岩石は非常に流れにくくなるため簡単には変形せず，一体としてふるまうようになる．これがプレートである．プレートが沈み込む部分はまさにマントルの沈み込み口となっている．

(2) マントル対流の形

上部マントルと下部マントルではマントルを構成する主な鉱物の結晶構造が異なっていると考えられている．このため，マントルが全体として1つの対流をしているという説と，上部マントルと下部マントルが別々に対流しているという説があった．マントル対流が上下2層の対流をしているという説の有力な根拠は，沈み込むプレートの内部で起きるとされている深発地震が下部マントルには見つからないということである．先に述べたようにプレートの沈み込みはマントル対流の大きな原動力の1つなので，下部マントルにまでプレートが沈み込んでいないことはマントル対流が上部マントルと下部マントルで分離されていることを示しているようにみえる．

マントル対流の形の議論に決着をつけるため，地震波を用いた**トモグラフィ**（断層映像）によってマントル対流の形を推定する試みが行われている．ト

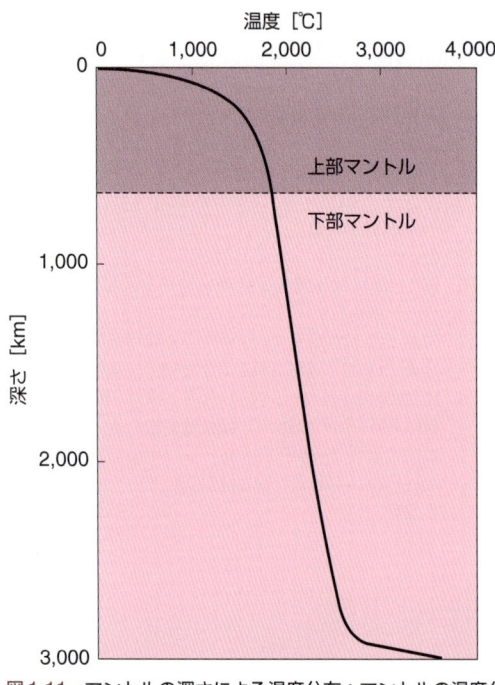

図1.11 マントルの深さによる温度分布：マントルの温度分布の推定にはまだ不確定な要素が多い．図はそのうちの代表的な分布を示している．

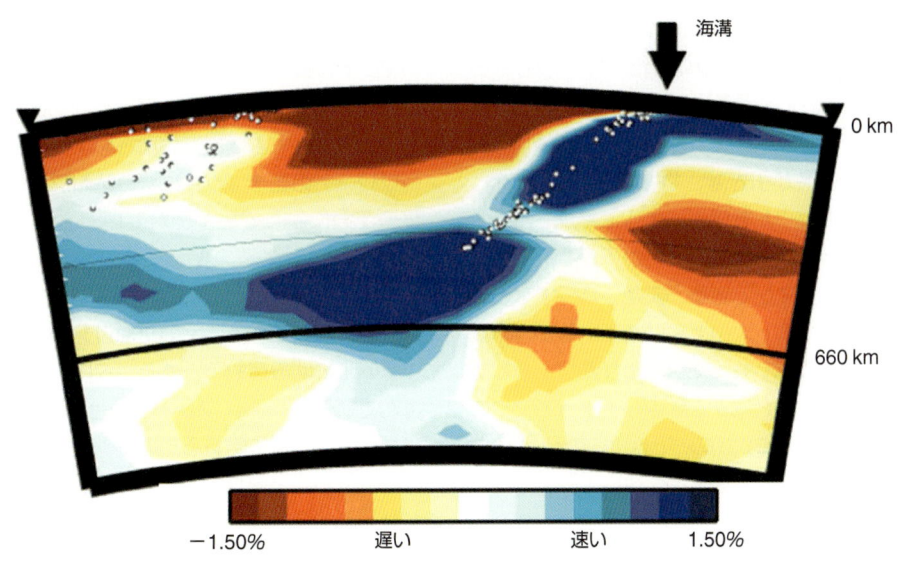

図 1.12 日本付近の地震波トモグラフィ：沈み込むプレートが速度の速い部分として描かれている．青い領域は地震波の伝わる速度の速い場所，赤い領域は遅い場所．それぞれ周辺に比べて温度の低い場所と高い場所とみなすことができる．

モグラフィでは地震波の伝わる速さが速い部分と遅い部分を色分けしてみることができる．地震波の伝わる速さの速い領域は温度が低いと考えられ，遅い部分は温度が高いと考えることができる．トモグラフィで得られた地震波速度構造（図1.3）をみると地震波の伝わる速さの遅い領域が上部マントルから下部マントルにまで続いている様子がみられる場所がある．またマントル最下部から地球表面にかけて地震波速度の遅い領域が続いている場所もみられる．これらはマントルが全体として対流していることを示唆している．

一方，地震波トモグラフィの結果，日本の下に沈み込んだプレートは下部マントルと上部マントルの境界に溜まっている様子も描き出されている（図1.12）．これは，たとえマントルが全体として対流しているとしても，上部マントルと下部マントルとの境界を越えることが容易でないことを示している．また，いくつかの数値計算によると，このように上部マントルと下部マントルとの間に溜まったプレートは，ある時突然にマントル下部に沈み込んでいくという結果が得られている．その急激な下降流に押し出されるようにマントルの上昇流が励起されるという考えもある（図1.13）．このように現在では，対流の形は複雑ではあるものの，マントルが全体として対流を起こして循環している説が有力となっている．

(3) マントル対流がつくる火山

火山は，マントル対流によってつくられているといっても過言ではない．地球上における火山は，主に日本列島のようにプレートが沈み込む地域，大西洋中央海嶺のようにプレートが引き離されつつある地域に形成されている．それ以外にもハワイのよう

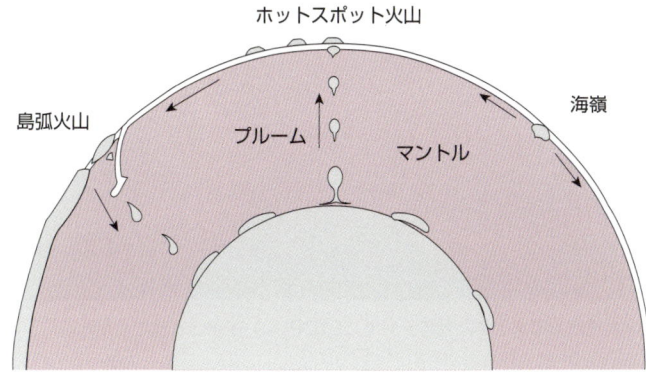

図 1.13
地球上の火山とマントル対流との関連

にプレートの分布とは全く関係ない場所にできるものがある．プレートが沈み込む地域では，プレートの沈み込みにより地表からマントルに水が持ち込まれ，マントル物質の融点を下げてマグマがつくられる．一方プレートが引き離されつつある地域では，離れていったプレートを埋めるようにマントルが上昇し，上昇するマントル内の圧力が下がるために融点が下がってマグマができる．また，ハワイなどの火山はホットスポット火山とよばれているが，ホットスポット火山の下でも，マントルが深部からわき上がることによる圧力減少で融点が下がってマグマができる．このように火山の成因にはマントルの対流が深く関わっている（図1.13）．

1.2.2 プレートテクトニクス

地球の表面は十数枚のプレートに分かれていて，それぞれが地球表面をいろいろな方向に動き回っている（図1.14）．プレート同士がぶつかるところでは，片方のプレートがもう片方のプレートの下に沈み込み，海底の堆積物を掃き寄せたり火山の噴火を起こしたりして新しい陸地をつくる．プレート同士が離れる場所では，深部からマントルが上昇してマグマをつくり，新しい地殻をつくっていく．このように現在ではプレートの動きによって地球表面の地形や地質が形つくられていると考えられている．

(1) プレートで考える

マントル最上部の比較的変形しにくい層と地殻をあわせた部分を**リソスフェア**とよび，リソスフェアは**プレート**ともよばれている（図1.15）．

プレートの動きは，主に沈み込むプレートによる負の浮力によって駆動されていると考えられている．プレートは地球の表面にあるため強く冷やされ，海溝から沈み込むときには周囲のマントルより比重が大きくなっている．そのため自分の重量によってマントルに沈み込もうとする．この力を負の浮力とよんでいる．一方，プレート同士が離れる海嶺は，プレートが相互に離れるために，それを埋めるようにマントルが上昇して，プレートが生産される（図1.15）．

プレートの構造は，陸と海で大きく異なる．陸のプレートは厚さ数十kmの大陸地殻を載せている．プレートが動くことによりその上に載った大陸は地球の表面を動きまわり，ときには大陸が割れることもある．このようにプレートによって大陸移動が説明されている．しかし大陸地殻はマントルよりも密度が小さいために，マントルの上に浮いていて沈むことはない．それに対し，海のプレートは厚さ6km程度の非常に薄い海洋地殻を載せているにすぎないため，海溝ではプレートのマントル部分による負の浮力が優り，マントルに沈み込んでしまう．

プレートテクトニクスは，海洋底の拡大や大陸移

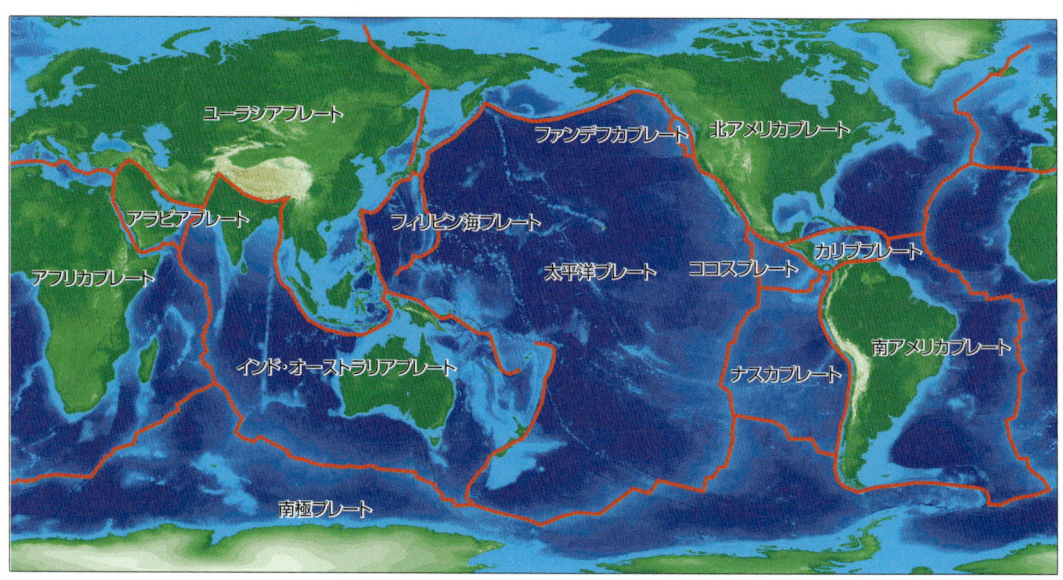

図1.14 地球上のプレート分布：NOAA（米国海洋大気庁）のまとめた地形データ（ETOPO2）を用いて作成した地図に，筆者がプレート境界を描いた．

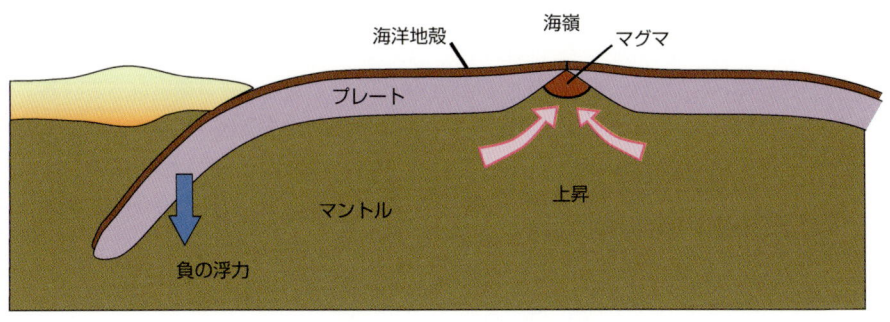

図1.15 海洋プレートの誕生から沈み込みまで

動を説明しているが，最も重要なものはプレートテクトニクスによって陸をつくる作用（**造山作用**）が説明されている点である．プレートが沈み込む場所では，いくつかの作用で陸地をつくると考えられている．プレートはその表面に海嶺における火山活動で形成された火成岩を載せていると同時に，海底でつもった堆積物を載せている．プレートが海溝で沈み込む際にそれらの一部が陸側プレートに付加される．またプレートの沈み込みによって形成されたマグマが上昇して地殻に付加する．これらの作用よりプレートが沈み込む場所では新たに陸地ができ，すでに存在する大陸地殻に付加されていく．

(2) プレートテクトニクスと地震

プレートテクトニクスと地震発生には大きな関連がある．世界中の地震の分布を調べると，ほとんどの地震がプレート境界に沿って発生していることがわかる（図1.16）．そのうち特にプレートが沈み込む場所での地震活動が活発である．南アメリカから中米，北米，アリューシャン列島，千島から日本列島，台湾にかけた太平洋を取り巻く地域と，インドネシアからヒマラヤを経てヨーロッパアルプスにかけての地域である．このような地域では，沈み込むプレートと陸側プレートとの境界や，沈み込むプレートに押されて大きく変形した陸側プレート内部で地震が発生している．

日本列島周辺においても，太平洋プレートやフィリピン海プレートの沈み込みによって，陸側のプレートとの境界で巨大地震がしばしば発生する．2003年に北海道で発生した十勝沖地震や1923年に発生した関東地震はこのようなタイプの地震である．日本の内陸でも多くの地震が発生している．2004年に発生した新潟県中越地震や1995年に発

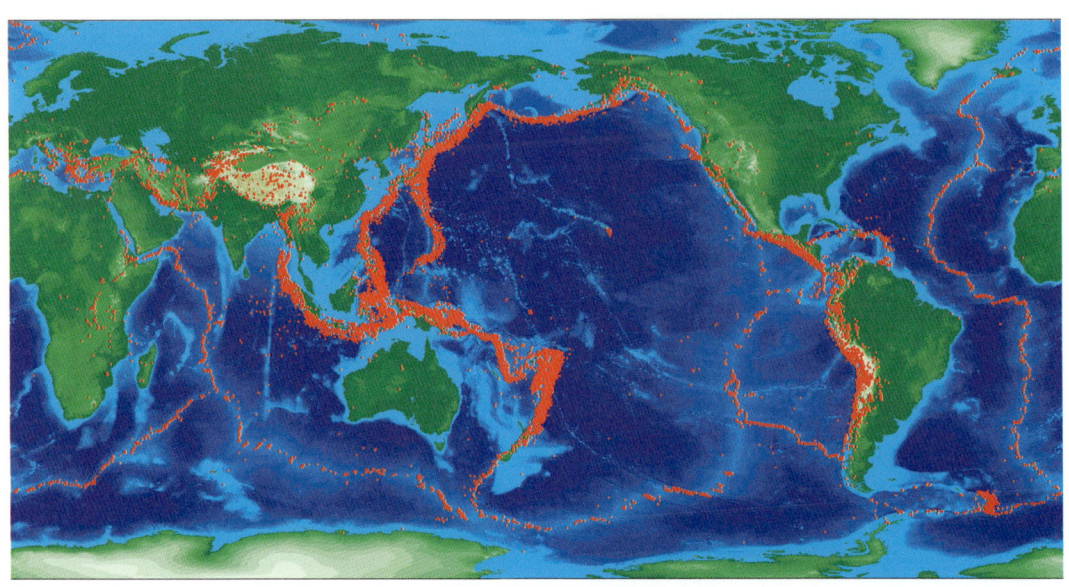

図1.16 世界の地震の震源分布：図1.14で作成した地図に，Harvard大学による震源データのうち，1977年1月から2007年3月までに発生したマグニチュード5以上の地震を選び出して表示した．

生した兵庫県南部地震は内陸で発生する地震である．内陸の地震の多くは活断層で発生する．地震のたびに活断層でのずれが蓄積し，長い時間のうちには山脈などの大きな地形をつくりあげる（2.1.4項）．

1.2.3 海洋底の拡大と火山活動

海洋プレートが海嶺でつくられることはよく知られているが，海嶺が世界最大の火山活動の場であることは意外と知られていない．海嶺は，プレートが相互に離れていく場所で，その隙間を埋めるように上昇したマントルが溶けてマグマをつくり，マグマが固まって新しい地殻をつくっている．海嶺では毎年幅にして約10 cmずつ厚さ5 km程の地殻をマグマがつくっていく．これはわずかなようにみえるが地球上の海嶺の総延長は8万kmにもわたるため膨大な量となる．ざっと計算すると毎年5 km³もの体積のマグマが地殻を新しくつくっていることに相当する．この量は日本などの島弧火山や，ハワイなどのホットスポット火山でのマグマ生産量を合わせたものよりも数倍大きな量となっている．

（1）大西洋中央海嶺

地球上の典型的な海嶺は，やはり大西洋中央海嶺であろう（図1.17）．北極海に始まり，アイスランドを通過し大西洋の中央部を走って南極付近まで伸びている．よく知られていることであるが，大西洋中央海嶺の両側の大陸の海岸線は非常によく似た形をしている．これは大西洋の両側の大陸がかつては1つの大陸であり，それがある時に割れて徐々に離れていったことを示している．離れた隙間には海ができた．その海の底をつくったのが中央海嶺である．その証拠に，中央海嶺の形も両側の大陸の海岸線の形とよく似ている．

大西洋中央海嶺の拡大速度は年間3 cm程度であるが，海嶺としての典型的な地形がみられる．大西洋の最も深い部分が大西洋の中央ではなく，むしろ陸に近い部分である．海嶺付近が最も水深が浅く，海嶺から離れるに従い水深が深くなっていく．これは中央海嶺において生産された地殻やプレートが，海嶺から離れるに従って冷却され密度が増すことによって沈んでいくからである．

（2）地磁気の縞模様

大西洋の両側の大陸がかつては1つの大陸だったことは，古くはウェゲナー，A.（1880～1930）によって提唱されていた．しかしその確固たる証拠は海底からみつかった．それは地磁気の縞模様である（図1.18）．海洋において地磁気の強さを測定すると，海嶺に平行した特徴的な正負のパターンがあることがわかってきた．このパターンを大西洋全体にわたって調べると，正負のパターンが海嶺を挟んで対称となっていることが明らかになった．これは海嶺でマグマが冷却して地殻ができるときに，そのときの地球磁場をテープレコーダーのように記録するためである．地球磁場は時々逆転するので，そのたびに海底に残された地磁気の向きが逆転する．

（3）海嶺とマントル対流

かつては，マントル対流が上昇する場所に海嶺ができると考えられていた時代があった．しかし，海嶺が海溝に沈むことがあるという事実や，海嶺下のマントルの地震波速度構造の解析によって，必ずしも海嶺はマントルが上昇する場所に一致しないことが明らかになってきた．むしろ，プレートが引っ張

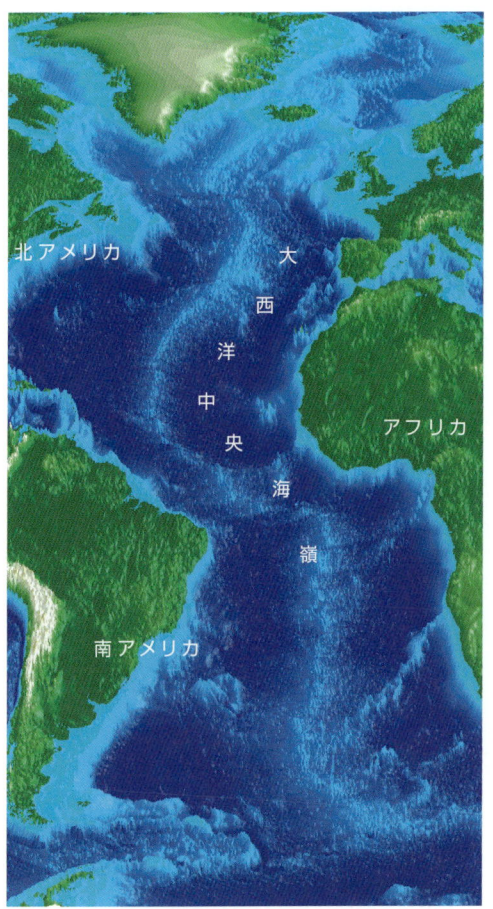

図1.17 大西洋の海底地形と大西洋を挟んだ大陸（前出ETOPO2を用いて作成）

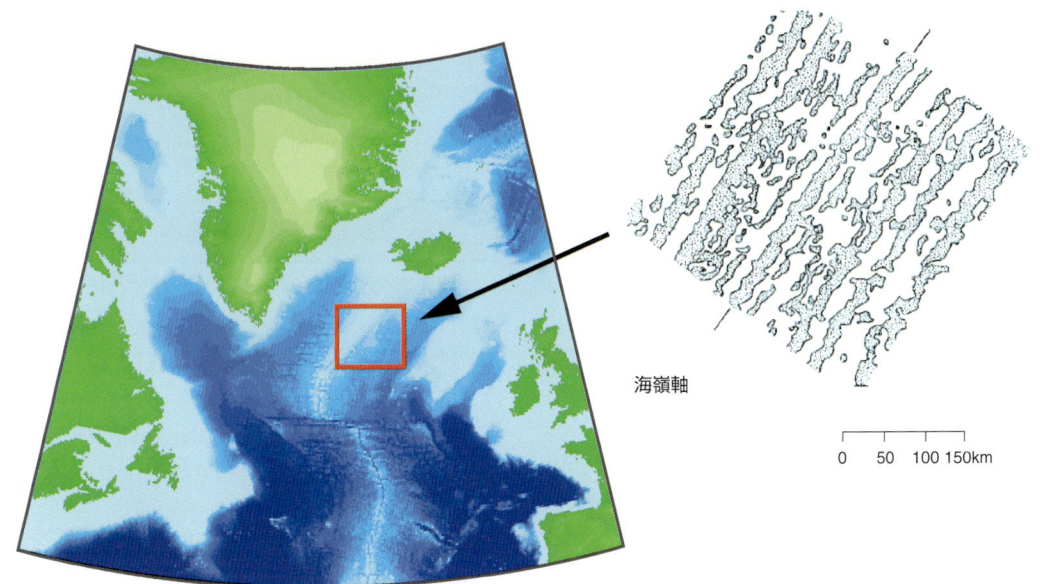

図1.18　大西洋中央海嶺を挟んだ地域における地磁気の縞模様

られて裂けた場所が海嶺であり，その隙間を埋めるように局所的にマントルが上昇し，その結果マグマが形成され海洋地殻がつくられることが明らかになってきた．深部からマントルが上昇する場所にはハワイやアイスランドのような火山島ができ，その位置はプレートの動きによらずほぼ一定であることがわかっている．

1.2.4　プレートの沈み込み

プレートは地球の表面を動きまわっており，プレートが相互にぶつかっている場所では，片方のプレートがもう片方のプレートの下に沈み込んでいる．プレートが沈み込んでいる場所は，地球上で最も大きな変動が起きている場所であり，また新しい陸地をつくっている場所である．日本列島はこのようなプレートが沈み込む場所に位置している．

(1) 新しい陸地をつくる

プレートの沈み込みは，地球の表面に新しい陸地をつくる．プレートが海底を移動している間にゆっくりと堆積物がプレートの表面にたまっていく．時にはホットスポットによる火山ができ，そのまわりに珊瑚礁が発達することもある．そのようなプレートが海溝で沈み込む際に，堆積物や火山島が上盤側のプレートに付加していくことが多い．日本列島の陸地でみられるチャート，石灰岩などの岩石はプレートによって運ばれてきて，プレートが沈み込むときに日本列島にくっついたものである．プレートが沈み込む場所では，火山活動が活発になる．プレートが沈み込む際に海底から水分をマントルに持ち込む．この水分がある程度の深さにまで持ち込まれるとマントルの融点が下がって溶融し，マグマとなって上昇を始める．このようにしてできたマグマは日本列島の地殻を下から太らせると同時に，一部は地表に達し火山噴出物として積もる．このようにして沈み込むプレートは新しい陸地，つまり大陸地殻をつくる．いったんつくられた大陸地殻はマントルよりも軽いため，もはやマントルに沈むことはない．大陸のまわりにはこのようなプレートが沈み込む場所があり，沈み込みによって大陸地殻が形成され，大陸に付加され徐々に大陸の面積が拡大していくのである（図1.19）．

(2) プレートの沈み込みと地震

プレートが沈み込む際に，上盤側のプレートに大きな力が加わる．そのため上盤側のプレートは大きく変形し，その過程でたくさんの地震が発生する．日本列島も太平洋プレートやフィリピン海プレートの沈み込みによって強い力を受け，隆起によって高い山脈をつくったり，沈降によって堆積平野をつくったりしている．このような地形を形づくる作用の過程で地震が発生する．日本各地の平地は高い山と隣り合っている場所が多く，しばしば大きな地震が

発生している．例えば，神戸は六甲山地と隣り合い，濃尾平野の西縁は養老山脈と隣り合っており，それぞれ1995年に兵庫県南部地震，1586年に天正地震が発生している．このような場所では山は隆起して高くなり平地は沈下して堆積物がたまり，その境は断層となっている．このような断層は，あるとき突然ずれて地震を発生させる．このように，日本列島がプレートに押されて変形していく過程で地殻のあちこちにずれが発生する．そのような場所は活断層とよばれ，数百年から数千年に一度ずれて地震を発生される．このような地震は内陸地殻内地震とよばれている．

沈み込むプレートは陸側プレートとの境界でも地震を発生させる．沈み込むプレートは普段陸側のプレートと固着していて，沈み込む際に陸側のプレートを下向きに引きずり込む．しかし，陸側のプレートの変形がある程度進行すると，変形による反発力が固着している場所の摩擦力を越え，一気に跳ね返り，そのときに地震を発生させる（図1.20）．日本では北海道沖の千島海溝，東北から関東の沖の日本海溝，伊豆諸島から小笠原にかけての伊豆小笠原海溝，東海から四国にかけての南海トラフ，九州から沖縄にかけての琉球海溝でプレートが沈み込んでいる．これらのうち，特に千島海溝，日本海溝，南海トラフでは数十年から100年程度の間隔で繰り返し巨大地震とそれに伴う津波を発生させ，大きな被害をもたらしている．

1.2.5 地球の動きを測る

地球の表面はプレートに載って移動したり，変形したりしている．このような動きを測るために，かつては大変な労力と時間が必要であったが，現在では人工衛星や遠くの星から発せられる電波を用いて短時間で，かつ非常に正確に算出することができるようになった．

(1) VLBI

VLBIとは Very Long Baseline Interferometory（超長基線電波干渉法）の略であり，数十億光年もの遠くにあって強い電波を出しているクエーサーからの電波を地球表面にある複数のアンテナで同時に受信し，その信号の到達時間差を精密に計測することによって，アンテナ間の距離を調べる方法である．同じ星を観測することができれば，地球上でどんなに離れていても，わずか数mmの精度でアンテナ間の距離を求めることができる．それはクエーサーが

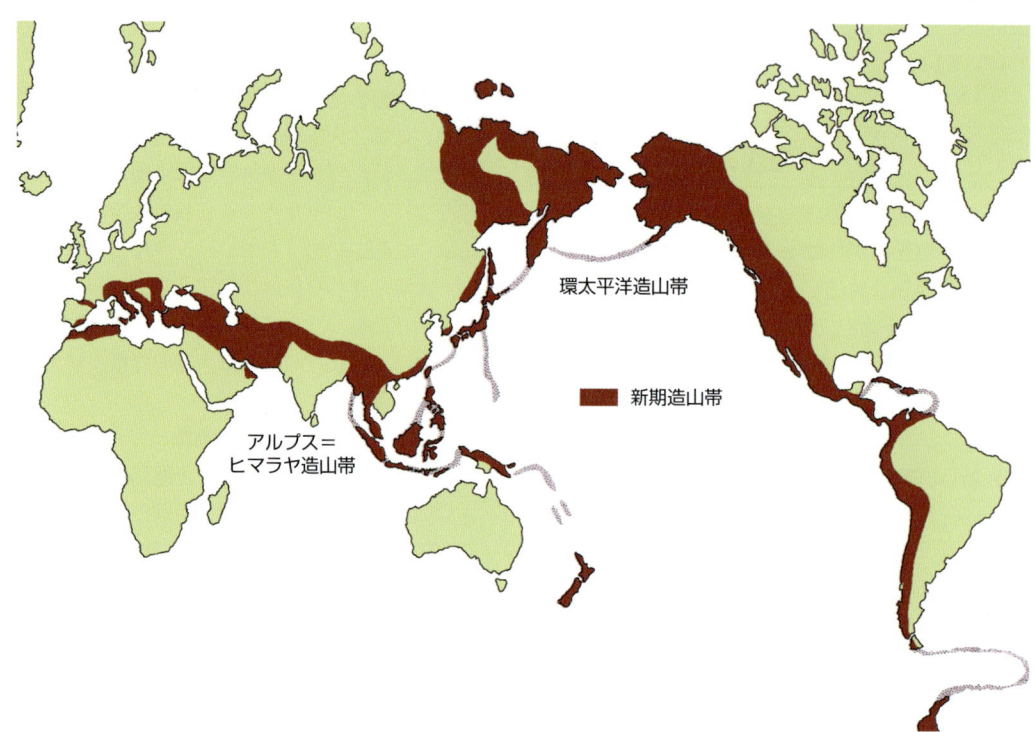

図1.19 世界の新期造山帯．新期造山帯とは中生代以降に造山運動を受けた場所である．これらの地域は現在プレートが沈み込む場所およびその近傍に位置しており，沈み込みによって大陸が成長していることを示している．

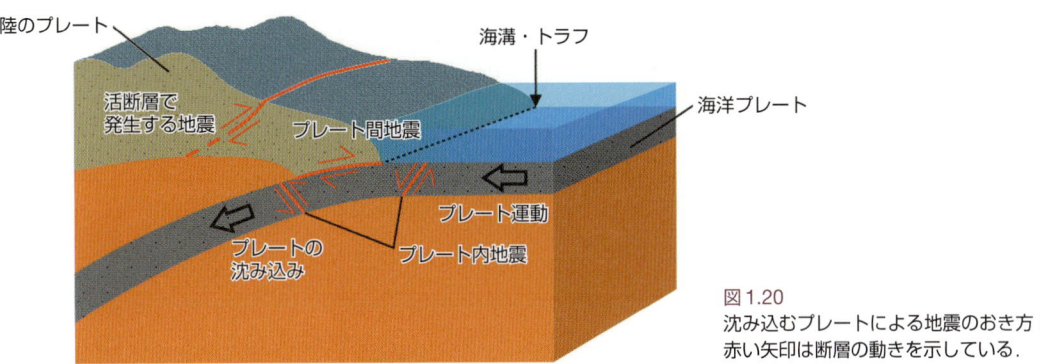

図1.20 沈み込むプレートによる地震のおき方；赤い矢印は断層の動きを示している．

地球から非常に離れているため，地球上のどこで受信しても同じ形の電波を受けることができるからである．その電波の形を比較することで到達時刻の差を100億分の1秒程度の精度で測ることができ，その時間差を距離の差に換算する（図1.21）．

VLBIは，地球上の大変離れた場所の距離を正確に測ることができる．そのため，例えば太平洋を挟んだ日本とアメリカとの距離や，日本とハワイとの距離の変化を正確に知ることができる．このようなVLBIのアンテナは世界のあちこちに設置されていて，現在17カ国の国際協力による共同観測が行われている．このような共同観測により世界のプレートの動きを実測することができるようになった．

(2) GPS衛星

VLBIは非常に離れた場所に設置されたアンテナの間の距離を精密に測定できるものの，数mから数十mという大きなアンテナが必要となり1台あたりの費用もかさむ．それに対しGPS（Grobal Positioning System）の設備は年々小型になり1カ所あたりの設置や運用にかかる費用も比較的小さい．そのような利点を利用して，世界中に非常にたくさんのGPS観測点のアンテナが設置されている．

GPSは上空20,000kmを周回する30個のGPS衛星からの電波をとらえて，アンテナの位置を割り出すものである．最近では自動車のナビゲーションシステムや携帯電話にも搭載されるようになり，自分の位置を10m程度の誤差で知ることができるようになった．地球の表面を測る測地用のGPSも，ナビゲーションシステムに用いられている電波と同じものを用いているのであるが，非常に精度がよく数mmの精度でアンテナ間の距離を測定することができる．これはナビゲーションシステムがGPS衛星からの電波で運ばれるデジタルコードを利用しているのに対し，測地用のGPSは電波の波形そのものを用いているからである．GPSで用いられている電波の波長は20cm程度であるため，電波の波形を比較することによって波長よりも1桁以上小

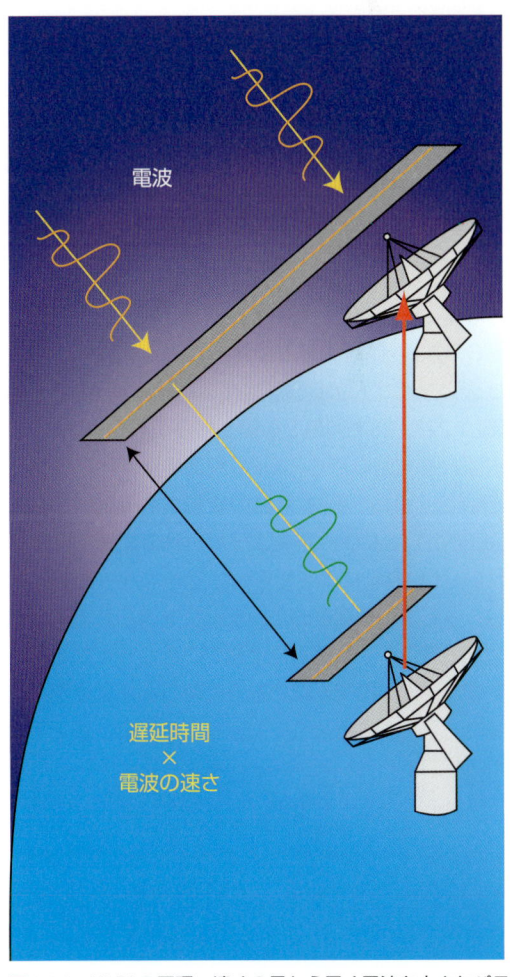

図1.21 VLBIの原理：遠くの星から届く電波を大きなパラボラアンテナでとらえ，その到達時間差を測定して，アンテナの間の距離を測る方法．

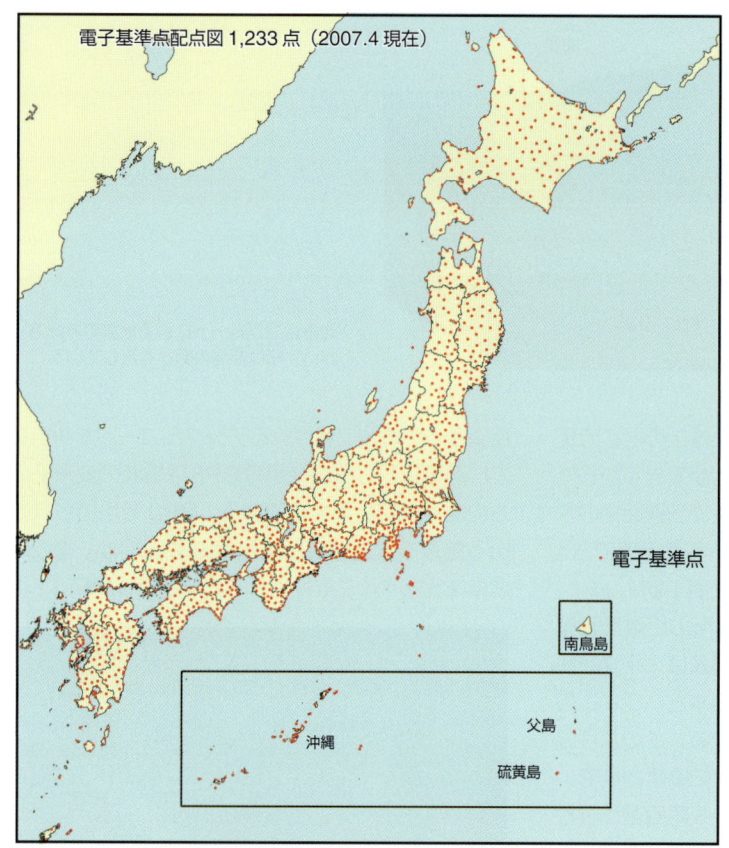

図 1.22
国土地理院が全国に展開している電子基準点の位置：全国で1,200点以上の観測点があり，プレート運動や，地震・火山噴火による日本列島の変形をたちどころに測定できる．

さな精度を得ることが可能となる．

GPSは，比較的設置が容易でデータ量も少ないため，たくさんの観測点を設置することができる（図1.22）．日本列島でも国土地理院がGEONETとよばれる1,200点ものGPS観測点を全国に配置していて，毎日，日本列島の変形を監視している．GEONETにより，従来は日本列島の変形の測量はせいぜい10年に1度程度しかできなかったのに対し，今では毎日精度のよいデータを得られるようになり，プレート境界で発生しているゆっくりとしたすべりや火山のマグマの動きに伴う小さな変形も確実にとらえられるようになってきた．また最近では1秒ごとにデータを取得するようになり，その結果地震による揺れもGPSによって計測することができるようになった．このように現在の地球科学にとってGPSは，もはやなくてはならない存在となっている．

■図表の出典
図1.12 文部科学省特定領域：スタグナントスラブ マントルダイナミクスの新展開より．
図1.18 瀬野徹三：プレートテクトニクスの基礎，朝倉出版（1995），図3.1.11を改変．
図1.19 都城秋穂，安芸敬一 編：岩波講座地球科学12 変動する地球III，岩波書店（1979）より作成．
図1.22 国土地理院提供．

2 地震

2.1 地震とは何か

2.1.1 はじめに

　地震は，なぜ，また，どのように起こるのかということについて，それぞれの地震の発生を精度よく予測できるほど十分な理解がなされているわけではない．しかし，高精度の各種計測器の開発やその高密度配置，計算機の発達による大量のデータの高速な処理，実験や理論の進歩などにより，特に規模の大きな地震が「結果として」どのように起きたのかということについては，大まかではあるが，共通の理解が得られるようになってきた．また，地震の起こり方の複雑さや多様性についての理解も深まりつつある．

　なお，**地震**という言葉は厳密には，「地震波を発生する地球内部のある種の破壊現象」を意味するが，広義には，生じた地震波が伝播することにより引き起こされる**地震動**までも，その定義に含める場合もある．しかし，ここでは，混乱を避けるため，前者の定義を用いる．

　まずは，近代地震学が始まって以来の，地震の起こり方についての理解の進歩をたどりたい．これは，地震研究者たちによる努力の跡をたどることであり，読者にとっても地震の発生機構についての理解の道筋にもなると思われるからである．

2.1.2 近代地震学の創始

(1) 地震計の開発

　明治維新後，欧米の学問や技術を導入するため日本政府から多くの欧米人が招聘されたが，その中には日本で頻発する地震現象にたいへんな関心をもったミルン，J.（Milne, J., 1850～1913），ユーイング，J.A.（Ewing, J.A., 1855～1935），グレイ，T.（Gray, T., 1850～1908）といった人たちがいた．19世紀は，近代自然科学の発展期でもあり，彼らは，日本で初めて地震という現象に遭遇し，地震現象をなんとか定量的に理解しようと思った．彼らは，後に東京帝国大学において世界で初めての地震学講座の教授となった関谷清景（1854～1896）などとも協力しながら，世界で初めて，3方向の地動（上下，東西，南北）の時間変化を計測できる地震計の開発を行った（2.2.6項）．

　近代自然科学の特徴は，データに基づいて定量的に議論を行い，現象の根底にある法則性をなんとかしてとらえようとするところにある．地震の波を実際に定量的にとらえようとしたという意味で，上に述べた地震計の開発は，画期的な事件でもあった．なお，法則性をとらえるためには，仮説の提示とデータによる検証という作業が行われるが，これ以来，

精度のよいデータや新たな観点からのデータによる旧来の仮説の否定，改良された仮説に対するさらなる検証というステップが繰り返され，現在の地震観が得られたわけである．しかし，地震は，地下深部で起こることもあり，直接その近くで計測することもできず，さまざまな仮説を十分詳細に検証できるデータが現在でもあるわけではない．

(2) 初動の押し引き分布

その後，これらの地震計にさまざまに改良が加えられ，簡単な仮説の検証に耐え得る地震計が開発されていくとともに，さまざまな発見もあった．その中で，地震の起こり方の理解について重要なものとして，1917年5月18日に静岡県で起きた地震についての，京都帝国大学教授志田順（1876～1936）による**初動の押し引き分布**の発見がある．地震が起きたとき，各地の観測点に最初に到着した地震波を**初動**という．この向きが観測点により震源から離れる方向であったり（「押し」という），近づく方向であったりする（「引き」という）わけであるが，その分布が大変規則的であり，4つの象限に分かれることがわかったのである（これを**4象限型**という）．なお，**震源**とは，2.1.7項で詳細に述べるが，地下での破壊が始まった点を意味する．図2.1に，志田が用いたものよりもずっと後の新しいデータであるが，1960年岐阜県中部地震の際の「初動の押し引き分布」を示す．これは，地震はある面を境にして岩盤が急にずれることにより起こることの1つの証拠でもある．

その理由を簡単に考えてみよう．図2.2の境界EFの両側にある岩盤にそれぞれ逆の方向に何らかの力が加わり，岩盤がひずんでいく．ひずみがある程度大きくなると岩盤は力に耐えることができなくなり，境界EFで急にずれが起こることとなる．ある面を境にして岩盤のずれが認められるときには，その面は一般に**断層**とよばれるので，図2.2の境界EFは断層に対応する．ずれとともに，どのような初動が外側に伝わっていくか考えてみよう．(b)では，岩盤が大きくひずんでいるため，AYおよびDXと書かれた部分の長さは，はじめの状態(a)よりずっと短くなっている．これとは対照的に，BXおよびCYは長くなっている．(c)で示したように，XYで急にずれが起こると，AY，DX，BX，CYは，それぞれもとの長さに戻ろうとする．左の岩盤についていえば，XがX₁という場所にあっという間に動いてしまう．そうすると，Xは突然，Bを押すものだから，この方向には「押し」の波が出て行く．これとは，対照的に，AY₁の方向には，「引き」の波が出て行くことになる．このようにして，地震は，断層に沿った岩盤が急にずれることにより起きることが，地震波初動のデータからもわかるわけである．図2.2に示した考え方を**弾性反発説**とよび，アメリカの地震学者リード，H.F.（Reid, H.F., 1859～1944）により，1906年のサンフランシスコ大地震の際の地盤の変形の様子に基づいて提唱されたもの

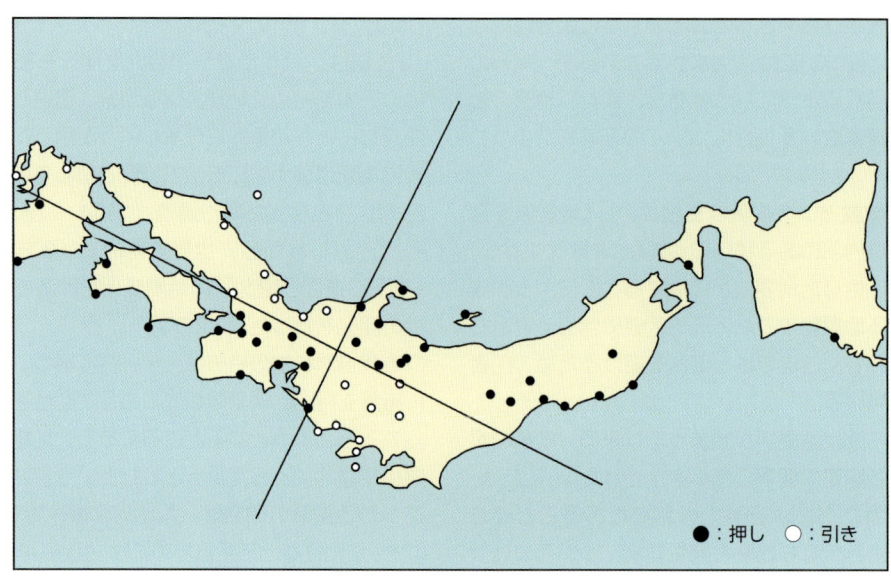

図2.1　1969年岐阜県中部地震の際の初動の押し引き分布

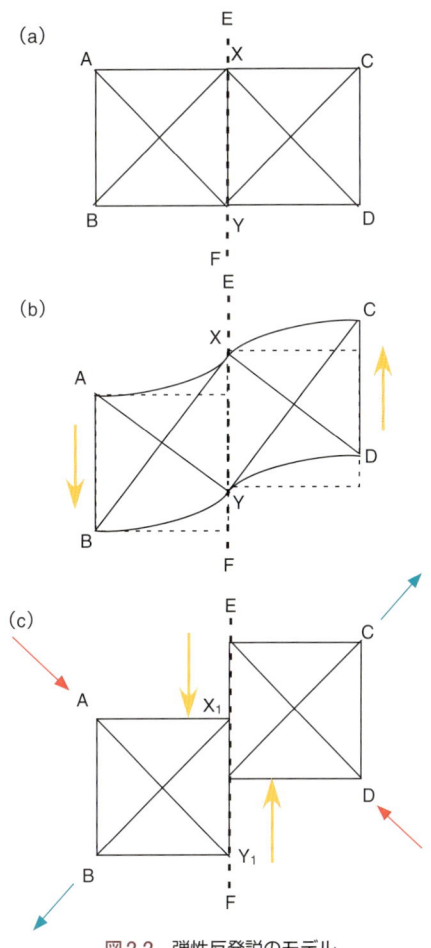

図2.2 弾性反発説のモデル

図2.3 サンアンドレアス断層

である．なお，図2.2に示したのは，あくまで概念的なモデルであるが，弾性体理論に基礎をおいた断層の力学モデルからも4象限型の初動分布は説明できる（2.1.5項）．

しかし，志田の時代には，まだ地震観測点の数も少なく，断層説以外のものを明確に否定することはできず，問題の決着をみたわけではなかった．たとえば，地震は，地殻の強度が弱い部分にマグマが急激に貫入することにより起きるとする説（**マグマ貫入説**という）を支持する研究者も20世紀前半頃まではいた．この説によれば，浅い地震の際，地表に現れることが多い断層のずれは，強度が弱いところが，地震波により強く揺られるため起きるものだとされる．米国カリフォルニア州では，州を縦断する**サンアンドレアス断層**（図2.3）という巨大な断層があり，弾性反発説に基づいた「地震＝断層」という考えがアメリカでは受け入れやすい素地があったといえる．その後，観測点数の増大や，断層のずれ

を仮定して理論的に計算した地震波形と観測された地震波形との一致のよさなどから，地震の原因は，断層に沿った岩盤の急激なずれ（「すべり」ともいう）であることが確認されるに至った．

(3) 余震の大森公式とグーテンベルグ・リヒターの関係

地震計が開発されたことにより，人体で感じることができない地震まで感知することができるようになった．これにより，いったい地震が限られた期間，限られた場所でどれくらい起きているのかということがわかるようになってきた．これは，多数の地震が全体としてどのような起こり方をするのかということの理解について，貴重なデータとなる．このような立場の研究から得られた近代地震学創成期の成果として「余震の大森公式」と「グーテンベルグ・リヒター（Gutenberg–Richter）の関係」がある．

一般に，震源の浅い大きな地震が起こると，その震源の近傍では，中小の地震が頻発することが知ら

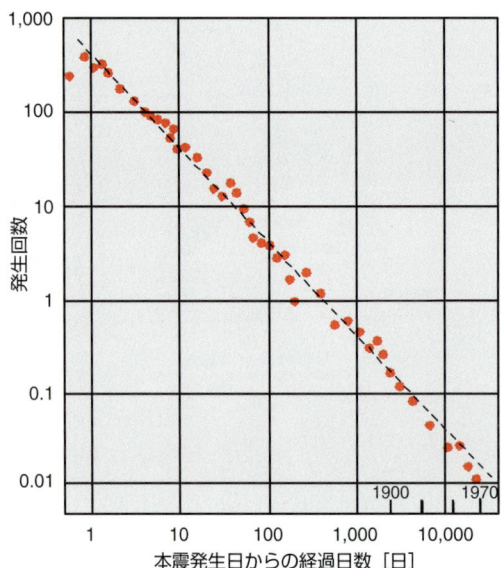

図2.4 1894年濃尾地震に伴う余震発生数の時間変化と余震の大森公式

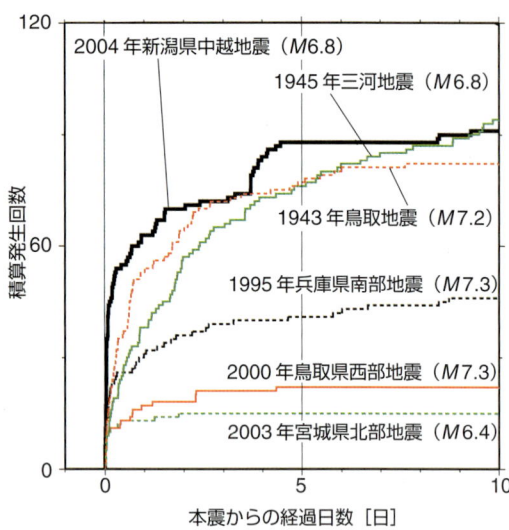

図2.5 地震による余震発生数の違い：過去の地震の余震活動（$M\,4.0$以上のデータを使用）

れているが，前者を**本震**，後者を**余震**とよぶ．後に東京帝国大学地震学講座教授となり，日本での地震学推進の指導的立場にたつこととなる大森房吉（1868〜1923）は，1894年に発生した濃尾地震の余震の数を調べ，簡単な関係で時間とともに減っていき，本震発生後の t 日目に起きる余震の数 $n(t)$ は，

$$n(t) = \frac{A}{t+c}$$

と近似できることを発見した．なお，Aは時間によらない定数であり，cは時間の単位をもつ数で普通0.1日以下の値をとる．この関係を**余震の大森公式**とよぶ．なお，濃尾地震の余震は，本震発生後100年以上経った今日でもおおよそこの関係に基づいて減り続けている（図2.4）．余震の大森公式は，余震の発生機構を考える際の貴重な情報となり，現在でもこの関係を基礎としてさまざまな余震のモデルが考えられている．この規則性から，余震は，それぞれが勝手に起きているのではないということが推測される．すなわち，個々の余震が影響を及ぼし合いながら全体としての規則性を保っているのだろうということが推測される．なお，Aは，それぞれの地震により異なる値をとる．そのため，本震のマグニチュードが等しくても，余震の数は地震により大きく異なることがある（図2.5）ので，防災上注意が必要である．また，特別に大きな余震が生じて，

それ自身の余震（これを**二次余震**という）を伴うことがあり，そのため，大森公式から想定されるよりも多くの余震が生じることもある．

大きな揺れを生ずる地震や人体に感じない程度のものなど，明らかに「大きさ」の違う地震が世の中にはある．地震を定量的に調べるには，数だけではなく，地震の「大きさ」も重要である．そのためには，地震の大きさを定義する必要がある．近代地震学の創成期には，地震の起こり方について明確な理論があったわけではなく，経験に基づいた，できるだけ客観的な定義が必要であった．1935年には，米国のリヒター，C.F.（Richter, C.F., 1900〜1985）は，カリフォルニア州に発生する地震の大きさを客観的に定義するため，震源から100 km離れた地点に置かれた当時の標準地震計（**ウッド・アンダーソン型地震計**）で記録された地動の揺れの最大振幅をミクロン（µm）単位で表し，その常用対数により地震の大きさを定義し，**マグニチュード（M）**とよんだ．揺れは，一般に震源からの距離に反比例して小さくなることから，地震の大きさの情報のみを取り出すため，震源からの距離を一定にしたわけである．ただし，現実的には，ちょうど震源から100 km離れたところにウッド・アンダーソン型地震計があるわけでもなく，また，これ以外のさまざまな地震計も使われており，この定義に当てはまるように補正のための式がいろいろ考案された．

なお，マグニチュードのことを日本語では，「規

模」ともいう．また，リヒターがマグニチュードの定義を行ったため，欧米では**リヒター・スケール**とよぶこともある．我が国では，比較的規模の大きな地震が発生した場合，気象庁によりマグニチュードが公表されているが，これは，**気象庁マグニチュード**とよばれることがある．このマグニチュードMの大小により，$M<1$のものを極微小地震，$1 \leq M<3$を微小地震，$3 \leq M<5$を小地震，$5 \leq M<7$を中地震，$7 \leq M$を大地震とよぶ．また，Mが8を超える地震を，特別に巨大地震とよぶこともある．

このように，地震の「大きさ」が定義されたことにより，地震の「大きさ」に関係した性質についての研究が進み，地震研究が大きく進展するきっかけともなった．グーテンベルグ，B.（Gutenberg, B., 1889～1960）とリヒターは，カリフォルニア州の地震を調べ，**グーテンベルグ・リヒターの関係**と現在よばれている関係式

$$\log_{10} n(M) = a - bM$$

を1940年代に示した．$n(M)$は一定の地域，一定の期間に起きたマグニチュードMの地震の総数である．係数bは**b値**とよばれている．驚くべきことに，グーテンベルグ・リヒターの関係は，全世界の地震に対して成り立っており，b値は，どのような地域でもほぼ1に近い値をとることがわかっている．この式から，マグニチュードが1増えると，発生頻度が1/10になることがわかる．このように，広いマグニチュードの範囲で，このような規則性があるということは，地震がそれぞれ勝手に起きているとは考えにくく，何らかの影響を及ぼし合っていると考えざるを得ない．なお，余震数の時間変化からも同様のことがいえるということは，すでに述べた．しかし，大きな災害を引き起こす可能性の高い巨大地震の数は，中小の地震に比べてずっと数が少なく，その統計的特徴について十分精度の高い議論はできないが，このような地震は，中小の地震と同じグーテンベルグ・リヒターの関係では表せないという考えも強い．

2.1.3　地震群の特徴

地震計が各所に設置されることにより，群れとしての地震の統計的特徴が活発に研究されることとなった．マグニチュードの定義がこのような活動に拍車をかけることとなった．このような研究により理解されてきたのは，上にも述べたが本震に引き続いて起こる余震の諸特徴である．なお，本震と定義され得るのは，時空間的に近接した地震の群の中で飛び抜けて規模の大きい地震に対してである．本震の前にその震源付近で地震活動があれば，**前震**とよばれるが，前震を伴う地震の例は少ない．なお，とび抜けて規模の大きな地震がない場合は，その一群の地震を**群発地震**とよぶ．我が国では小規模な群発地震は，火山地帯でよく起きることが知られているが，必ずしも火山地帯に限られているわけではない．1965年から1967年頃まで続いた松代群発地震は，最も活動的な群発地震の例として知られており，有感地震が1日に600回を超えることもあった．なぜ，本震-余震系列と群発地震の区別が生じるのかについては，岩盤の破砕度が高い場合や，高圧のマグマや地下水など地下流体の存在下で群発地震が起こりやすいとの指摘がある．なお，地下流体と地震の関係については，2.1.11項を参照されたい．

2.1.4　地震を引き起こす力

地震は，断層の両側の岩盤が急激にずれることにより起こることがわかり，大まかには弾性反発説が正しいということが，観測からも理論計算からも確認されるようになった．そうすると，図2.2に描かれている力の実体は何かという問題が残る．この力の実体の解明は，地震の起こり方の理解の大きな鍵となり得る．これには，1960年代後半に提示され，新しい地球観を創成することとなった**プレートテクトニクス（plate tectonics）**という考え方が大きな手がかりとなった（1.2.2項）．地球の表面は，厚さ数十kmから200km程度の何枚かの固い岩盤（**プレート**とよぶ）からできており，それぞれのプレートの移動に伴う衝突やマントル内部への沈み込みにより，火山活動，地震活動や造山運動が起こると考えるものである（図1.14，図1.16参照）．この考えによれば，一見，多様にみえ，しかも局地的なものだと考えられてきた世界各地の地学現象が，プレートの移動という全地球的な視点から統一的に説明することができる．プレートテクトニクスは，現在の地球科学においては標準的な考えとして受け入れられており，この考えによると，プレートがぶつかり合ったり，押されながらすれ違っているとこ

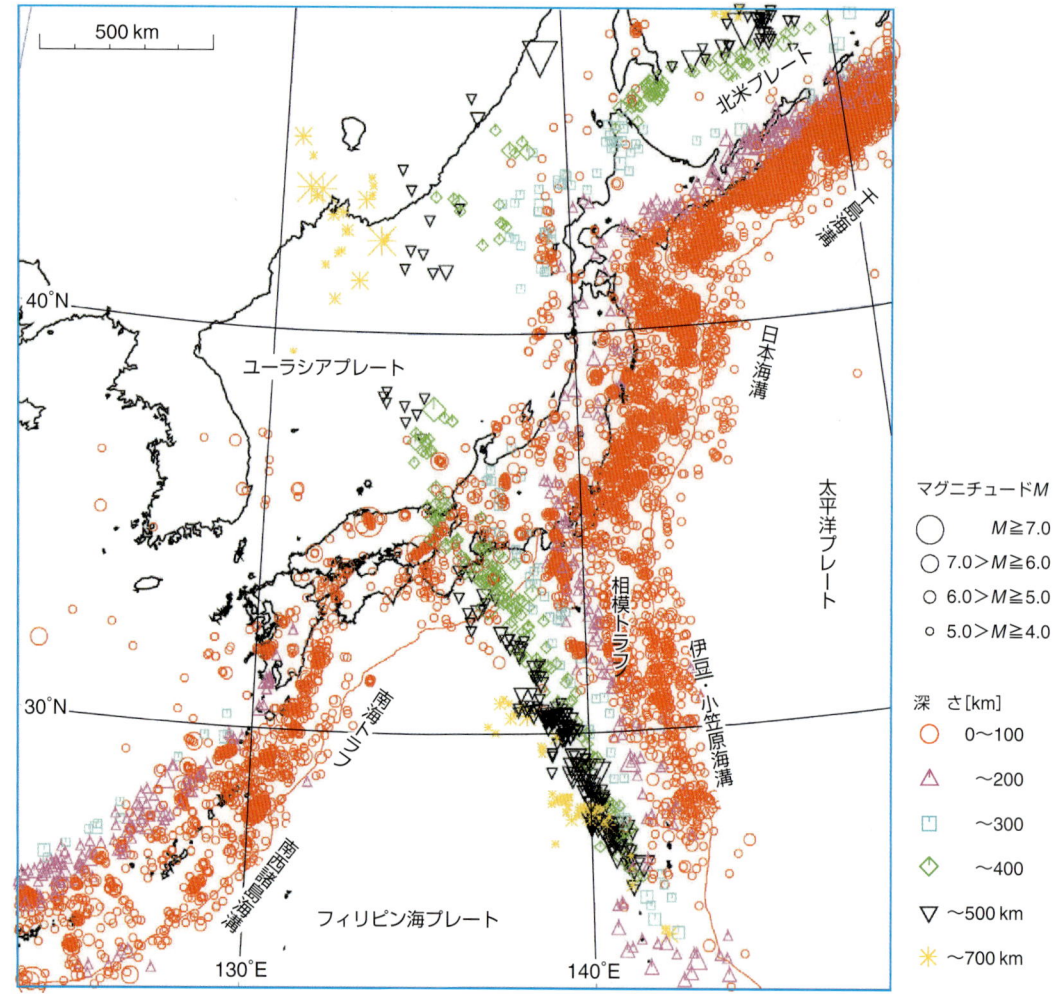

図2.6 日本付近のプレートと地震の分布（1994年1月1日～2003年12月31日，$M \geqq 4.0$）

ろは地震が多発しているところである（図1.14，図1.16参照）．

日本付近では，海洋性の太平洋プレートが，北海道と東北日本をのせている大陸性の陸側プレートにぶつかりながら沈み込んでいる．西の方では，中部地方から四国や九州をのせている大陸性のユーラシアプレートの下に，海洋性のフィリピン海プレートが沈み込んでいる（図2.6）．日本付近の海溝沿いで起こる大きな地震のほとんどは，大陸性プレートと沈み込もうとしている海洋性プレートの境界で起きていることが，震源の位置からわかっている．したがって，太平洋プレートやフィリピン海プレートが沈み込もうとする力が，図2.2に示されている地震を起こす力であることがわかる．図2.6は，沈み込むプレートによる地震の起こり方を表したわけだ

が，プレートの境界の中には，互いに水平にすれ違うタイプのものもある．例えば，米国カリフォルニア州では，北アメリカプレートと太平洋プレートが水平方向にすれ違っており，長い歴史的変動の中でサンアンドレアス断層という巨大な断層が形成されている（図2.3，図2.14（a））．トルコでたびたび大地震を引き起こしてきたアナトリア断層も，水平方向にすれ違う2つのプレートの境界に形成されたものである．

しかし，実際には，プレート境界以外でも多くの地震が発生している．このような地震を引き起こす力は，プレートとプレートがぶつかり合う力がプレート内部に伝わったものであると理解されている．プレート内部では，このような力により，繰り返し地震が起き，地表にずれの痕跡が現れているも

のがある．このようなもののうち，第4紀（約200万年前）から現在までの間にずれが起きたとみなされ，将来も活動するであろうと推定されるものを**活断層**とよぶ（2.5.2項）．しかし，地表にずれの跡を残さない震源の浅い地震も多く，活断層のみに注意を払えばよいというわけではない．

2.1.5　複双力源と地震モーメント

「地震＝断層」観が定着するとともに，20世紀後半に至って断層のずれについての理論的研究も盛んに行われるようになった．このような研究により，少なくとも断層が点とみなせるほど小さいと考える限り，断層のずれは図2.7(a)に示すように，同じ大きさで逆向きの2つの偶力の組み合わせ（これを**複双力源**または，**ダブル・カップル（double couple）**という）と等価であることが数学的に証明されるに至った．なお，それぞれの偶力が逆向きのため，震源が回転することはない．ここで，面P1またはP2が断層面に相当する．図2.7(a)に示した複双力源は，図2.7(b)に示した押しと引張りの力の組み合わせと数学的に等価であるため，図2.7(a)の複双力源から放射される地震波初動の押し引き分布は，4象限型となる（P1が断層面の場合とP2が断層面の場合では，断層面に対する押し引きの方向が異なる）．地震波初動の振幅がゼロになる方向が断層面ということになるが，初動の観測データからだけでは，図2.7(a)のP1とP2のどちらが断層面であるかを一意的に決めることはできない．しかし，観測された地震波形全体と理論的に予測される波形全体との比較（2.1.7項）や，震源が浅い場合にしばしば生ずる地表の変形などの観測から，断層がどちらを向いているかを決めることができる．また，おおまかには余震の震源の分布からも断層の位置を推定することができる．実際，上のように求めた断層の位置と本震発生直後の余震域は，ほぼ一致することが知られている．なお，余震の発生する領域は**余震域**とよばれるが，時間とともに拡大していく傾向がある．

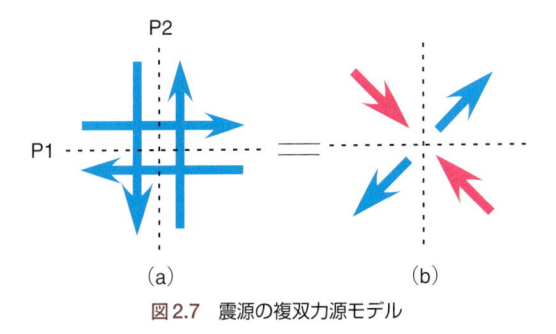

上のような理論研究により，理論に基づいた地震の大きさの定義も可能となった．リヒターにより定義されたマグニチュードは，経験に根ざしたもので，曖昧な部分も多い．地震により放射される地震波は，短い波長から長い波長まで多くの波長成分を含んでいるが，定義されたマグニチュードは，物理現象そのものだけでなく，ウッド・アンダーソン型地震計の特性も反映されている．この地震計は，0.8秒の周期をもった地震波に最も反応しやすい特性（これを地震計の**固有周期**とよぶ）をもっており，数秒以上の周期のゆっくりとした地震波を出すような地震の大きさを的確に表すことはできない．

断層のずれが図2.7(a)に示した2つの偶力の組み合わせ，複双力源と等価であるためには，図2.7の片方の偶力の大きさをM_0で表すと，

$$M_0 = \mu DS \text{ [Nm]}$$

の関係が成り立っていなければならないということが数学的に証明されている．ここで，μは岩盤の剛性率（ずれに対する岩盤の抵抗の大きさを表す指標），Dは断層面上の平均的なずれの大きさ，Sは断層の面積を表す．

こう考えると，地震の大きさの指標の1つとして，M_0を使えばよいのではないかということになる．安芸敬一（1930〜2005）はこのような考えを初めて提唱し，M_0を**地震モーメント**とよんだ．これは，従来の経験的なものとは異なり，しっかりとした理論的な基礎をもつものである．なお，断層に広がりがあるとみなす場合は，図2.7(a)に示した複双力源が断層面上に連続的に分布したもの（**モーメント密度**とよばれる）として震源を表現できる．モーメント密度を断層面上で積分すれば，地震モーメントが得られる．マグニチュードは，それを決める地震計の固有周期に関係しているため，その固有周期よりもはるかに長い周期の波を多く含む巨大地震などの大きさを適切に表すことができない．そのため，現在では，特に大きな地震の大きさを表す指標として，地震モーメントおよび，それに基づいて金森博雄（1936〜）が提唱したマグニチュード（**モーメント・マグニチュード**という）が広く用いられている．

図2.7　震源の複双力源モデル

2.1.6 震源断層の幾何学的分類

「地震＝断層」という考え方が定着するにつれ，多くの地震について地震の際の断層のずれ方が調べられることになった．断層のずれ方向の違いにより，**横ずれ断層**と**縦ずれ断層**に分類できる（図2.8）．横ずれとは，断層を境にして岩盤が主に水平方向にずれることをいい，向こう側の岩盤が手前のものに対して左にずれるものを**左横ずれ**，その逆のものを**右横ずれ**とさらに分類される．縦ずれ断層は，ずれが主に上下の方向に起こるものをいい，片方の岩盤がもう片方に対して乗り上げるようにずれるものを**逆断層**，その逆の動きをするものを**正断層**とよぶ．正断層は，両側の岩盤が引っ張られようとするときに生じ，逆断層は，両側の岩盤が，逆に強く圧縮されたときに起きる．図2.6に示したように，日本の海溝沿いの大地震のほとんどは，海洋性プレートが，大陸性プレートを押しながら沈み込んでいくため，プレートの境界で逆断層として起きる．

このように，プレート境界で起きる地震を**プレート間地震**（または，**プレート境界地震**）とよぶ．1944年東南海地震（$M7.9$），1946年南海地震（$M8.0$）など，我が国およびその周辺で起こる巨大地震のほとんどが，海洋性プレートの沈み込みに伴うプレート間地震である．これとは対照的に，陸側プレート内部で起きる地震を**内陸地殻内地震**とよぶ．1995年兵庫県南部地震は，内陸地殻内地震の例である．また，沈み込んでいる海洋性プレート内部でも，大きな地震が起こることがあり．これを特に**海洋プレート内地震**とよぶ．海溝に近い部分では正断層型の海洋プレート内地震が発生することもある．1933年三陸沖地震（$M8.1$）はその一例で，三陸沿岸を襲った津波により大きな被害が生じた（**2.4.5節**）．我が国付近で起こる海洋性プレートの沈み込みに伴うプレート間地震の震源の深さは，数十kmくらいまでで，それより深い地震は海洋プ

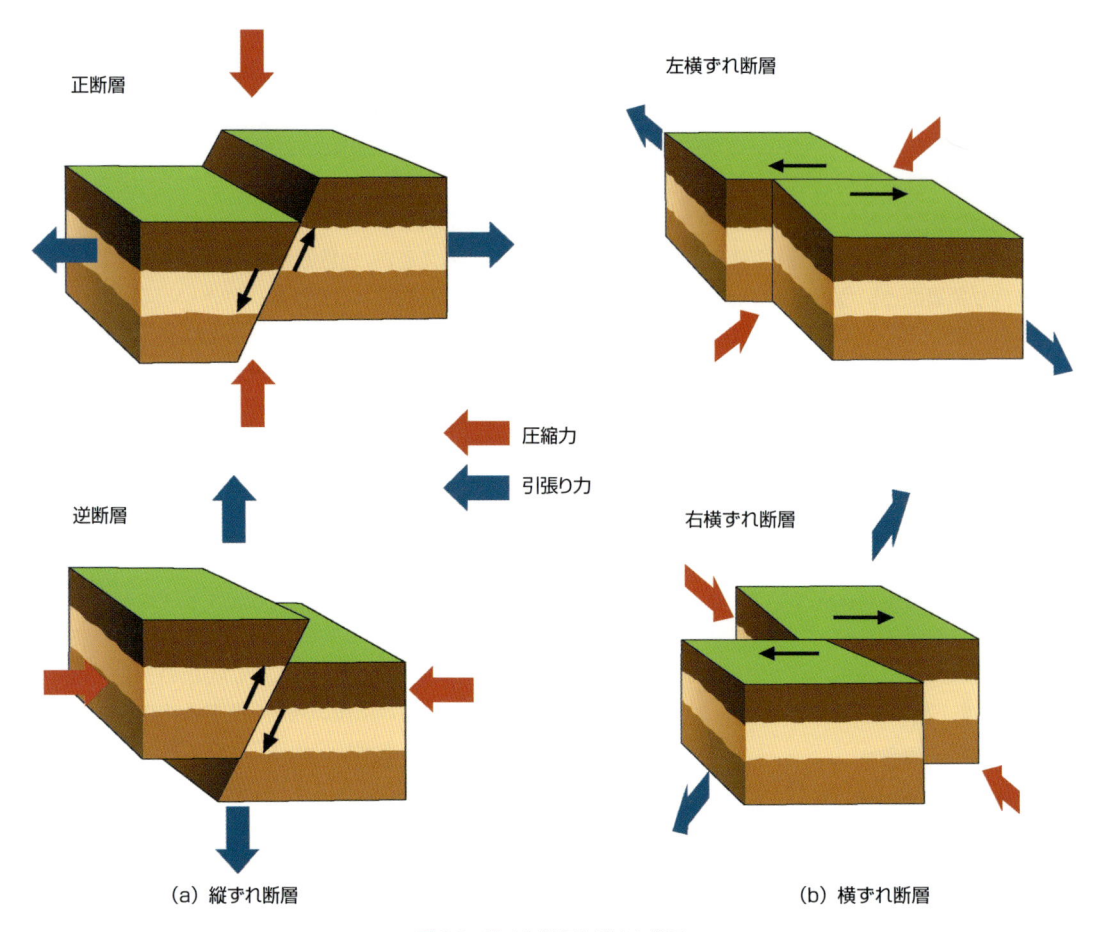

図2.8 横ずれ断層と縦ずれ断層

レート内部地震として起こり，沈み込むプレートの深い部分は**スラブ**と通称されるので，**スラブ内地震**とよばれる．

地震を引き起こした断層について，断層面の向きと断層のずれの方向を表す概念として**発震機構**という言葉がある．発震機構を推定するには，図2.1のように地震波の初動分布を用いることができる．発震機構を推定すること（これを**発震機構解**とよぶ）により断層の幾何学的情報のみならず，その断層にどのような力が加わっているかがわかる．しかし，地震波初動の押し引き分布に基づいて決めたものは，厳密にいえば，震源でずれが開始された瞬間における断層運動の様子を表しているにすぎない．断層全体で何が起きたのかを調べるためには，その地震により放射された地震波形全体をデータとして用いる必要がある．断層を点と仮定するが，波形全体をデータとして用いて決めた発震機構解を，一般に**CMT（Centroid Moment Tensor）解**とよぶが，この解は，断層面全体で起きたずれを平均化したものを表していることになる．また，この解析では，地震モーメントも同時に決めることができる．

2.1.7　広がりのある断層

発震機構解も定着してくると，発震機構だけではなく断層のずれの詳細を知ろうという動きが盛んになってきた．このためには，やはり地震波が重要な役割を果たす．地震波には，地球の内部を伝わってくる実体波（P波とS波がある）とよばれる波や，地球の表面近くのみを伝わってくる表面波（レーリー波とラブ波が代表的）とよばれる波がある（2.2.2項）．それぞれの波は，短い波長から長い波長まで多くの波長成分を含んでいるが，一般に表面波のほうが長い波長成分に富んでいる．伝わってくる波を用いて，震源で起きている現象を調べる際には，その波がもっている波長の程度の長さしか空間解像度がないことに注意しなければならない．10cmの波長の波で，1cmの大きさのものを調べようとすることは，例えていえば，10cm単位の目盛りしかない物差しで1cmの長さの物体を測ろうとするようなものである．したがって，断層の広がりよりもずっと長い波長の地震波を用いて地震のずれを調べた場合，断層は点とみなさざるを得ず，断層のずれの詳細を明らかにすることはできない．

しかし，短い波長の波は，反射や散乱を受けやすいので，伝わっていくにつれ震源での情報が失われていく．そのため，精度のよい解析を行うためにはできるだけ震源の近くで計測された地震波形を用いる必要がある．しかし，たまたま，地震計がそのような都合のよい場所に設置されていたという例はきわめて少ない．そのため，まずは，表面波など比較的波長の長い地震波を使った研究が盛んに行われた．地震モーメントの導入はこのような研究の成果の1つである．

このようにして，観測された地震波形全体と，理論的に予測される波形全体を比べることにより，断層上で何が起きたかを詳細に決めようとする研究が行われるようになった．地震が始まり，終わるまでの過程を**震源過程**というが，それに関してまずわかってきたのは，断層のずれは断層上のある1点で開始し，有限の速度で断層上を面状に広がっていくということである．ずれが開始した点を**震源**とよび，震源の真上の地表の点を**震央**とよぶ（図2.9）．また，ずれが起きている領域の先端が進む速度（これを**破壊伝播速度**という）は，例外があるものの，普通，地殻を構成する岩石のS波速度くらいであり，2～3km/s程度である．時速に直せば，1万km/h程度になるから，ジャンボジェット機の巡航速度の10倍程度にもなる．また，ずれが起きている領域の先端が到着したらずれが始まるわけだが，それぞれの場所でずれが進行する速度は，普通2～3m/s程度である（これを**すべり速度**とよぶ）．時速に直せば，7～10km/hくらいだから，人間が歩く速度より少し速い程度である．ずれの起きた領域のことを**震源域**とよぶことがあるが，この用語は「地震＝断層」という明確な考え方が確立される以前から使われていたこともあり，曖昧さを含む．場合により余震により破壊した領域までも含むこともあり，その領域がずれを起こした断層とどのような関係があるのか必ずしも明らかではないからである．

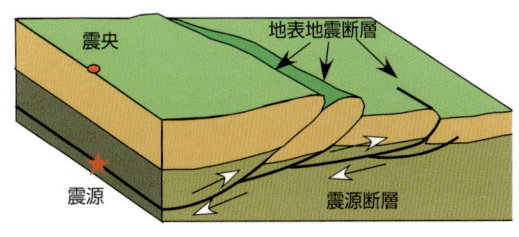

図2.9　震源と震央

本震でずれを起こした断層をもっと明確に表すものとしては，**震源断層**という用語がある．内陸部の震源が浅い大地震の際には，震源断層の一部が地表に現れることがあるが，これを**地表地震断層**とよぶ（混乱を与える言葉だが，これを**地震断層**ということもある）．

2.1.8 断層のずれの詳細とアスペリティ

地震計の改良や設置されている地震計の数の増大，高速大容量コンピュータの出現および理論的研究の進歩に伴い，比較的短い波長の地震波を用いた地震の起こり方の詳細についての研究は，20世紀の終わり頃から大きな進歩を遂げてきた．このような研究では，断層のずれの仕方について多くの可能性を仮定し，それにより放射される地震波を計算機を用いて計算し，その中で観測された波形との一致が最もよいものを，実際に起きたものだと考える．大きな発見は，震源断層の上のどこでも同じようなずれが起こるのではないということである．ずれの量の大きなところもあれば，小さなところもある．ずれの特別大きなところは，**アスペリティ（asperity）**とよばれている．例として，1995年1月17日に阪神淡路大震災を引き起こした兵庫県南

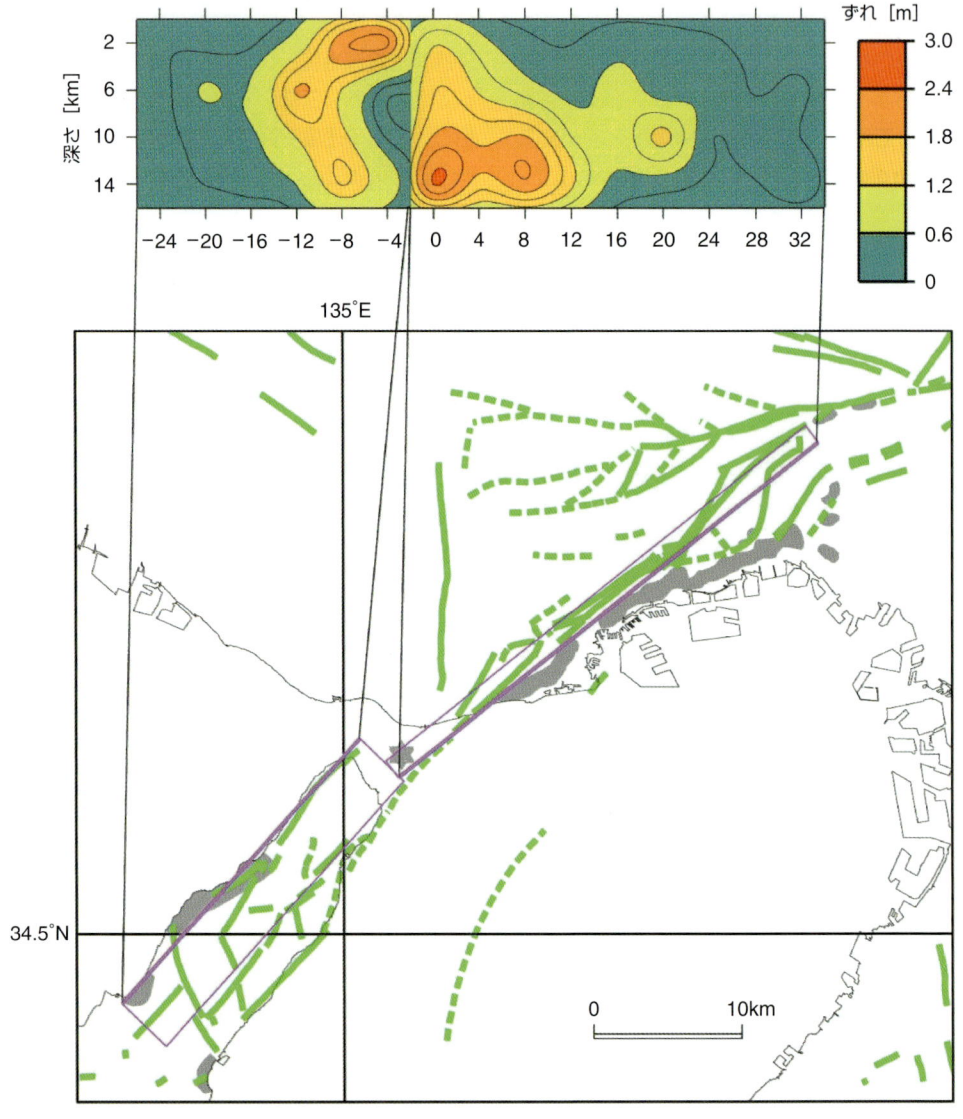

図2.10　1995年1月17日兵庫県南部地震の際の断層のずれの様子：緑色の線は報告されている活断層を，紫色の線で囲まれた部分は計算で仮定された震源断層を，それぞれ表す．

部地震に伴う断層のずれの様子をみてみよう（図2.10）．これから，明石海峡の下あたりに特別に大きくずれた部分があることがわかる．また，本州側の地表付近であまりずれが起きていないこともわかるが，この付近では，地表地震断層が現れなかったことと符合している．また，淡路島側の地表付近で大きなずれがみえるが，実際に地表では野島断層などのずれが観察されている．しかし，どのようなところがアスペリティとなるのかは，まだよくわかっていない．アスペリティは，大きなエネルギーを解放するため，来たるべき大地震の際に，どういう場所にアスペリティが出現するかということは，地震災害軽減のうえでも重要である．

さまざまな地震が，多くの研究者により調査され，アスペリティの特徴も少しずつだが明らかになってきた．特に，海洋性プレートが沈み込む三陸から東海，四国沖にかけては，100年程度の間隔で比較的頻繁に大地震が起きるため（2.5.1項），この地域の地震の起こり方については，ある程度の知識が蓄積されてきた．図2.11は，三陸沖で起きたいくつかの大地震の際のずれの様子を示したものである．1995年兵庫県南部地震と同様，震源断層上のある部分だけが特別に大きくずれていることがわかる．来たるべき大地震の際に，どういう場所にアスペリティが出現するかということは，地震災害軽減のうえでも重要であると，上で述べたが，この図は，これについてある程度の示唆を与えてくれる．断層のずれの詳細が調べられるようになったのは，前にも述べたが20世紀も終わりの頃である．もっと以前の地震もここで解析できた理由は，その頃の地震記録が保存されており，それを現代の方法で解析したためである．この図から，まだまだ，データは少ないものの，少なくとも三陸沖の海溝沿いで起こる地震については，「地震により，ずれを起こすアスペリティの数は違うが，アスペリティの位置は不変である」という仮説が提示できるだろう．1968年十勝沖地震では，2つのアスペリティ（青色で塗りつぶした部分）がずれたことがわかるが，このうちの

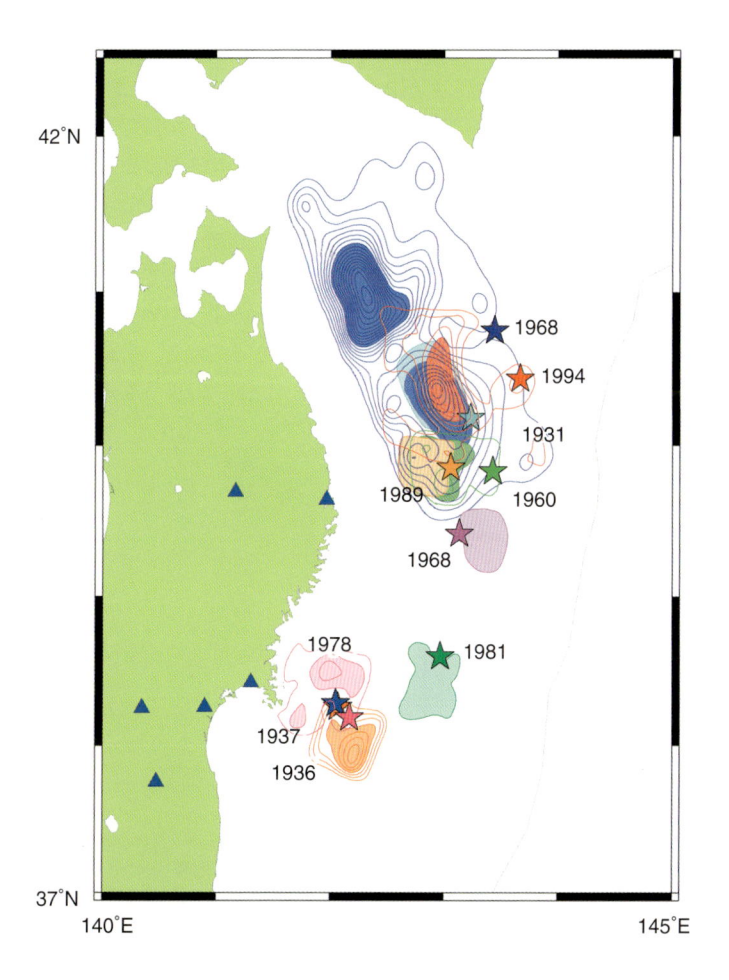

図2.11
三陸沖で起きた過去の大地震のアスペリティの分布：等高線はすべりの大きさ，ぬりつぶした部分はアスペリティを表す．また，星印はそれぞれの地震の震央を表す．

南の1つが，1994年三陸はるか沖地震の際に再びずれている．また，1931年の地震と1989年の地震は，同じアスペリティを破壊したことになる．ただ，この仮説の正しさを確認するためには，まだ，さらに多くのデータの蓄積が必要である．

2.1.9 断層のずれの多様性

地震波は，いろいろな波長の成分を含んでいるということを上に述べた．がたがたと速く揺れるのは，短波長成分が多いときで，ゆらゆらとゆっくり揺れるときは，長波長成分が多いときである．このような違いは，地震波が伝わってくる経路の違いや，地震の起こり方の違いによる．ゆっくりとしたずれを起こすような地震は，長波長成分を多く含んだ地震波を放射する．

海底直下で震源が浅い大地震の場合，断層のずれのため海底が大きく変形する．断層が縦ずれであれば，海水が大きく持ち上げられたり沈降したりして，津波が引き起こされる．このような海水の変動は，海底のゆっくりした動きに反応しやすいので，ゆっくりとずれる地震で発生しやすい．断層のずれがゆっくりと起きれば，放射される地震波は短波長成分が長波長成分に比べてずっと少なくなる．したがって，このような地震が海底直下で起これば，体に感じる揺れはあまり大きくないが，津波は想像以上に大きいということになる．そのため，体に感じる揺れの程度より不釣り合いに大きな津波を起こす地震を**津波地震**とよぶ（2.4.2項）．一般に，長波長成分に富んだ地震波を放出する地震を総称して，**低周波地震**とよぶが，津波地震は，大規模な低周波地震ということができる．

最近では，さらに短周期成分が少なく，普通の地震計では放射された地震波を検知できないような非常にゆっくりとしたずれを起こす地震の存在もわかってきた．これは1993年以降，全国的に設置された国土地理院のGPS連続観測網によるところが大きい．GPSとは，Global Positioning Systemの略であり，多数の人工衛星を用いて，地球上のさまざまな点の位置を正確に求めるシステムである．GPSは，ゆっくりとした地殻の変動を正確に計測できるという特性がある．国土地理院では，各観測点の位置を連続観測しており，プレートの沈み込みによる地盤変動の影響を取り除いた後，それぞれの観測点の相対的な変化の具合から地震による影響を調べることができる．2.1.1項で「地震」を，地震波を発生する地下の破壊現象と定義したが，最近のこのような研究の進展により，GPSにより検知できるものなどを含め，地震波という言葉を広く定義することが必要となった．

図2.12（a）は，1994年三陸はるか沖地震（$M7.6$）が起きた後の，岩手県久慈市にあるGPS観測点の変動を示したものである．地震の発生した12月28日，最大余震の発生した1月8日には，矢印の示すとおりステップ状の急変化がみられるが，それ以外の期間はゆっくりとした一様な変動がみられる．久慈市以外の東北各地の観測点でもこのような変化が計測されている．どのようなずれが起きるとこのような変化を説明できるのかを，計算機を用いて調べてみると，図2.12（b）のような結果が得

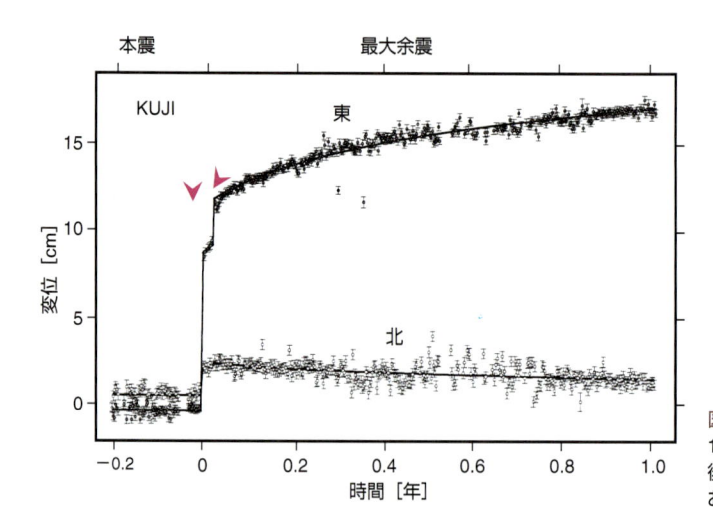

図2.12（a）
1994年三陸はるか沖地震（$M7.6$）が起きた後の，岩手県久慈市にあるGPS観測点の東および北方向への変動．

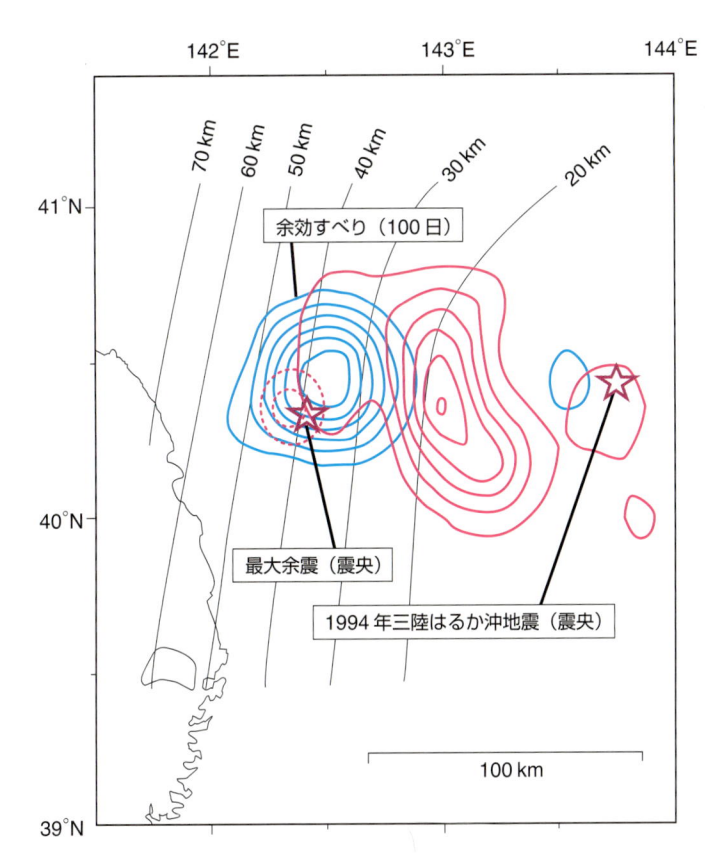

図 2.12 (b)
1994年三陸はるか沖地震(M 7.6)に伴って起きた余効すべりの推定：赤い等高線は地震によるすべり，青い等高線は余効すべりを表す．

られた．これから，12月28日の本震発生後，そのずれた部分が，主として深い方向にゆっくりと広がっていったということがわかる．もちろん，これは大変ゆっくりとしたものなので，人には感じられないだけではなく，普通の地震計でも検知することはできない．実は，比較的大きな地震の後にこのようにゆっくりとしたずれの拡大を引き起こすのは，ここにあげた地震だけではなく，大地震の後には，比較的普通に起きているのだということが，ごく最近になってわかってきた．大地震の後のこのようなゆっくりとしたずれは，**余効すべり**とよばれている．これとは対照的に，地震の発生前にゆっくりとしたすべりが仮にあるとすれば，それは，**前兆すべり**とよばれる．これは，地震予知の鍵の1つになり得るが，観測データからその特徴を定量的に明らかにした例は，きわめて少ない．

このようなゆっくりとしたすべりは，大地震の起きた後に限るわけではない．小規模ではあるが，数日から，長いものでは1年程度にわたって継続する非常にゆっくりとしたすべりの存在も確認されている（図2.13）．これを**ゆっくりすべり**とか**スロース**リップ（slow slip）とよぶことがある．このようなすべりは，多くの場合，沈み込む海洋性プレートと大陸性プレートの境界で，大地震が発生する震源域の深部延長部，深さ30～40km付近で起きていることが知られている．ゆっくりとしたすべりの発生には，地下流体の関与の可能性が疑われているが，いまだ確定的なものではない．ゆっくりとしたすべりが，そのままで終わるのか，それとも加速していって大地震の発生を誘発するのかということは，地震発生予測にとっても重要な問題であり，実験的および理論的にも活発な研究が行われている．

2.1.10 大地震の繰り返し

プレート境界で起きる大地震の繰り返しは，内陸で起きるものに比べ，規則性が強く繰り返し間隔が短いように思われる．これは，プレート境界で起きる地震は，プレートの運動に直接起因し，プレートはほぼ一定の速度で移動していることによると考えられている．これとは，対照的に，内陸で起きる大地震は，上にも述べたが，プレート間の衝突やずれ

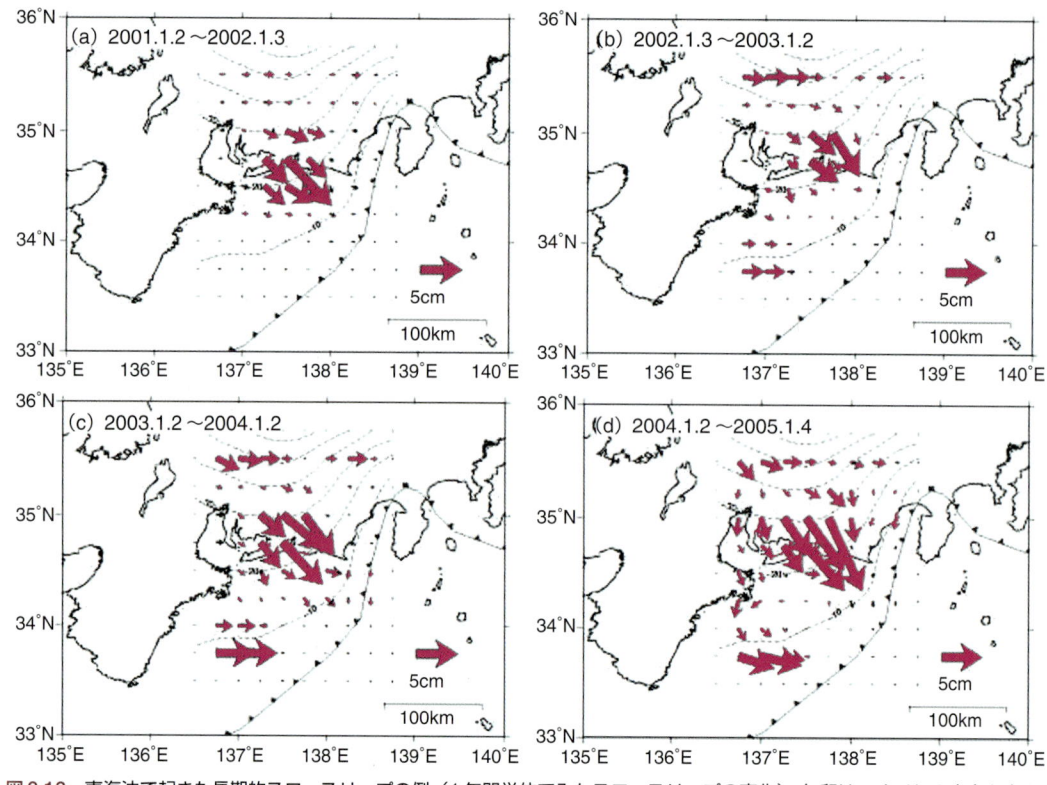

図 2.13 東海沖で起きた長期的スロースリップの例（1 年間単位でみたスロースリップの変化）：矢印は，すべりの方向と大きさを表す．

の効果が内陸に伝わって起きるもので，プレート運動のいわば二次的効果による．そのため，繰り返し間隔も相対的に長くなるし，繰り返しについての規則性も低いのであろう．実際，我が国の内陸部の活断層の調査によっても，マグニチュードが 7 以上の大地震の繰り返し間隔については，1,000 年以上の程度だといわれている．

プレート境界で，地震の繰り返しが比較的よく調べられた例として，サンアンドレアス断層と，我が国の東海沖から南海沖にかけての地震の繰り返しの様子をみてみよう．サンアンドレアス断層に沿ってパークフィールド（Parkfield）という小さな村があるが，この付近では，マグニチュードが 6 程度の地震が比較的規則的に起きていることで知られている．その様子を図 2.14 (a) に示す．1857 年に起きた地震を 1 番目の地震として，順番を追って発生年のグラフをかいたものである．6 番目の地震までは，ほぼ 22 年間隔で発生している（赤い線）．また，5 番目と 6 番目の地震は震源の位置がほぼ同じで，ずれは，北の方から南の方へ伝わっていったと考えられている．7 番目の地震として，これらの地震と同様な地震が，1988 年頃に起きるものと予想して，前兆捕捉のためにさまざまな観測が行われていた．しかし，実際に起きたのは 2004 年 9 月であり，赤い線からかなりずれることとなった．また，7 番目のものはずれの広がりの方向は，5 番目および 6 番目のものとは逆であった．

図 2.14 (b) には，我が国の東海沖から南海沖にかけての巨大地震の繰り返しを示したものである（2.5.1 項）．これらの地震は，沈み込むフィリピン海プレートと大陸性プレートの境界で起きたものである．我が国では，戦乱などで消失したものも多いが，多くの古文書が残されている．そのような古文書の中には地震やその災害について記述があるものがあり，これらを多く収集・解析することにより，被害の程度からその地震の規模や，震源の位置が推定できる．また，過去の津波の痕跡を地質学的に調べることによっても，いつ頃地震があったのか年代を推定できる．図 2.14 (b) のグラフは，このようにして作成されたものである．このグラフからも，この地域の巨大地震は，比較的規則的に起きている

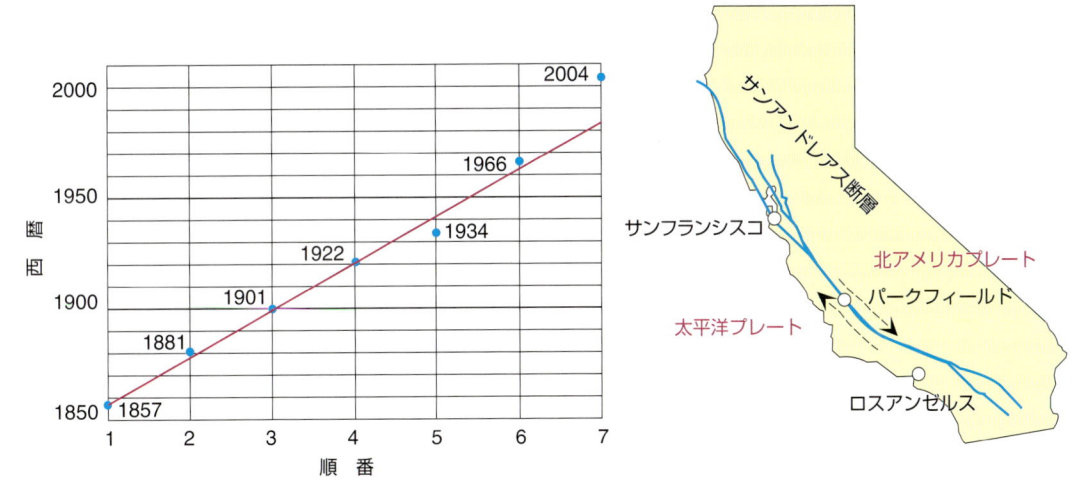

図 2.14（a） アメリカ合衆国カリフォルニア州パークフィールドでのマグニチュードが 6 程度の地震の繰り返しの様子

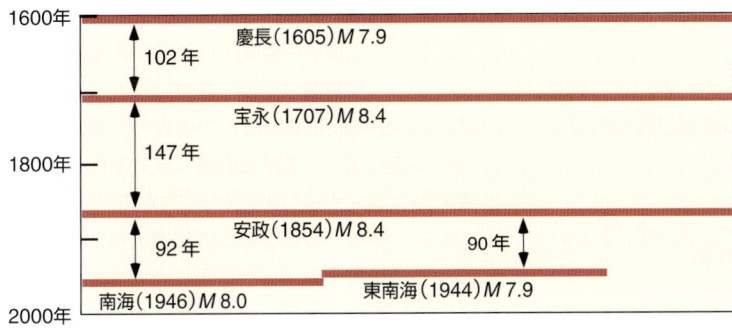

図 2.14（b） 我が国の東海から南海沖にかけての巨大地震の繰り返しの様子：なお 1854 年の地震の場合，東海沖の地震が南海沖のものよりも 1 日早く起きた．赤い線は上の地図に対応した震源断層の広がりの程度を表す．

ことがわかる．特に，南海沖では，100〜200 年の間隔で巨大地震が起きていることがわかる．特に，東海沖で地震が起きた際には，南海沖での地震発生時期が早まる場合もある．これは，上に述べた中小の地震と同様，巨大地震でも何らかの影響を互いに及ぼし合っているということを表しているように思える．ただ，地震は，互いにその発生を早めるだけではなく，その位置関係などから発生を遅くする効果もあり得る．実際，2004 年のパークフィールドの地震が予想したよりもその発生時期が遅かったのは，近くで起きたやや大きな地震が断層に作用している力を減少させたためではないかとの指摘もある．

大規模な地震の繰り返しに関係して，**固有地震**

という重要な概念がある．固有地震とは，厳密には，同一の断層において同一のずれで繰り返し発生する地震群のことを意味するが，それに加えて繰り返し時間間隔が一定という条件も含めることもある．大地震が同じ断層で繰り返す際には，断層上のそれぞれの地点で，「固有」のずれが毎回生じるというものである．実際には，まったく同じように繰り返すことはないので，これは，近似的な概念である．大地震の繰り返しについての予測を行う際には，固有地震的にふるまうことを前提にする場合が多い．前に述べた本州南海沖の巨大地震やパークフィールドでのM6程度の地震についても，ほぼ同じ時間間隔で同様の規模の地震が繰り返していることから，固有地震的であるということができる．しかし，固有地震的な繰り返しからのずれも往々にしてみられ，そのずれの成因についての解明も地震発生予測にとって重要な課題である．仮に，ある規模より大きな地震の発生が固有地震的であるとすると，それぞれの地震に対応する断層は個別に振る舞っているということを意味し，まわりで起きる地震の影響はあまり受けないということになる．これは，グーテンベルク・リヒターの関係の項で述べた「中小の地震は互いに影響を及ぼす」ということとは，大きく異なることになる．すなわち，大地震の起こり方は，中小の地震の起こり方とは大きく異なるということになる．中小の地震と大規模な地震の起こり方の間に，どのような類似性と相違があるかということについて現在，活発な研究が行われている．仮に，中小の地震の起こり方と，固有地震の起こり方に類似性があれば，事例の多い中小地震の研究から，固有地震の起こり方について何らかの推測が行われ得ることになる．

2.1.11 地震発生の引き金

　地震を引き起こす力は，上にも述べたとおり根源的にはプレートの運動による．しかし，何が地震発生の直接的な引き金になるかということは，地震発生の予測にとっても重要な事項であるが，はっきりとわかっているわけではない．例えば，2.1.9項で述べた，ゆっくりとしたすべりは，そうした引き金になる可能性はあるが，それが確認された例はない．これまでに，引き金として確認されたものとして，地下流体の流入があげられる．深井戸に圧力をかけて水を注入すると，その周囲に小規模な地震が発生することがある．よく知られた例として，1962年に米国コロラド州デンバーの近くにあった軍需工場が廃液を処理するため3,800mの深さの深井戸に注入したところ，小規模な地震が群発したことがある．注入を止めると地震は減少し，再び注入を開始すると地震が増えるということも観測された．このような例や，室内実験などから震源の浅い地震は地下水圧の影響を受けることが明らかになった．これは，岩盤の割れ目を伝わってしみ込んだ水のためその強度が低下したためだと考えられている．大きなダムを建設し，水を蓄え始めると，その付近に小規模な地震が頻発するということも，例が多いわけではないがよく知られている．中には，被害を伴うような規模の大きな地震を起こした例もある．これも，水が周囲の岩盤にしみ込むことにより岩盤の強度が低下したためだと考えられている．自然の地震についても，震源の浅い地震については，地下流体の流入による岩盤の強度低下がその引き金を引いている可能性も指摘されている．

2.1.12 震源の深い地震の発生機構

　以上述べたのは，地震被害を及ぼし得る浅発地震の起こり方についてである．なお，震源の深さが60～70kmより浅いものを**浅発地震**とよび，それよりも深く300km以浅のものを**やや深発地震**とよぶ．また，300kmよりも深いものを**深発地震**とよぶ．ただし，700km程度よりも深い地震は観測されていない．やや深発地震や深発地震が多発する場所は，沈み込む海洋性プレートに沿って面状に分布しており(図2.6)，**深発地震面**，または発見者の和達清夫(1902～1995)およびベニオフ，H.(Benioff, H.,1899～1968)の名をとって**和達・ベニオフ帯**とよばれる．深発地震が起きるところでは圧力や温度もきわめて高く，物質に力を加えても通常の破壊を起こさないまま大きく変形する性質（延性という）があるので，深発地震が浅発地震と同じ起こり方をするとは考えにくい．しかし，それにも関わらず深発地震は浅発地震と同様に複双力源で表されるということが地震波形の解析からもわかっている．したがって，深発地震も断層がずれることにより起きているはずである．深発地震で，断層のずれがどのように起きているかということは，いくつかの説が提

案されているが，いまだ確定的ではない．

■図版の出典

図2.1 気象庁岐阜地方気象台：昭和44年9月9日岐阜県中部地震調査報告，験震時報，**34**（1970）pp.157-176.

図2.3 United States Geological Survey website: http://pubs.usgs.gov/gip/earthql/how.html（2007年10月10日アクセス）．

図2.4 Utsu, T.: Aftershocks and earthquakes, (I) Some parameters which characterizes an aftershock sequence and their interrelations, *J.Fac.Sci.*, *Hokkaido Univ.*, **VII**, 3 (1969) pp.129-195.

図2.5 気象庁ホームページ：http://www.seisvol.kishou.go.jp/eq/aftershocks/kako_aftershock.html（2007年11月10日アクセス）．

図2.6 文部科学省地震・防災研究課：地震の発生メカニズムを探る（2004）．http://www.jishin.go.jp/main/pamphlet/eq_mecha/index.htmでも公開（2007年11月10日アクセス）．

図2.8 文部科学省地震・防災研究課：地震の発生メカニズムを探る（2004）．http://www.jishin.go.jp/main/pamphlet/eq_mecha/index.htmでも公開（2007年11月10日アクセス）．

図2.10 Yoshida, S. *et al*.: Joint inversion of near- and far-filed wave forms and geodetic data for the rupture process of the 1995 Kobe earthquake, *J.Phys.Earth*, **44**（1996）pp.437-454を改編．

図2.11 Yamanaka, Y. and Kikuchi, M : Asperity map along the subduction zone in northeastern Japan inferred from regional seismic data, *J.Geophys. Res*, **109**, BO7307, doi:10.1029/2003JB002683（2004）を改編．

図2.12 （a）Heki, K., Miyazaki, S and Tsuji, H : Silent fault slip following interpolate thrust earthquake at the Japan Trench, *Nature*, **386**（1997）pp.595-598.
（b）Yagi, Y., Kikuchi, M and Nishimura, T : Co-seismic slip, post-seismic slip, and largest aftershock associated with the 1994 Sanriku-haruka-oki, Japan, earthquake, *Geophys.Res. Lett.*, **30**, 2177, doi:10.1029/2003GLO18189（2003）．

図2.13 国土地理院ホームページ：http://cais.gsi.go.jp/tokai/sabun/index.html（2007年11月10日アクセス）．

2.2 地震波と地震動

2.2.1 はじめに

　地震の本体は何かについて前節で解説してきた．本節以降は，地震が起きたあと，どのような現象が起こるかについて解説する．地震により引き起こされる現象の第一は**揺れ**であろう．この揺れを，海などでみられる波と同じようなものと考えれば**地震波**とよぶことが可能であろうし，揺れが地球を伝わって地面を揺り動かすと考えれば**地震動**とよぶことも可能である．地震波の伝わる速度は岩盤では秒速数km以上になる．例えば，**地殻**（地表に最も近い岩盤．1.1.4項参照）の上部では最も速い地震波なら秒速6km程度の速度で伝わるが，これを時速にすれば21,600 kmに達し，最高時速約300 kmの新幹線と比べ72倍もの速さである．したがって，地震波や地震動は地震により起こる現象の中でも，最も早く現れる現象である．また，地震波や地震動は地球の裏側にも伝わっていく，最も広範囲な現象でもある（図2.15）．

2.2.2 地震波の発生

　プレートのぶつかり合い，または押されながらのすれ違いが原動力となって，プレート同士の境界やプレート内部の**活断層**において，両側の岩盤がずれることにより地震が起こる（2.1.2，2.1.4項）．このずれが地球の内部に**複双力源型**の力を及ぼし（2.1.5項），その結果，地震波が発生する．地球は，地震のような速い動きの力に対して，ゴムひもやバネと同じような**弾性体**としてふるまう．つまり，**フックの法則**に従い，加わった力に比例して変形する．ゴムひもやバネのような線状の単純な弾性体ならば，この中での揺れの伝わり方も単純で，伝わる速度もフックの法則の**弾性定数**から簡単に決まる．ところが，地球は3次元的な広がりをもった弾性体なので，異なった弾性定数で規定される複数のフックの法則に支配される．その結果として揺れの伝わり方（**地震波**）も2種類あり，地球の伸び縮み変形に伴って発生する，伝わる方向に平行な揺れの地震波を**P波**，ねじれ変形に伴って発生する，伝わる方向に垂直な揺れの地震波を**S波**とよぶ．また，両者を併せて実体波とよぶこともある．これに対して，浅発地震（2.1.12項）の場合，S波から派生して**表面波**とよばれる，地表面に沿って伝わる波群が現れることが多い．

　深さ30 kmの地震に対するコンピュータシミュレーションの結果（図2.15）からわかるように，S波（緑色）の速度はどこでもP波（赤色）の速度より遅く，表面波（S波に続く緑色）の速度はさらに遅くてS波速度の90〜95%程度である．たとえば，P波速度が6 km/s程度の地殻上部では，S波速度は3.5 km/s程度しかない．こうしたP波や

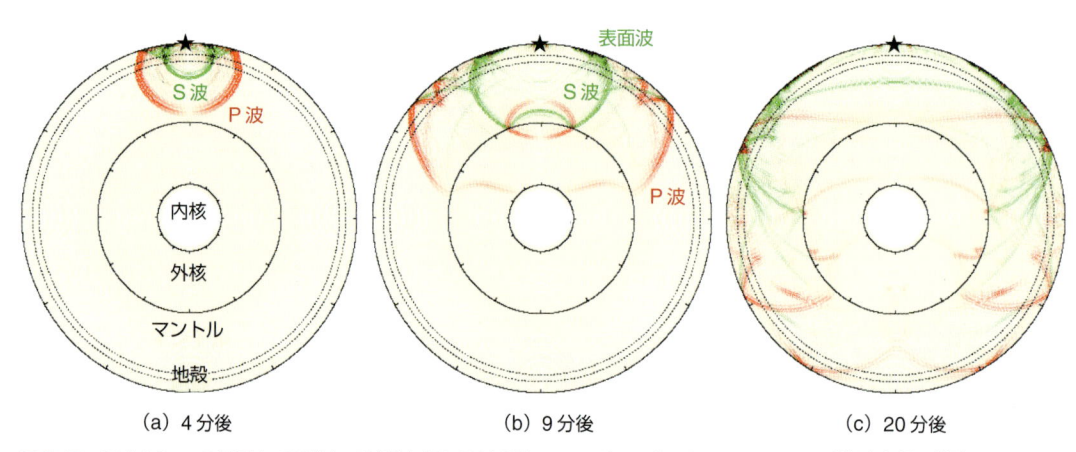

図2.15　深さ30 kmの地震★で発生して地球を伝わる地震波のコンピュータシミュレーション（地球内部の構造については1.1.1項参照）

(a) 4分後　　(b) 9分後　　(c) 20分後

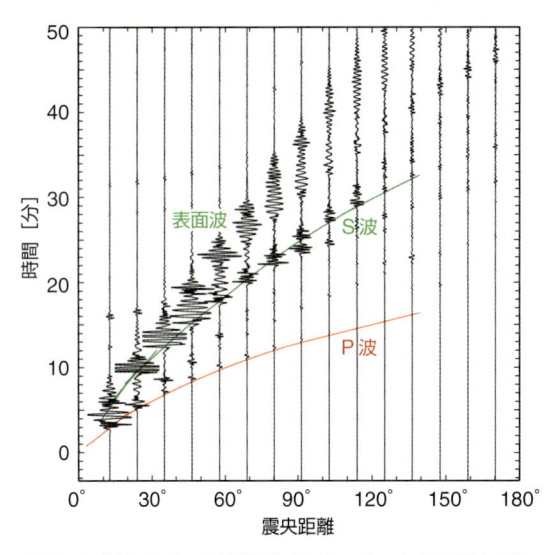

図 2.16 深さ 30 km の地震のシミュレーションで再現された各地点の地震動（地点は震央距離で示されている）

S波，表面波が地球内部や地表近くを伝播した（伝わった）結果，地球上の各地では図 2.16 のような地震動に見舞われる．地震は断層でのずれ変形であるので，伸び縮み成分よりねじれ成分を多く生じさせ，それに伴ってS波や表面波の地震動の方が，P波の地震動より一般に大きい．なお，ここで地震動の波形は，**震央**（2.1.7 項）から各地点まで地表面に沿って測った距離（震央距離）ごとに描かれてお

り，震央距離は地球の円周上の角度（1 度が約 100 km）で表されている．

弾性体の中に**不連続面**（弾性定数が不連続に変化する境界面）が存在すると，そこを伝わる波は光と同じように**スネルの法則**に従って**反射**したり**屈折**する．地球の内部にはいろいろな不連続面が存在する（1.1.1 項）．代表的なものには地殻とマントルを区切る**モホ面**，上部マントルと下部マントルを区切る 660 km 不連続面，**核マントル境界面**などがあげられ，地震波にも反射・屈折が起こる．そのため，図 2.15 にはP波，S波の**波面**だけでなく，いろいろな反射波，屈折波の波面が現れている．例えば9分後の図では中央やや上部に，マントルと外核との境界面でS波が反射・屈折した地震波の波面がみえる．しかも，反射・屈折の際にS波からP波に変換することも起こるので，緑色の反射S波だけでなく，赤色の**変換波**も反射・屈折のあとに出現している．ただし，外核は核の主成分である鉄やニッケルなどが溶融した液体状態にあると考えられており（1.1.2 項），液体ではねじれ変形が起こらないので，外核の中にS波は現れない．

2.2.3 地震波の伝播

地震波も波であるから，光などと同じように**フェ**

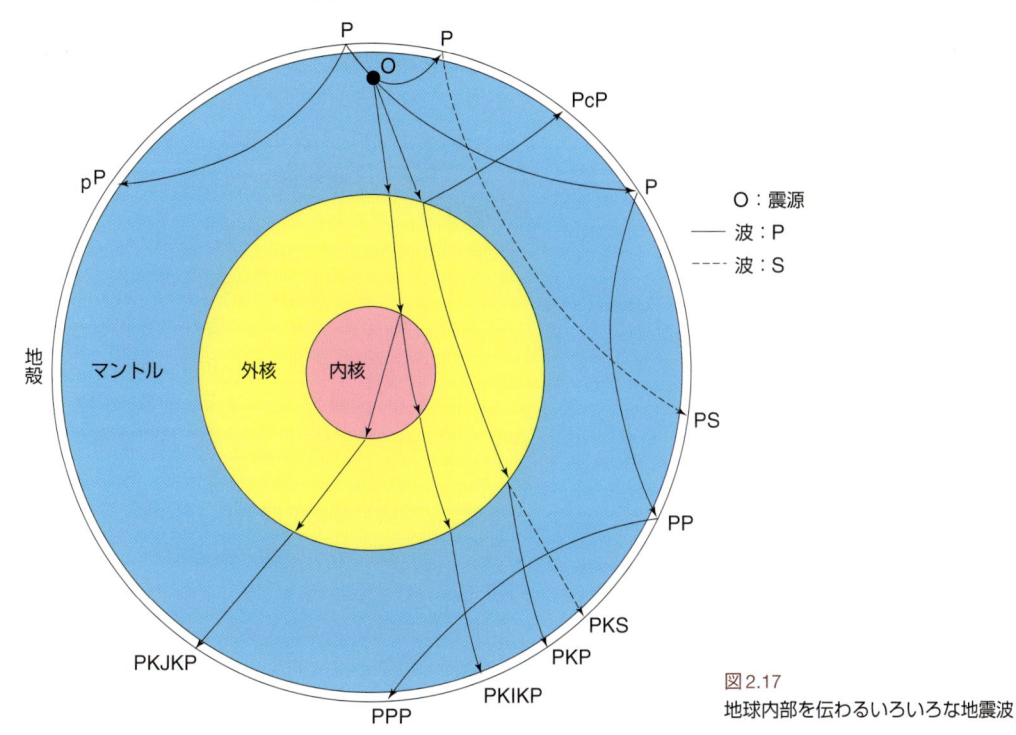

図 2.17 地球内部を伝わるいろいろな地震波

ルマーの原理に従い,「一点から他の一点に進むのに最小の時間で到達し得るような道筋をとる」(丸山, 1968). 地球の内部の外核・内核を除いた地殻やマントルの部分では, 基本的に深くなるほどP波もS波も速度が速い (1.1.1項). したがって, 震源 (2.1.7節) からある程度離れると, 地震波の経路のうちでもいったん地中深くにもぐり, その後, 地表にも戻ってくる屈折波の経路が最小の時間で到達し得る道筋となる. また, 地球内部の不連続面や地表面で反射した反射波も遅れて到達する. 例えば図2.17ではP (マントル内で屈折) やPKP (マントル・外核を通過) などがこの屈折波に相当し, PcP (外核上面で反射) やpP (地表面で反射) などが反射波に相当する.

地殻やマントルはその上下面だけでなく, 内部にも不連続面が存在している. その典型的な例が, マントル内部の深さ660 km付近に存在する**660 km不連続面**や, 地殻内部の**コンラッド面**である. こうしたいろいろな不連続面が地球を層に分けているが, それぞれの層の中は地震波速度が比較的均質である. 完全に均質な2つの層を区切る不連続面では, 図2.18のような様式で屈折波や反射波が発生する.

この場合, 浅い地震から深いほうに向けて放射された地震波のうち, 地表に向けて戻ってくる屈折波は下層へ臨界角で入射し, 境界面に沿って伝播する**ヘッドウェーブ**だけである. これに対して, 上部マントルのように地震波速度が徐々に増加している層の場合, 屈折波はいったん層の中に入り込み, そののち方向を変えて地表に向かう. この屈折波は**ダイビングウェーブ**とよばれ, 図2.17のPはその一例である. なお, これら屈折波や反射波の波形や**走時** (1.1.1項) は, 地球の内部の構造を調べるために利用される (2.2.8項).

2.2.4　地震波の減衰・増幅

地震波や地震動は地球内部や地表が揺れる(振動する)現象であるから, その大きさはまず振動の**振幅**で計られる. 地球が完全に均質だった場合, 地震波のうち実体波は震源を中心とした球面となって広がっていく (球面波; 図2.18上段). したがって, 震源で発生した地震波のエネルギーの総量がそのまま保たれたとしても, **震源距離**(ある地点と震源の距離) R を伝播した時点では $4\pi R^2$ の球面上にそれが拡散されてしまうので, その地点でのエネルギーは震源距離の2乗に反比例して減少する. これにエネルギーは振幅の2乗に比例することを考え合わせれば, 実体波の振幅は震源距離に反比例して減少する. これを**幾何減衰**とよぶ. 一方, 表面波は地表面に沿って伝播するので, そのエネルギーは震央距離 r を伝播した時点で $2\pi r$ の円周上に拡散する. したがって, 表面波は震央距離の平方根に反比例して幾何減衰する.

現実の地球のように内部が不均質だった場合, この幾何減衰に加えて特別な減衰や増幅が起こる. 例えば, 図2.18のような不連続面が存在すると, そこを地震波が通過して反射・屈折する際に, 伝播の方向だけでなく振幅 α も変化する. 地震波の進行方向に垂直な単位面積を単位時間に通過するエネルギーは $1/2 \rho \omega^2 \alpha^2 v$ (v は地震波速度, ω は振動の角速度, ρ は弾性体の密度; 丸山, 1968) と表されるので, v が速い層から遅い層に地震波が不連続面を越えて入射するとき, このエネルギーが滞留しないためには振幅 α が大きくならざるを得ない. こうした**増幅**の現象とは反対に, 地震波の振幅が幾何減衰以上に小さくなる現象も起こる. 地球は完全な弾

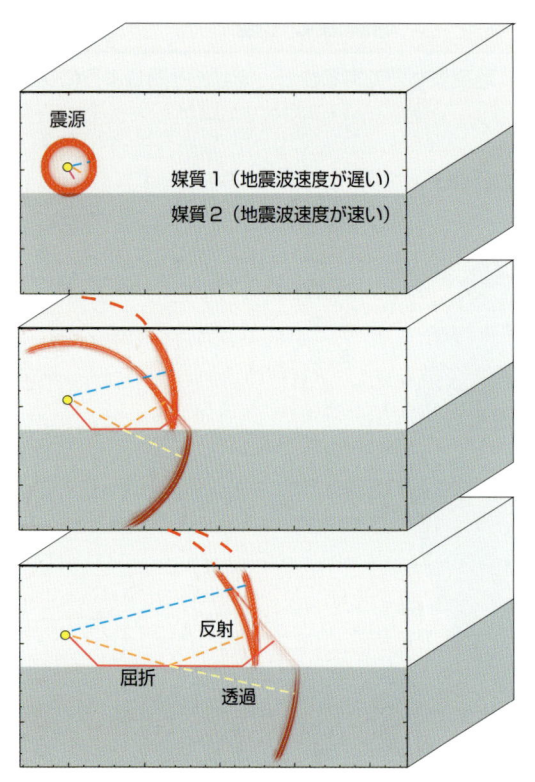

図2.18　不連続面における地震波の屈折・反射現象

性体ではなく，場所によってはかなりの非弾性の性質をもっている．例えば，その場所の岩石が振動のエネルギーを熱や粘性のエネルギーに変える性質をもっているとき，幾何減衰を超えて**非弾性減衰**が起こる．あるいは岩石の中に多数の亀裂が存在していて地震波が**散乱**されてしまうとき，幾何減衰を超える**散乱減衰**の現象が起こる．

地震動の振幅を，ある地震によって揺れている間で最大の振幅 A で代表させるとする．地震動を加速度で観測している場合の A は**最大加速度**（peak ground acceleration；PGA），速度で観測している場合の A は**最大速度**（peak ground velocity；PGV）とよばれる．また，A が地震からの距離 X により変化する様子を表す曲線を**距離減衰曲線**とよぶ．A が S 波など実体波で実現されているとすれば，その幾何減衰は X^{-1} で表現されるから，A と X の両対数グラフでは傾き -1 の直線になるはずである．ところが，これに指数関数的に減衰する非弾性減衰などが加わると，図 2.19 のように傾きは -1 を超え，上に凸な曲線となる．このほか，マグニチュードで表現される地震の規模（2.1.2 項）の大小により，距離減衰曲線全体が上下に移動する．また，地震の種類（2.1.6 項）によっても距離減衰曲線は上下し，傾きも変化する．図 2.19 にみえるように，**スラブ内地震**は同じマグニチュードでも**プレート間地震**（**プレート境界地震**）や**内陸地殻内地震**（活断層などによる地震）より大きな最大加速度，最大速度の地震波を放出する．距離減衰曲線が似通っているプレート間地震と内陸地殻内地震でも，地震波が主に伝播する経路の違いなどにより，その傾きがわずかに異なっている．

2.2.5 強震動と震度

地震動のうち災害につながるような強い揺れを**強震動**とよぶ．距離減衰を考えれば強震動は震源の近くで観測され，震源に関する情報を多く含んでいるので，その詳細な解析には欠かせないデータとなっている．また，**非弾性減衰**により 1 周期の間に失われるエネルギーは一定であるとすると，長い時間（距離）をかけて伝播したあとでは短周期の地震動は大きく減衰してしまう．しかし，長周期成分は思いのほか残りやすく，メキシコ地震（1985 年）や十勝沖地震（2003 年）では，400 km あるいは 250 km も離れた地点で被害を及ぼした．こうした遠方の強震動を**長周期地震動**とよぶ（2.3.3 項）．

強震動に限らず地震動は，**震源断層**（source）の影響と地震波伝播に伴う**伝播経路**（path）の影響，および観測地点近くの**地盤**（site）の影響の 3 要素に分解することができる（図 2.20）．それぞれ

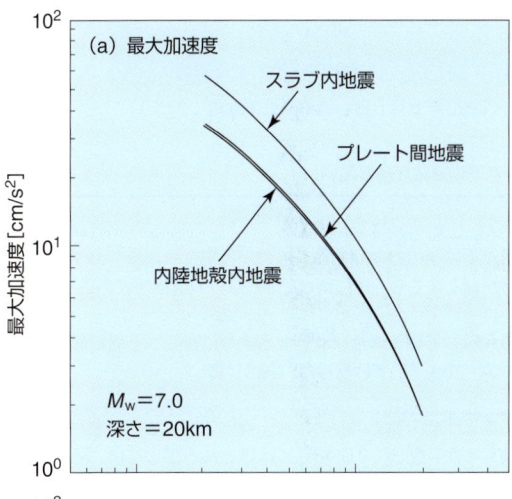

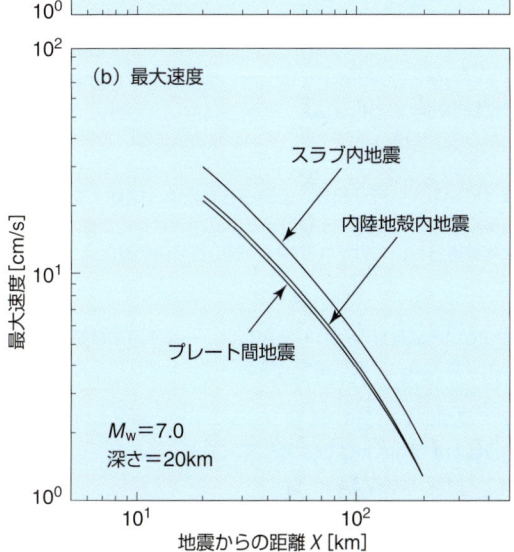

図 2.19 最大加速度（a）と最大速度（b）に対する距離減衰曲線

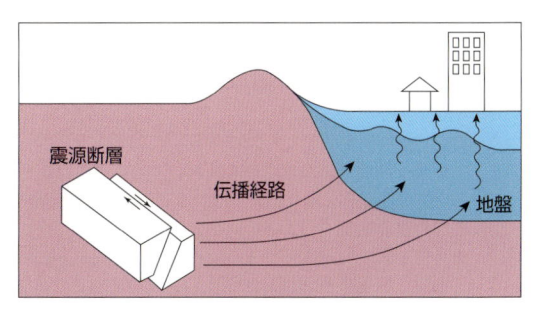

図 2.20 強震動の 3 要素

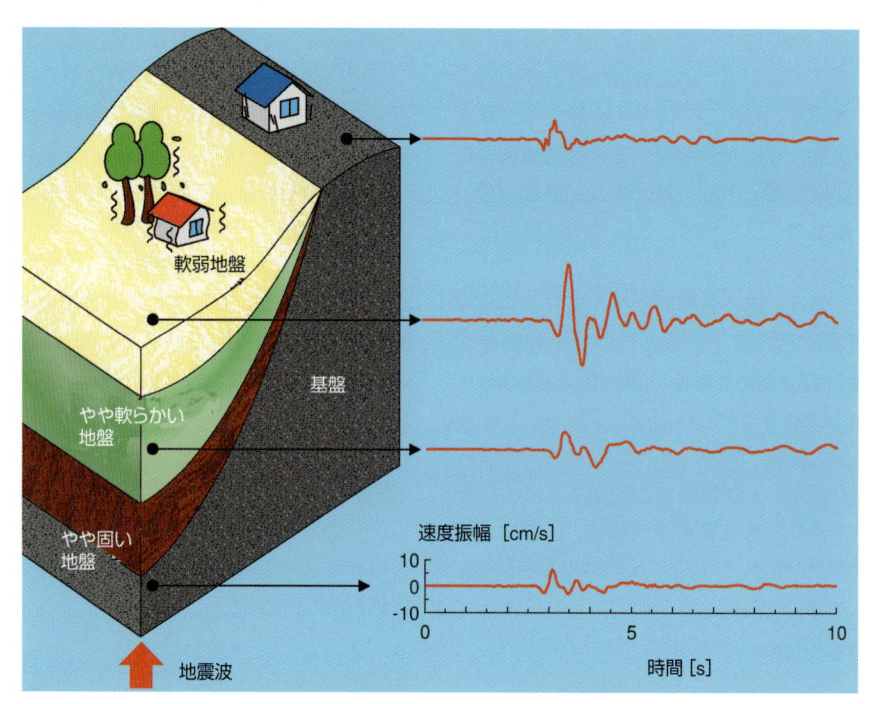

図2.21 いろいろな地点で観測された地震動の比較（1990年8月5日 箱根付近の地震：$M\,5.1$）

表2.1 1949年から1996年までの気象庁震度階級

階級	説　　明	参考事項
0	無感：人体に感じないで地震計に記録される程度.	吊り下げ物のわずかにゆれるのが目視されたり，カタカタと音が聞こえても，体にゆれを感じなければ無感である.
1	微震：静止している人や，特に地震に注意深い人だけに感ずる程度の地震.	静かにしている場合にゆれをわずかに感じ，その時間も長くない．立っていては感じない場合が多い.
2	軽震：大ぜいの人に感ずる程度のもので，戸障子がわずかに動くのがわかるぐらいの地震.	吊り下げ物の動くのがわかり，立っていてもゆれをわずかに感じるが，動いている場合にはほとんど感じない．眠っていても目をさますことがある.
3	弱震：家屋がゆれ，戸障子がガタガタと鳴動し，電燈のようなつり下げものは相当ゆれ，器内の水面の動くのがわかる程度の地震.	ちょっと驚くほどに感じ，眠っている人も目をさますが，戸外に飛び出すまでもないし，恐怖感はない．戸外にいる人もかなりの人に感じるが，歩いている場合感じない人もいる.
4	中震：家屋の動揺が激しく，すわりの悪い花びんなどは倒れ，器内の水はあふれ出る．また，歩いている人にも感じられ，多くの人々は戸外に飛び出す程度の地震.	眠っている人は飛び起き，恐怖感を覚える．電柱・立木などのゆれるのがわかる．一般の家屋の瓦がずれるのがあっても，まだ被害らしいものではでない．軽い目まいを覚える.
5	強震：壁に割目がはいり，墓石・石どうろうが倒れたり，煙突，石垣などが破損する程度の地震.	立っていることはかなりむずかしい．一般家屋に軽微な被害が出はじめる．軟弱な地盤では割れたりくずれたりする．すわりの悪い家具は倒れる.
6	烈震：家屋の倒壊は30%以下で，山くずれが起き，地割れを生じ，多くの人々は立っていることができない程度の地震.	歩行はむずかしく，はわないと動けない.
7	激震：家屋の倒壊は30%以上におよび，山くずれ，地割れ，断層などを生じる.	

の要素を評価するいろいろな手法が提案されており，それらを組み合わせて将来の地震に対する**強震動予測**を行うことができる（2.5.3項）．例えば，ハイブリッド合成法ではまずアスペリティ（2.1.8項）を考慮した震源モデルを作成し，伝播経路と地盤の影響は地下の構造モデルを構築することで評価される．これらをもとに長周期側の強震動をコンピュータによる数値計算で算出し，その結果に統計的グリーン関数法とよばれる半経験的手法で計算された短周期側強震動を合成することにより予測が行われる．図2.21に示すように，地盤および伝播経路の**基盤**（地殻最上部の岩盤）において地震波の強い増幅が起こり，3要素の中でも強震動に大きな影響を与える．したがって，この部分の地下構造モデルは特に精度のよいものにしなければならない．

地震動や強震動の指標としては最大加速度や最大速度だけではなく，**震度**に長い歴史と豊富なデータの蓄積がある．震度とは本来，地震動の強さを観測者の体感や周囲への視察などで計り，いくつかの階級（震度階級）に分けて示すものであるので，特別の機器なしにすばやく決定できるだけでなく，誤報や欠測の可能性が少ない頑健なデータである．そのため，日本においては古く1884年から中央気象台や気象庁による報告が，表2.1の震度階級表などを用いて行われてきた．また，歴史地震による地震動に対しても，古文書などにある被害の記載から震度が推定されている．

しかし，こうした**体感震度**には体感・視察によるゆえに任意性の問題があることが，気象庁自身により指摘された．そして，震度7の確認が遅れた**兵庫県南部地震**（1995年）の経験を経て，1996年に**震度計**により機械計測される**計測震度**に変更された．また，このとき同時に，震度5以上で相当する被害の幅が広すぎるという問題点を解消するため，震度5と6がそれぞれ強弱の2段階に分割された．

2.2.6　地震計

地震動は地面（場合によっては地中のボーリング孔など）に設置された**地震計**で測る．しかし，地震計は地面といっしょに動いてしまうので，そのままでは地面の動きである地震動を測ることができない．そこで，慣性モーメントが大きく周期の長い**振り子**は，その支点が動いてもすぐには動き出さず，

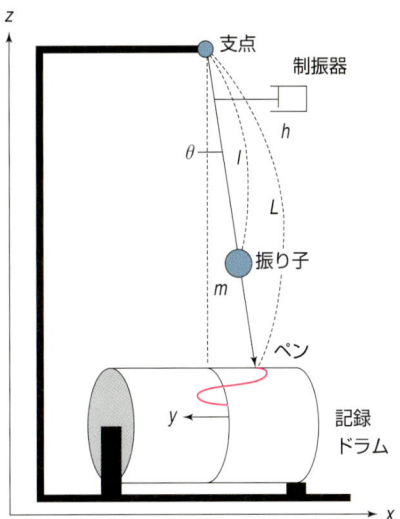

図2.22　地震計の原理

一見，不動点として振る舞うという原理を利用する．地面といっしょに動く記録装置とこの振り子を組み合わせ，記録装置に対する振り子の相対的な動きを逆向きに記録すれば地震動が得られるはずである（図2.22）．ただし，不動点に近い慣性モーメントの大きな振り子ほど，いったん動き出すと地震が終わっても止まらないので，比較的新しい地震計では制振器でその動きを抑えるよう設計されている．

このような原理に基づいた地震計のうち，イタリアでつくられた先駆的なものを除くと最も古い地震計は，明治政府に雇用された「お雇い外国人」のユーイング，グレイ，ミルンによりつくられた（2.1.2項）．水平方向の地震動を記録する地震計では，おもりを付けた金属棒（てこ）を振り子に使ったユーイングが先行したのに対して，上下方向の地震動を記録する地震計は，振り子をおもり付きバネに置き換えたグレイが主導していた．この両者を合わせ，刻時装置に関するミルンの工夫が加わった3成分（水平2成分と上下成分）地震計，**ユーイング・グレイ・ミルン式地震計**（1880年代初頭）は1883年から気象台で採用され，その後，日本初の標準地震計となった（金，2007）．この地震計では3成分の地震動が煤を付けたガラス円盤に記録された（図2.23）．

このように，振り子の動きをてこなどで機械的に拡大して記録装置に伝える方式の地震計を**機械式地震計**という．その後，この方式の地震計として大森房吉（2.1.2項）による**大森式地震計**（1898年頃）

図2.23 ユーイング・グレイ・ミルン式地震計の写真（国立科学博物館蔵）

図2.24 ウッド・アンダーソン地震計（国立科学博物館蔵）

や，ドイツで設計された**ウィーヘルト地震計**（1904年）などがつくられた．機械的伝達には必ず摩擦が伴うので，精度の高い観測には不都合なことも起こり得る．そこで，振り子に鏡を取り付け，そこに照射した光の反射光を感光紙に記録するという方式で摩擦を避けた地震計がつくられた．こうした**光学式地震計**として，イギリスに帰国する直前のミルンにより**ミルン水平振り子地震計**（1894年頃）が設計され，当時のイギリスの国力を背景に世界中に設置された．また，日本と同じような地震多発地帯である米国カリフォルニア州でも地震観測の研究が進んでおり，光学式の**ウッド・アンダーソン地震計**（1923年；図2.24）が設計された．この地震計やウィーヘルト地震計は制振器を備えているため優れた性能を示し，その後も長く世界中で使われた．特に，ウッド・アンダーソン地震計は，リヒターによる世界最初の**マグニチュードの定義**において，標準地震計として使われた（**2.1.2項**）．

摩擦をなくすもうひとつの方法として，電磁誘導やコンデンサを利用した方法がある．振り子やバネにコイルやコンデンサを取り付け，誘導電流や容量変化を電気的に検出してそれを記録するタイプの地震計を**電磁式地震計**とよび，世界最初の電磁式地震計はロシアでつくられたガリチン地震計（1907年；図2.25）である．その後のエレクトロニクスの発展により，電気信号が取り出せることは大きな利点となり，近年の地震計はほとんどすべてが電磁式地震計といってよい．また，制振の機能を電気回路で実現することが可能で調整も容易であるので，初期の頃から制振器を備えている．

2.2.7 地震動の観測

振り子の支点を左右に非常に速く動かしても，おもりはほとんど動かないことから想像できるように，地震計の固有周期（**2.1.5項**）が地震動の**周期**

図2.25 ガリチン地震計（国立科学博物館蔵）

図2.26 SMAC型強震計（防災科学技術研究所蔵）

（揺れの振動が一回往復するのに要する時間）より十分長いとき，振り子は不動点となり，地震計の出力は地震動そのもの，つまり地面の変位に比例する．早い段階の制振器のない地震計（大森式地震計など）はこうした**変位地震計**であった．また，地震動の周期に近い固有周期をもち，強い制振がかかるように設計された地震計は，その出力が地震動の速度に比例し，**速度地震計**とよばれる．最近の地震観測網で使われる**高感度地震計**（非常に小さな地震動も大きく拡大して記録できる地震計）や，**広帯域地震計**（いろいろな周期の地震動を精度よくかつ高感度で記録できる地震計）はほとんどが速度地震計である．

　これらに対して，固有周期が地震動の周期より十分短いとき，地震計の出力は地震動の加速度に比例する．従来，地震被害は地震動の力によるものであり，力に直結する加速度が強震動の適切な指標であ

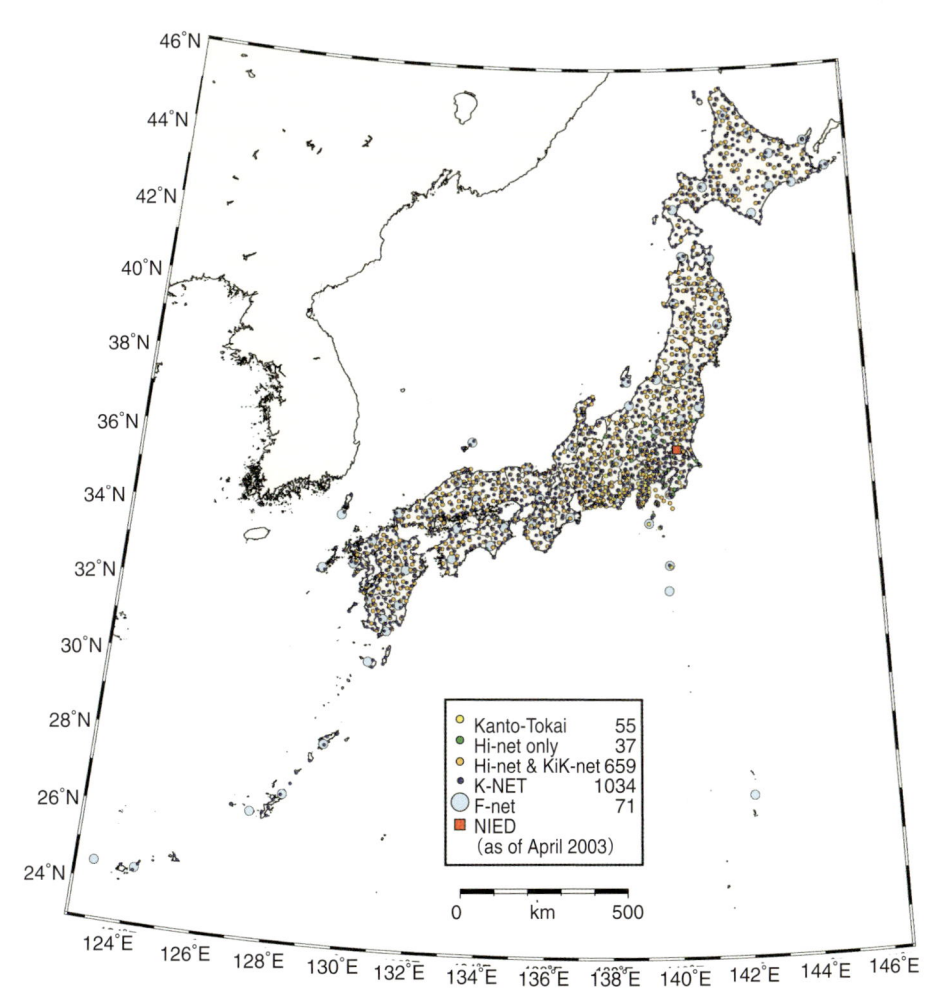

図2.27 防災科学技術研究所による地震観測網の観測点分布

るという考え方が支配的であったので，強震動を観測する**強震計**もこの加速度地震計が使われることが多い．ただし，強震計の第一義的な定義は，災害につながるような強い地動を観測するため，地震動を記録する際の**基本倍率**が小さい地震計である．基本倍率が大きいと信号の振幅が大きくなりすぎて，記録装置の中で飽和が起きてしまう．実際，歴史的な**大森式強震計**や**今村式強震計**，気象庁で長く用いられていた**一倍強震計**（50, 51, 52型強震計）は低基本倍率で固有周期の長い（主に5秒以上）変位地震計である．強震計が加速度地震計を中心に構成されるようになったのは，**トリガ機構**（強い地震動のみ記録されるように，あるレベル以上の地震動が感知されたとき初めて記録を開始するしくみ）をもつようになった米国の**USCGS型強震計**（1932年）や，日本の**SMAC型強震計**（1953年；図2.26）以降である．なお，**震度計**は基本的には強震計であり，観測された強震記録から**計測震度**を計算する機能が付加された強震計である．

以前の地震観測は主に気象庁と国立大学により行われていたが，兵庫県南部地震による**阪神・淡路大震災**（1995年）の反省から**地震調査研究推進本部**が設立され，そこで策定された基盤的調査観測計画に基づき，防災科学技術研究所が高密度な全国地震観測網を実現した．このネットワークは約700点の高感度地震計観測点で構成される**Hi-net**，約1,000点の地表強震計観測点で構成される**K-NET**，および約70点の広帯域地震計で構成される**F-net**からなる．Hi-net観測点のうち約660点では地中と地表の強震計も併設され，これらで構成される観測網は**KiK-net**とよばれる（図2.27）．このほか，中身は強震計である震度計が，気象庁および地方自治体により約4,000台も設置されている．

2.2.8 地震波による構造探査

地震波に関するいろいろな情報，例えば走時（震源から観測点に到達するまでの時間；1.1.1項）や振幅，波形などを利用して，地球内部の地震波速度などの構造を調べることができる．こうした調査は一般に**構造探査**とよばれ，地殻の構造を目標にするなら地殻構造探査，地表に近い比較的浅い部分を対象にするなら**地下構造探査**という．また，地震波に限らず重力や電磁気などいろいろなデータを利用することができるので，地震波による構造探査と明示するときには**地震探査**とよばれることもある．

地震波による地下構造探査の場合，ダイナマイトなどによる爆発や機械的に振動を起こす起震車など，人工的な震源により発生させた地震波でも探査目標に到達させることが可能なので，自分でコントロールできるという利点をもった，こうした**人工震源**が用いられることが多い．なかでも爆発震源によるヘッドウェーブ・ダイビングウェーブの走時データを利用した方法は**屈折法**，起震車による反射波の波形データを利用した方法は**反射法**とよばれ，最もよく使われる地震探査の手法である（図2.28）．屈折法は層の地震波速度を推定することに優れ，反射法は不連続面の形を推定することに優れている．

一方，地球のより深い部分に対して，人工震源による地震波を観測可能な振幅をもって到達させることは困難であるので，その部分の探査のためには，より大きなエネルギーが放出される自然現象の地震を利用せざるを得ない．自然地震の走時データから地球内部の3次元的な地震波速度構造を求める代表的な手法として，**地震波トモグラフィ**がある．医学のCTスキャンにおけるX線を地震波に置き換えたような手法で，この手法により得られた東北地方の地震波速度構造を図2.29に示した．ここで，暖色および寒色はそれぞれ，その深さの平均的な地震波速度より遅い，あるいは速いことを示している．

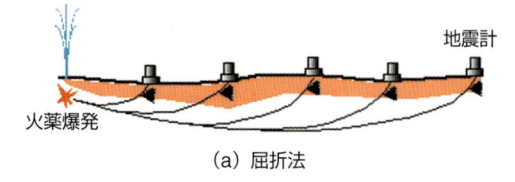

図2.28　屈折法(a)および反射法(b)地震探査の模式図

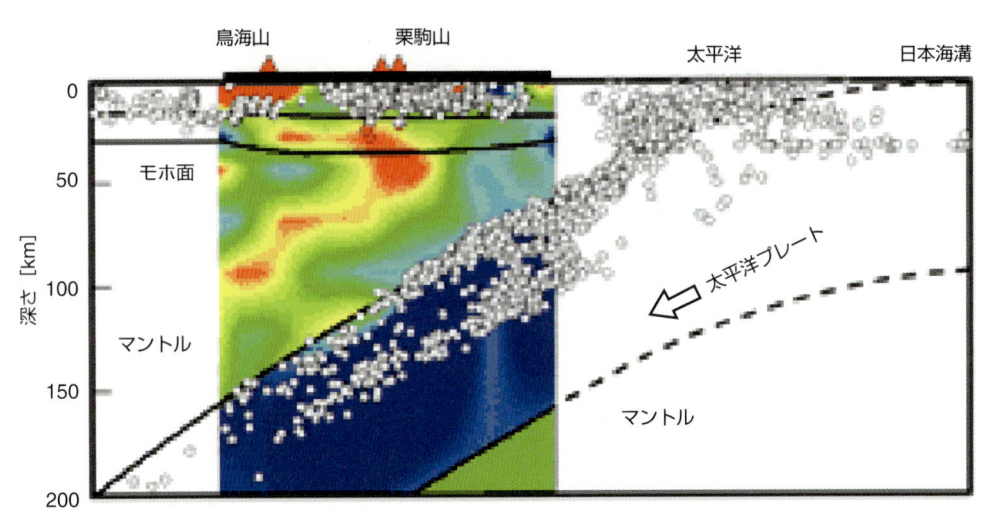

図2.29 東北地方における地震波速度構造の東西断面図

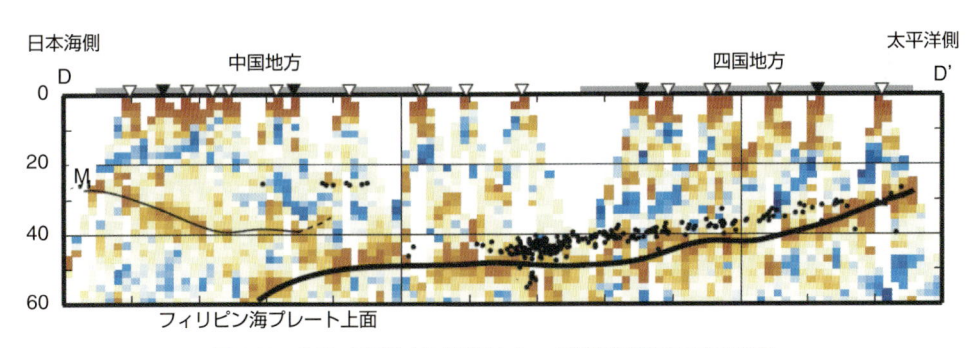

図2.30 中国・四国地方におけるレシーバ関数強度分布の南北断面

また，人工震源における反射法のように，自然地震の波形データから不連続面をイメージする**レシーバ関数法**がある．図2.30は，この手法で復元された中国・四国地方のフィリピン海プレートの上面である．不連続面付近ではレシーバ関数の強度が強くなるので，暖色が連続している部分がそのプレート上面に相当し，中国地方の日本海側には地殻とマントルを区切るモホ面もイメージされている．

■図表の出典

図2.15 古村孝志："境界面における地震波の反射・透過・屈折現象，地球内部を地震波が伝わる様子のシミュレーション"，THE 地震展，読売新聞東京本社（2003）p.72.

図2.16 古村孝志：Ibid., p.72.

図2.17 国立天文台編：理科年表 平成19年，丸善（2006）p.694.

図2.18 古村孝志：Ibid., p.52.

図2.19 司宏俊，翠川三郎：断層タイプ及び地盤条件を考慮した最大加速度・最大速度の距離減衰式，日本建築学会構造系論文集，523（1999）pp.63-70.

図2.21 工藤一嘉："揺れが大きくなるのはどのような場所ですか？"，地震がわかる！，文部科学省（2007）p.13.

図2.27 Okada, Y., et al.: Recent progress of seismic observation networks in Japan －Hi-net, F-net, K-NET and KiK-net－, Earth Planets Space, **56**（2004）pp.xv-xxviii.

図2.28 爆破地震動研究グループ：人工地震で地下構造を調べる（1998）：http://wwweprc.eri.u-tokyo.ac.jp/CSS/rges1.html

図2.29 Nakajima, J., et al.: Three-dimensional structure of Vp, Vs, and Vp/Vs beneath northeastern Japan: Implications for arc magmatism and fluids, J. Geophys. Res., **106**（2001）p. 21,855

図2.30 Shiomi, K., et al.: Configuration of subducting Philippine Sea plate beneath southwest Japan revealed from receiver function analysis based on the multivariate autoregressive model, J. Geophys. Res., **109** B04308, doi: 10.1029/2003 JB002774（2004）

表2.1 気象庁：地震観測指針（観測編）第六版（1978）

■参考文献

金凡性：明治・大正の日本の地震学，東京大学出版会（2007）．

丸山卓男・宮村摂三編：地震・火山・岩石物性，"第1編 地震波"，共立出版（1968）pp.1-62.

2.3 地震に伴う諸現象と災害

2.3.1 はじめに

　地震の正体がよくわからなかった頃は，地面が揺れること自体を地震とよんでいたが，2.1節でみてきたように，地震は地殻内または（上部）マントルを構成する岩盤の破壊現象であることがわかった．ここでは少し広げた解釈になるが，地下の岩石の破壊現象を**地震**といい，地震によって生じる揺れを**地震動**とよぶこととし，両者を区別して使う．

　図2.31は地震の発生に伴ういくつかの代表的現象と災害との関連を時間的経過とともにみた図である．地震の発生に伴い，震源の近傍では岩盤同士の変位の食い違い（震源断層）が起こり，浅い大きな地震の場合には地表に爪あとを残す．もし海底で起きた場合には，津波が発生する（2.4節参照）．地震による災害との関係で最も厄介なのが地震動であり，震源を中心に広く伝わり災害を引き起こす．大地震のときの強い地震動を特に**強震動**とよぶ．また，地震の最中または前後で地下水の変化，発光現象や電波の乱れなどが報告されることがある．それらを一括してその他の諸現象とする．このように地震に直接伴う現象を3つに大別して考えてみよう．

　地震による災害，危険性の把握には2段階で考える必要がある．まず，自然現象としての地震による直後の第1段階の影響，例えばある地震で強震動の分布がどのようになったか，断層がどのように地表に現れたかなどである．次に人間生活に直接・間接的に影響する内容が第2段階である．図2.31の第1段目の3項目はその第1段階にあたり，その現象の発生危険性は**ハザード**（hazard）とよばれる．一方，図の2段目以降で枠内に色がついている項目は，自然現象を受けて生活に支障を受ける危険性を記した項目で，こちらの発生危険性・損失は**リスク**（risk）とよばれ，分けて考える．すべてが厳密に分けられるわけではないが，人が全く住まない砂漠や海底でのハザード地図（例えば強震動分布）はつくれるが，リスク地図はつくれないことに対応している．

　図2.31は，下段になるほど時間的にも遅れて発生し，自然現象から人間社会の損失に関わる内容に移行している．

2.3.2 震源近傍の地殻変動，地盤変動

　大きくて（おおよそ M が6.5程度以上）浅い地震の場合は，その断層が地表に現れることが多い．

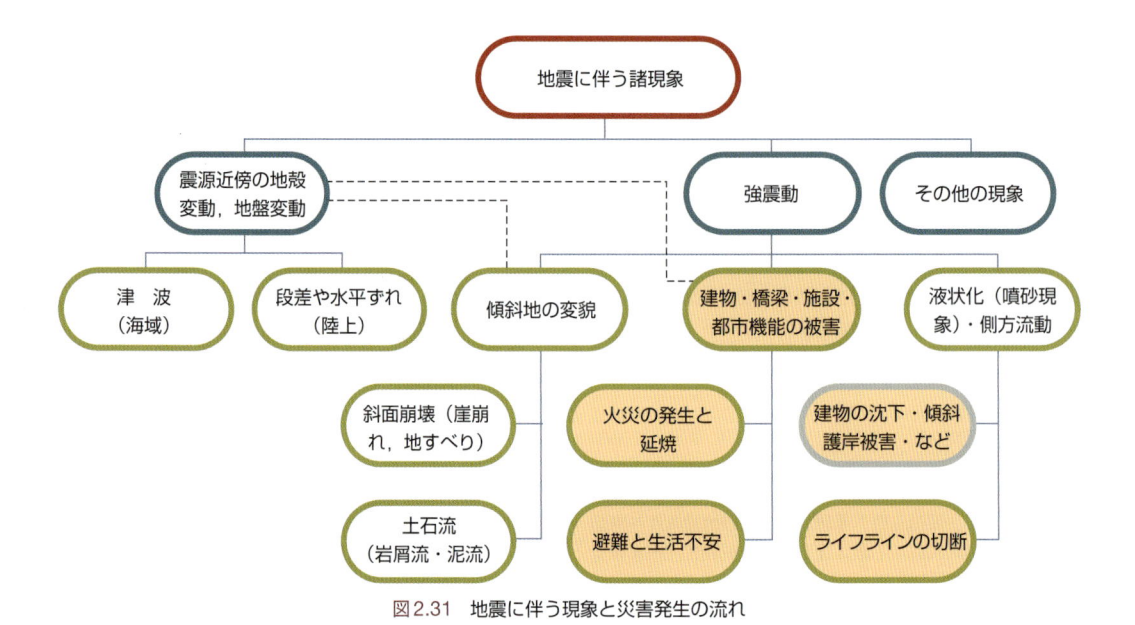

図2.31　地震に伴う現象と災害発生の流れ

図2.32 台湾地震で出現した断層

図2.33
濃尾地震で出現した水鳥断層
(バートン, M. (Burton, M.) 撮影，
長崎大学附属図書館所蔵)

繰り返しいくども発生している場所では，食い違いが累積し，活断層として理解される（活断層そのものについては**2.5節**参照）．断層が地表に現れる場合もあるが，地下の変形の影響で副次的に地面が盛り上がったり，地割れが生じたりするだけのこともある．地表に出現した断層を**地表地震断層**というが，その直接的な災害をみてみよう．最近の事例としては，1999年台湾で起こった集集地震で逆断層が地表に出現し，最大のところで上下・水平ともに10m程度の地面のずれが生じた．確認されただけでも全長60kmに及ぶ断層が出現したが，図2.32は，

断層の北端に近く，石岡という地名の付近の空中写真であり，断層が破線で示されている．中央やや左で橋げたが落ちており，写真手前にみえる川には滝が出現した．断層線の上をたどるとダムが見えるが，ダムは左側のブロックが左に対して約9mもせり上がり決壊した．そこは地震の記念として残されており，図2.32の右上の写真は地震の5年後に訪れた時に撮影したダムの決壊部分を示す．

我が国では1891年の濃尾地震で根尾村水鳥に最大6mにおよぶ上下の食い違いが現れ，**水鳥断層**とよばれている．写真の場所とは異なるが，左横ず

図 2.34
1999年トルコ地震での地表断層

れも最大で 8 m あった．水鳥断層の当時撮影された写真は小藤文次郎によるものが著名であるが，同様のアングルから撮影された写真は多く残されており，その中の希少なカラー写真を図 2.33 に示す．濃尾地震でできた水鳥地区の断層崖は国の特別天然記念物に指定されている．

このような上下変動を伴う断層が海で発生すると津波が発生し，2004 年スマトラ島地震（2.4.7 項参照）のような巨大地震だけではなく，もう少し小ぶりの地震でも（例えば 1993 年北海道南西沖地震；$M7.7$），大きな災害に発展する（2.4 節参照）．一方，横ずれ断層は，長年にわたる地震発生の繰り返しにより，食い違いが累積し，川の流れを大きく曲げたり，大規模の断層の場合には幅のある破砕帯ができ，細長い盆地・平野部を形成することもある．図 2.34 は 1999 年 8 月に発生したトルコの地震で陸上部の西端にあたる海軍基地の中でみられた断層で，水平の変位は 1.6 m であった（写真の奥にさらに 1 m の分岐がみられたので，この周辺の全体としては 2.6 m のずれとなった）．1995 年兵庫県南部地震では淡路島に上下変位約 1 m を伴う横ずれ（約 2 m）断層がみられた．

2.3.3　強震動がもたらす現象と被害

(1) 斜面崩壊・落石

傾斜地では重力に逆らって斜面を保っているが，しっかりと固結していない砂や粘土が形状を保持しているのは粒子間の摩擦や粘着力による抵抗力が重力より大きいからである．しかし，強い地震動によりこの抵抗力が減じ，弱面より上の部分が滑り落ちる場合がある．抵抗力がきわめて大きい岩盤でも，風化作用によって生じたき裂で部分的に剥離し，巨岩が落下する例もある．山間部で地震が発生すると斜面での表層の**滑落**，大・小規模の**落石**，**地すべり**などがしばしば発生する．2004 年新潟県中越地震では，震源近傍の市町村で多くの**斜面崩壊**が発生した．特に棚田が美しい山古志村（現・長岡市山古志）では，図 2.35 のように大小の地すべりが発生した．場所によっては河川が土砂によってせき止められダムができて家が水没し（図 2.36），下流ではダム決壊の危険性もあった．

地震によって川がせき止められてそのまま湖となった例では，1923 年関東地震でできた神奈川県秦野市の「震生湖」が知られている．また，主として横ずれ断層の真上では沼や湖ができることがある．これは断層運動によって透水性の悪い粘土がつくられ，雨水などが溜まったものと考えられている．サンフランシスコ南側のサンアンドレアス断層の直上に大小のいくつかの湖沼（サンアンドレアス湖など）が直線的に並んでいる．

このような被害は大小を問わなければ多くの被害地震で経験されてきたことである．史上に残る被害では，1847 年の善光寺地震がきわめて大規模であった．斜面崩壊は 40,000 ヶ所を超え，犀川右岸の岩倉山（虚空蔵山）の斜面崩壊が犀川をせき止め，数ヶ所の村が水没した．善光寺地震の被害はもちろんこれだけではないが，山間部での被害の特徴をい

図 2.35 山古志村虫亀上空より北方向：岩肌が露出している部分のほとんどが地震による斜面崩壊が起きた．(アジア航測株式会社 撮影)

図 2.36 旧山古志村東竹沢地区の水没

かんなく示している．山々の斜面崩壊の様子など，この被害の状況が当時の松代藩の絵師，青木雪卿によって克明に残されている．このせき止められてできたダムは20日後に決壊したため洪水となり，800余軒が流出して100人余りの人が亡くなっている．また**島原大変肥後迷惑**として有名な1792年の眉山（かつての前山天狗山）の崩壊により，土砂がもとの海岸線を800 m先まで埋めたために津波が発生した．その津波により，島原と天草で10,482人，対岸の当時の肥後で4,653人の死者がでた（宇佐美，2003）．眉山は火山噴火によってできた溶岩ドームであり，地震活動（この時の最大の地震はM6.4と推定されている）も普賢岳の活動に関連したものと考えられるから，火山災害ともいえ

図2.37　2004年新潟県中越地震による長岡市妙見での崖崩落現場（東京消防庁航空隊 撮影）

るが，**山体崩壊**は地震が引き金と推定されており，地震災害であるともいえる．二次災害として警戒しなければならない教訓である．

このほか，最近の例に限るが，斜面崩壊による被害が甚大であった地震および地区は1974年伊豆半島沖地震での南伊豆町中木地区，1978年伊豆大島近海地震での河津町見高入谷地区，1984年長野県西部地震での御嶽山南斜面の崩壊による王滝村の被害，2004年新潟県中越地震での大小の崖崩落（図2.37）などであり，多くの人命が犠牲となっている．

人間が斜面に手を加えた造成地での被害も多い．発生理由は同じように考えられるが，一般に造成では，斜面の片側を削り，その反対側に盛り土をして平坦地をつくる．そのため，盛り土をした片側が崩れる場合が多く，住宅の被害では1978年宮城県沖地震による仙台市緑ヶ丘などの新興住宅地，1993年釧路沖地震での釧路市などで激しかった．1995年兵庫県南部地震でも，六甲山系の麓で多く発生し，西宮市，宝塚市などにこの種の被害がみられた．道路・鉄道を敷設する場合に，片側を切り取り他方を盛土にする場合が多いが，地震動がそれほど強くなくても，斜面側（盛土部分）が崩落する事例は多い．

(2) 土石流・岩屑（せつ）流・泥流

土石流は斜面・崖崩れで生じた土砂が大量に水を

図2.38
斜面崩壊の後左手の川で土石流が発生した（1984年長野県西部地震，伯野元彦氏 撮影）

含んで沢や渓谷を液体のように流れ下る現象である．流速はさまざまな条件で変わるものの，おおよそ秒速5〜20mときわめて速く，避難が難しく大きな被害となることがある．最初から水を含んだ斜面崩壊が土石流となることもあるが，途中の沢や渓谷で十分水を含んでから土石流となることもある．さらに途中の崖の土砂をのみ込んで規模を拡大する場合もある．傾斜が緩やかになると土砂が堆積し，ダムが形成されることがある．水を含まない場合は**岩屑流**あるいは**岩なだれ**とよぶ．また，土砂の粒径によって，土石流と**泥流**に区別されている．土石流は水を含むことや，沢や渓谷で斜面が崩れる条件が必要であり，斜面崩壊による被害ほどに頻発する現象ではないが，大惨事を招いたことがある．1970年ペルー地震の際にワスカラン山（標高6,768m）で**山腹崩壊**が発生し，1億m³ともいわれる雪を含んだ大量の土砂が標高差3,000mを流れ下り，人口25,000人の町ユンガイを10mの厚さの土砂が埋めつくし，高台（共同墓地）に逃れた100名余を除き，全滅状態（死者17,000名）となった．我が国でも1923年関東地震の際に，小田原市根府川の白糸川で発生した土石流は停車中の列車を鉄橋もろとも海に押し流してしまった．1984年長野県西部地震では先に紹介した御嶽山の斜面崩壊が土石流となって王滝川本流まで流れ下った被害例がある（図2.38）．土石流は山津波ともよばれる．

(3) 地盤の液状化・噴砂現象・側方流動

山間部・丘陵地で発生する現象は斜面の存在が諸現象の発生誘因になっている．一方，平地では強く揺すられても自然の様子が大きく変わる現象は少ないが，地盤の液状化・噴砂などは多くの大地震で見られる現象である．

液状化現象は平地の砂地盤で発生するが，その理由は以下のように考えられている．砂は粘着力が少ないため，主に粒同士の摩擦で強さを保っているが，強い地震動を受けたときには摩擦による安定状態が

図2.39
畑地での土砂の噴出による巨大な陥没（青森県車力村豊富地区）

図2.40　1964年新潟地震による液状化と鉄筋コンクリートのアパートの傾斜と沈下

図2.41　マンホールの浮き上がり（1993年釧路沖地震）

くずれ，以前より安定した状態（締め固め）に向かおうとする．これは体積を小さい方向に向かわせることであるが，乾いた砂であれば短時間に次の安定状態に入る．しかし，砂の中に水が含まれている場合は，体積を小さくするためには水を追い出さなければならない．砂粒の隙間に入る水を間隙水とよぶが，砂が体積を小さくするために圧力（間隙水圧）が上昇し，砂粒同士の結合力を弱くしてしまい，あたかも液体のような状態になる．その後，追い出された水が，多くは地中の砂を伴って地面に吹き上げてくるので**噴砂現象**ともよばれる．図2.39は，1983年日本海中部地震により青森県車力村でみられた大噴砂口である．この地震では，秋田県・青森県を中心として大小多くの噴砂現象がみられた．

地盤の液状化が地震被害との関連で明確に認識されたのは1964年新潟地震（M7.5）である．新潟市では広く砂地盤が分布し，1964年の地震では大規模かつ広範囲に地盤が液状化した．地震当時，新潟空港にいたカメラマンの弓納持福夫氏は空港のビルが噴砂と液状化により浸水していく様子を映像に残している（地盤工学会，2004）．地盤があたかも液体のようになるので，構造物全体の比重と浮力のバランスから，建物などは沈んだり傾いたりする．同じく新潟地震で新潟市川岸町の県営アパートは図2.40のように傾いたり沈んだりした．幸い大きな怪我人はなかった．逆に，マンホールなど地下埋設物は浮き上がる（図2.41）．

地盤の液状化による影響で地盤が横に動く**側方流動**は広域の地盤災害を引き起こす．側方流動が発生するのは，土地の傾斜がきわめてゆるい場所であっても液状化した層は水平になろうとして上の層を伴って横方向に移動するためである．埋め立てした地域の護岸や堤防などが液状化によって傾斜したり移動したりするために，護岸背後の地盤も移動することがある．1964年新潟地震，1983年日本海中部地震などで大規模な側方流動がみられた．1995年兵庫県南部地震では埋立地・人工島を中心に噴砂現象とともに護岸や擁壁の破損・傾動による広範囲の側方流動が発生した．側方流動により埋設管が切断される被害のほかに，基礎杭が折れた例も報告されている．

(4) 強震動の増幅と構造物の被害

前項までは，主として地震に伴う自然現象を中心に述べたが，この項では大地震によって放出された地震動によって構造物や都市機能が破壊される現象について述べる．前項においても多くは強震動そのものによる地盤変状が構造物などに被害を与えることを中心に取り上げた．それらの例は，場合によっては地盤変状がなければ，つまり強震動だけでは構造物に被害を与えることはなかったと推定されることが多い．この項では，強震動による主として平坦地，つまりは都市での被害を中心にみることにする．

2.2節で学んだように，震源から出た地震波は地表付近で大きく増幅され，大地震の場合には家屋の倒壊や落橋・道路の切断などの被害が発生し，同時に多くの人命も失われてきた．この半世紀で我が国に最も大きな被害をもたらしたのは1995年兵庫県南部地震である．この地震は淡路島北部と神戸市を

中心とする阪神地域に甚大な被害（死者6,434人，全半壊家屋約25万棟，総務省消防庁調べ）をもたらした．中でも，神戸市を中心として家屋の倒壊率が30％を超えた地域（旧震度階級での7）が帯状

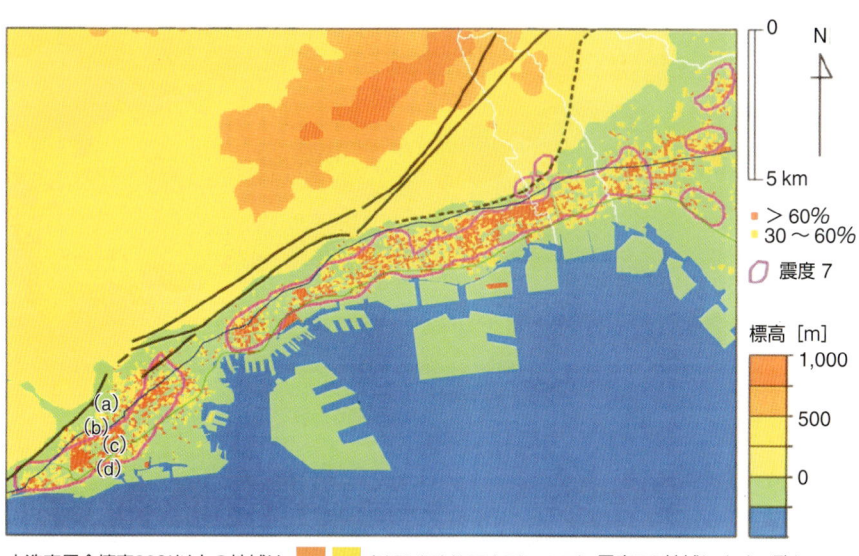

木造家屋全壊率30%以上の地域は ■■ （建設省建築研究所による）震度7の地域によく一致しているが，活断層 ── はやはり1km程度山側にずれている．

図2.42　1995年兵庫県南部地震の被害分布

(a) 北部：長田区池田谷町

(b) 中心部：新長田駅北部

(c) 中心部：新長田駅北部

(d) 南部：長田区駒ヶ林町

図2.43　1995年兵庫県南部地震による神戸市長田区での被害状況

2・3　地震に伴う諸現象と災害

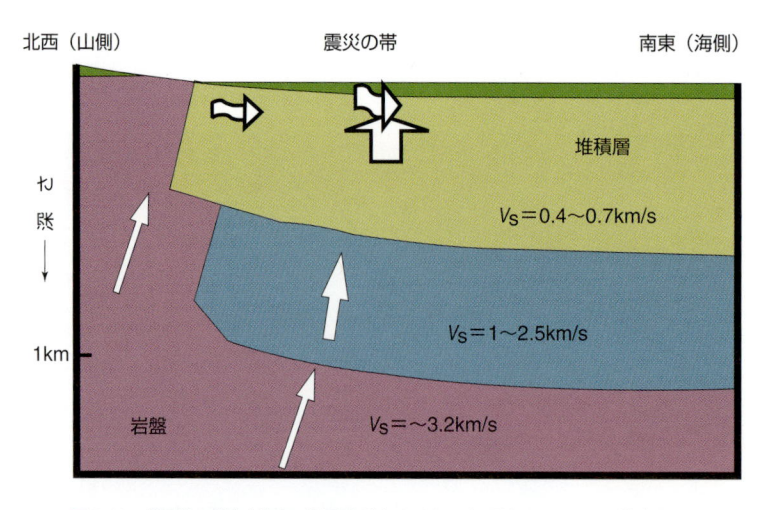

図2.44 「震災の帯」付近で地震動が大きくなった理由のひとつの模式図

に発生し**震災の帯**とよばれた（図2.42）．北北西—南南東の断面でみると，被害程度の大きな差がみられる．一例として，神戸市長田区での地震直後の様子を図2.43に示す．図2.43（a）～（d）のおおよその撮影場所を図2.42に示すが，わずか2km程度以内で被害の様子が大きく違っていた．

このような大きな被害となったのは，北東—南西の走向を有する六甲山断層系が震源断層であったことが第1の要因であることはいうまでもないが，それだけでは「震災の帯」を説明できない．神戸市街地の地盤は六甲山系の硬い岩盤の地域と大阪湾の間にできている細長い平坦地で，柔らかい堆積層からなっている．そのため，地震波は地表近くで大きく増幅されたことがもう1つの原因である．しかし，この2つの理由でも，被害の中心が活断層系から海岸線の方向に系統的に1kmずれたことと，海岸線に沿った地域が埋立地などの軟弱地盤であっても震度7の震災の帯から外れていることを説明できない．

神戸は大阪湾を含む盆地の端部にあり，東灘区付近の北西—南東方向の地下断面はおおよそ図2.44のように推定される．兵庫県南部地震では**アスペリティ**が図の左下，深さ10km以深にあったため（2.1.8項），堆積層下部にはほとんど垂直に地震波が伝わってきた．地震波は堆積層に入って伝播速度が遅くなるため，波長が短くなり振幅が大きくなった（図の矢印の長さを波長に，幅を振幅に見立てている）．

山側（図の左）はほぼ地表まで岩盤なので早く到達し，海側の堆積層に向かって横方向に伝播する波（回折波，やがて表面波になる）を生成する．垂直の境界から数百m～1kmの場所ではちょうど下からきた波と重なり，振幅を更に増大させたために，震災の帯となったと考えられている．一方，海側には横からくる波は下からくる波より遅くなるので増幅的干渉はみられなかった．地表での地震動は堆積層で増幅され，最大速度は岩盤サイトの約2倍に，さらに境界から生成された波の影響により震災の帯の地域では岩盤サイトの2.5倍程度になったと考えられている．

なお，「震災の帯」が生じたのは必ずしもこれらの理由だけではないとの意見もある．例えば，「南部の海岸に近いところでは液状化が確認されており，短周期の地震動が軽減されたために一般の建物には被害が少なかったのではないか」，「震災の帯となった地域は古くから市街地化されていて，耐震性の少ない古い建物が密集していたのではないか」などである．要因が複雑に絡み合っていることは確かであるが，観測記録が限定されているため，より詳細な要因分析は難しい．

ちなみに，建設省（当時）の調べでは，鉄筋コンクリートの建築年代別被災度には明らかな差が認められた（図2.45）．構造計算基準が改定（1971）される以前の建物では，それ以降の建物に比べ，大破以上の被災度が明らかに高い数値となっている．木造も同様の傾向があり，経年劣化の影響も無視できないが，建物の耐震基準が1971年，1981年などに改定された影響が大きいと考えられている．

兵庫県南部地震では，道路・鉄道などの落橋や橋

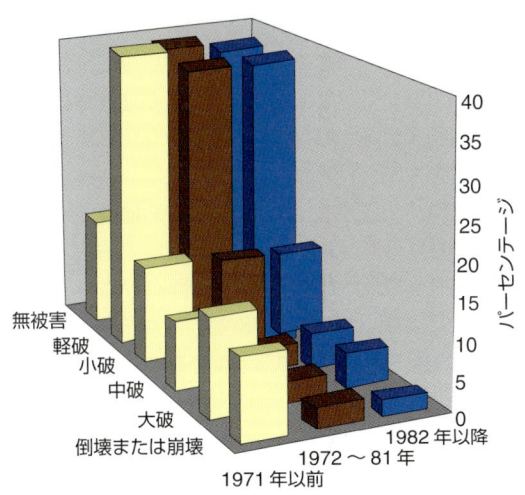

図2.45 兵庫県南部地震での鉄筋コンクリート建物の建築年代別の被害

脚の倒壊などの被害も相次いだ．中でも阪神高速道路神戸線の東灘区深江本町では高架橋が600mにわたり横倒しになり（図2.46），神戸線の約170本の橋脚の半数が被害を受けた．

(5) 長周期地震動と被害

2003年十勝沖地震で苫小牧にある製油所の大型タンクが**スロッシング**（液面が動揺すること）を起こし，浮き屋根が破損してリング火災となり，さらには1964年新潟地震以来の全面火災へとつながった．スロッシングの原因が長周期の地震動にあったため，**長周期地震動**が学協会での大きな話題となり，マスコミでも新しい課題としてクローズアップされた．

一般の構造物・施設の固有周期は1秒以下であることが多く，各種の耐震安全性のための入力地震動は，周期1秒以下を中心として考えられてきた．一方，地震学では周期30秒程度以上を長周期としており，混同を避けるため，周期1秒以上5〜6秒の周期を「やや長周期」とよばれるようになった．しかし，ここでは地震工学の分野を前提として，周期2〜3秒から20秒程度を長周期地震動とよぶことにする．

長周期の地震動が大きな被害をもたらし，世界的に注目されたのが1985年のメキシコ地震である．メキシコ太平洋沿岸（ミチョアカン）で発生した$M\,8.1$の地震は，震源から約400km離れたメキシコ市に中高層ビルを中心に甚大な被害をもたらした．420棟のビルの崩壊，3,100棟の大破などにより死者は少なくとも9,500人と報告されているが，35,000人という米国地質調査所の指摘もある

図2.46 横倒しになった高架高速道路（神戸市東灘区）

図2.47 1985年メキシコ地震によるピノスワレスにおける高層オフィスビル倒壊現場

(http://earthquake.usgs.gov/regional/world/events/1985_09_19.php).図2.47は20階建ての高層鉄骨ビルが3棟あったうちの1棟が低層階部分で座屈し，写真の手前側に倒壊した様子である．基礎部分が奥の建物と同じであることがわかる．かろうじて倒壊を免れた2棟も傾斜（残留変形）している．地震から20日ほど経ってからの写真で，解体・復旧作業で壊した部分もある（特に壁がないのは地震ゆえではない）．この鉄骨ビルの固有周期は2秒程度と推定されるが，まさにメキシコ市街地で観測された地震動は周期2～3秒程度が卓越していたのである．多くの中高層ビルは**共振現象**を起こし，倒壊や大破に至ったと理解されている．

震源から400 kmも離れているのになぜこのような中高層ビルに大打撃を与える地震動となったのか？ メキシコ市はかつて湖であり，そこを埋め立ててできた土地のため，湖で堆積された非常に軟弱な地盤が第1の原因である．周りを火山と台地で囲まれた盆地で，不整形の3次元構造も地震動の増幅に強い影響を与えた．

我が国でこのような長周期の地震動が問題となった最初の例は1964年新潟地震で観測された強震記録と考えられるが，当時は長周期の地震動の発生原因が液状化に帰せられていた．新潟市川岸町の記録は，初めに短周期が卓越し，ついで周期3秒程度の大振幅が出現し，続いて6秒程度の地震動の卓越とともに短周期が目立たなくなる．最近の見直しにより，長周期地震動はS波とそれに続く表面波であり，震源と深い地盤に依存する普遍的課題としてとらえるべきであることが指摘された．石油タンクの大火災の原因のひとつは，長周期地震動に励起されたスロッシングであることは当時でも理解されていたが，観測記録との関連での議論はなかったようである．明確に長周期地震動が意識され，検討され始めたのは，先に述べた1968年十勝沖地震の際に観測された八戸港や青森港での強震記録である．しかし，これも長周期地震動と被害の関係が直接議論された訳ではない．長周期地震動の特徴を顕在化させたのは1983年日本海中部地震である．この地震により，秋田ではリング火災が発生し，震源から約300 kmも離れた新潟の大型石油タンクでスロッシングによる石油の溢流と浮き屋根の損傷などの被害となった．火災は発生しなかったものの，2003年の苫小牧の被害の兆候ともいえる現象が発生している．苫小牧でも震源距離が350 kmもあるにもかかわらず，スロッシング高2 mを記録した．その後の地震では1999年のトルコと台湾の大地震でも長周期の地震動の影響による被害が報告されている．

2003年十勝沖地震は長周期の地震動と災害の問題を改めてクローズアップさせた．震央距離が200 km以上ある苫小牧市の製油所で，1基はリング火災であったが，2日後にもう1基のタンクで火災が発生し，1964年の新潟地震以来の全面火災となり44時間炎上した．いずれの火災も長周期の地震動によって励起されて大型石油タンクでスロッシングが起こり，浮き屋根が損傷し沈没したことが原因とされている．図2.48は全面火災となった石油タンクで，火災発生が確認されてから2時間後の様子で

図2.48
2003年十勝沖地震による苫小牧市での石油タンク火災（札幌市消防局撮影）

ある．火災は発生しなかったものの，さらに震源から離れた石狩平野でもスロッシングによる被害が報告されている．

大型タンク（おおよそ1万m³以上）のスロッシングの固有周期はタンクの径と液面の高さに依存し，5秒程度から10数秒程度となる．また，液体の揺れなので減衰がきわめて小さく，長時間続く振動には大きな応答となる特徴がある．このような長周期の構造物を揺する地震動は長周期成分に大きなエネルギーをもつが，それには地震のマグニチュードがある程度大きくなければならない．もうひとつの要件として，厚い堆積層の存在を忘れてはならない．被害を起こすほどの問題となる長周期地震動の発生のためには，地震が$M7.0$程度以上であり，かつ震源が比較的浅いこと，および大きな平野部あるいは盆地など堆積層が厚い場所であることと整理できる．このほか，伝播経路の影響も考慮すべきという研究もある．

2.3.4 地震による二次災害

これまでは地震の一次災害として分類される事柄を中心にしてきたが，二次災害ともいうべき事象にもすでに触れてきた．一次災害と二次災害とを厳密に分類することは難しいが，ここでは代表的な二次災害といえる火災やライフライン被害を考える．

（1）火災・延焼・避難

火元だけの被害であれば，それほど大きな災害とはならないが，被災後は消火活動がままならず，**延焼**が付きまとうので大きな災害へと発展してしまう．最悪の延焼被害をもたらしたのが1923年**関東地震（関東大震災）**であることはよく知られている．関東地震で延焼の原因となった東京（当時は東京市）での出火件数は資料にもよるが89～131件と推定されており（全体では総務省消防庁によると163件），現在の東京都の首都圏直下の地震想定では700～1,100の出火件数を想定していることと比べるとかなり少ない数ともいえる．もちろん，80数年間での人口，都市の変貌も考慮に入れなければならない．出火の原因は，家屋の倒壊によるものが多いことは直ちに理解できるが，薬品を主原因とする出火が中村清二の調べでは84件中15件もあった．

図2.49は中村によってまとめられた東京における火災の被災調査資料から一部を抜き出したものである．地震発生後約1時間（午後1時）でかなり延焼が進んではいるものの，まだ部分的といえる．しかし，5時間後では隅田川のほぼ東側全域に広がり，西側の地域にも大きく広がってしまった．21時間後では皇居の東側から北東側の地域はほとんどが焼きつくされてしまった様子がわかる．

我が国は木造家屋が多いので延焼食い止めの施策が取りも直さず地震対策の重要な部分を占めている．自治体での対策の中でも重要な視点であり，例えば東京都の白髭橋周辺に中層のアパート群が建設されたが，隅田川程度の川幅では火が飛び渡る経験

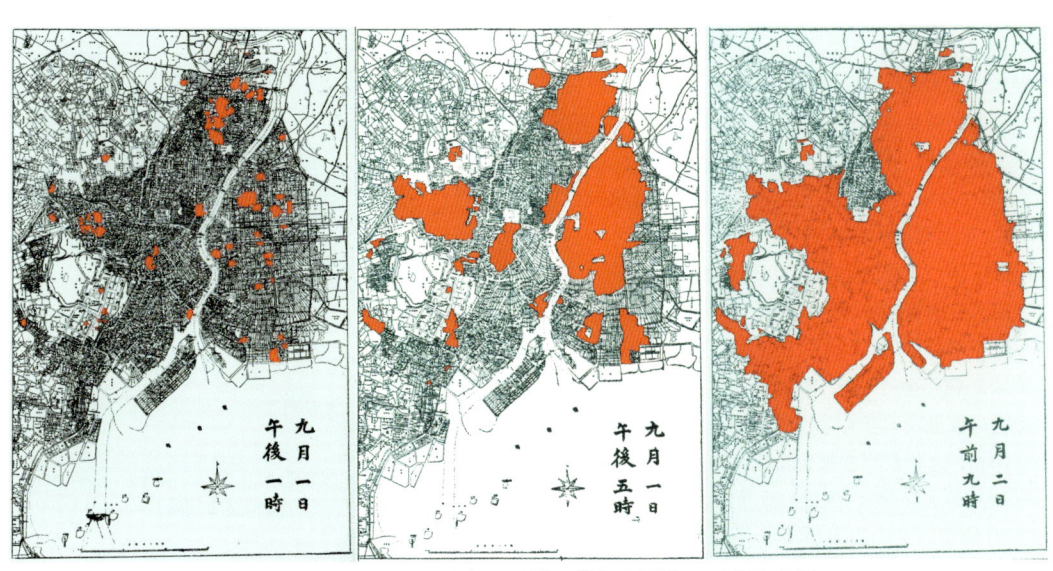

図2.49 関東地震による東京での延焼の様子（中村清二の原図に着色）

図 2.50　震災後の東京（本所方面を南東から高度650 m で撮影）（国立科学博物館蔵）

を経て，延焼食い止めの役割が期待されている．関東地震で大規模な延焼につながったのは，地震発生当時に風が強かったこと，昼時のため家庭で火を使っていたという悪条件が重なったためである．さらに延焼が進むにつれ**火災旋風**が各所で発生し，なかでも本所被服廠跡地（現在の墨田区にある震災復興記念館）に避難した人たちが火災旋風にまきこまれ，4万人余の犠牲者を出したことも忘れてはならない．火災旋風が発生する要因として，東京消防庁のホームページ（http://202.8.83.7/libr/qa/qa_41.htm）で指摘されているのは，(1) 火災で発生した大量の熱気が上昇し，冷気と混じり合うこと，(2) 風の走りを助長する滑らかな面，例えば水面や広場が存在すること，(3) 適当な風速があること（ただし，10 m/s 以上の強風では発生しないといわれている），などである．

　地震に伴って発生した火災とその延焼の恐ろしさは，広大な面積が焼け野原になっている事後に撮影された空中写真（図 2.50）から，一目瞭然であろう．

　関東地震の後でも，1948 年福井地震や 1995 年兵庫県南部地震で多くの出火と大規模な延焼が起こっている．近代都市が被災した兵庫県南部地震の場合を総務省消防庁（1998）からみよう．出火件数は 285 件で，その原因が特定されている中で，電気関係が 85 件と群を抜いて多い．関東地震の時は薬品とかまどが主要原因であったことと比べ大きく出火原因が変わっている．出火件数も含めて，生活様式の変化が出火原因の変化をもたらしているといえよう．また兵庫県南部地震の出火地点の分布は「震災の帯」と酷似している．図 2.51 に示すように，建物の全壊率と出火件数の相関がきわめて高く，出火件数を少なくするには全壊家屋を減らすことが先決であり，特に古い密集した家並みへの対処が重要であることがわかる．延焼は関東地震のような大規

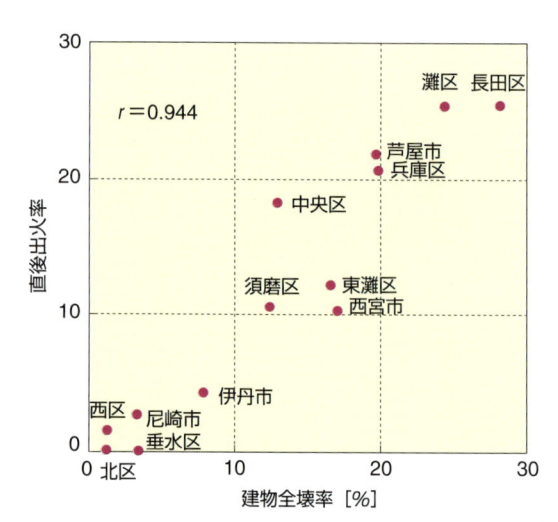

図 2.51　建物全壊率と直後の出火率（午前 7 時までの 10 万人世帯あたり出火件数）（総務省消防庁）

模ではなかったものの，木造家屋の密集地で発生し，特に長田区では広い区域に及んだ．倒壊家屋が多いと現場にたどり着くのが困難であり，水道が使えないなどの，通常の消防活動より厳しい条件が課せられるので，当然のことながら，出火件数を減らすことの努力が第一であることはいうまでもない．

(2) ライフライン切断とその影響

ライフラインという言葉は1971年のカリフォルニア州サンフェルナンド地震の後で，地震工学の分野で使われ始めたが，別の分野では違った意味で使われるようである．ここでのライフラインとは生命・生活そして都市機能を維持する線状・網状構造物や施設・機能を意味するが，具体的には上下水道・電気やガスの供給，交通（道路，鉄道など），通信網などを指す．機能が高度化した都市にとって，いずれかでも機能が停止した場合には大きな混乱をもたらすであろう．まさに都市の「生命線」であり，前に修飾語として「都市の」とした方が意味として正確に伝わるかもしれない．上下水道やガス，一部電力・通信回線などは地中構造物であり，先にも指摘したように，液状化・側方流動などにより，パイプの破断や損傷により供給や利用停止を余儀なくされることが多い．1995年兵庫県南部地震では家屋などに直接的被害を受けた人以外にも，長期間にわたり多くの生活支障があった．(財)ひょうご震災記念21世紀研究機構によって収集された事業者の報告を中心としたデータベース (http://www.iijnet.or.jp/kyoukun/) から代表的施設の被害と復旧作業の実情を中心に振り返ってみる．

a. 上水道

神戸市では，液状化などを原因とする地盤変動に伴い配水管・給水管が被災し，地震後1〜2時間で大量の水が流失した．全給水戸数の90％に相当する126万5,730戸で断水した．しかし拠点配水池では，緊急遮断弁が機能して市民の10日分の飲料水が確保された．一方で，遮断により消火栓が使用不能となり，神戸市水道局は，水漏れを覚悟で残った水を火災の激しい地域に送水すべきか，命を支える飲料水として確保すべきかの選択を迫られた．復旧作業は水圧の低さ，水量不足により，漏水個所の発見は困難をきわめ，被災地域では長期にわたり，断水により生活や企業活動に大きな影響があった．仮復旧までに40日程度，神戸市での全戸への復旧には3ヶ月かかった．

b. 下水道

埋立地や沿岸部で，液状化・側方流動により管継手の被害が多数発生し，一部の下水処理場では完全に機能が喪失した．ポンプ場や処理場の被害は大きかったが，水道が復旧していなかったため大きな影響は出なかった．しかし，上水道の復旧・被災者の帰宅に伴い流入量が増加した．神戸市の東灘処理場では，緊急処置として運河を締め切って仮沈殿池とし，凝固剤による沈殿処理が行われた．

c. 電　力

発電所の主要設備には被害はなかったが，送変電設備および配電設備の被害により約260万軒の停電が発生した．配電柱が多数被災したが，被害の約8割は家屋などの倒壊によるものであった．電力の復旧は比較的早く進められ，1月24日には応急復旧が終了した．復電による火災の発生も指摘された．

d. 都市ガス

ガス生産施設，高圧幹線には供給に支障を及ぼすような被害は発生しなかったが，中圧導管が106ヶ所も被害を受けた．低圧導管は多数被災した．都市ガスの復旧には，全国のガス事業者からの応援体制がとられ，作業者数は，最大時で約1万人体制となった．復旧作業は交通渋滞による影響を受けた．病院，ごみ焼却場，斎場などに直結する中圧導管は2月上旬にほぼ全面的に復旧し，低圧導管内の場合は進入した水・土砂の排出などに時間がかかり，完全復旧には約3ヶ月かかった．プロパンガスの復旧は早く，地震後11日でほぼ復旧し，都市ガスからの燃料転換，避難所，仮設住宅への供給も行われた．

e. 電　話

地震直後の停電とバッテリの倒壊や過放電が重なり，計28万5,000の加入回線の交換機能が停止し，加入者ケーブル損傷によるサービス中断回線数は約20万回線に及んだ．携帯電話は今日ほど普及していなかったが，被災地外への通話は可能でも被災地内同士での通話は地震直後の数日間は困難であった．復旧作業に，最大で1日7,200人が動員され，応急復旧は，家屋が全壊または焼失している場合を除き，1月末に終了した．

f. 物資などの輸送関係

先に指摘した道路橋・高架橋の破損や崩壊，落橋などが発生したこと，倒壊家屋により道路が封鎖されてしまったことなどにより，利用可能な道路は大きく制限された．緊急物資など優先の措置がとられ

たが，厳格な取り締まりができず，主要幹線は渋滞の日々が続いた．被災地内の交通渋滞は，被災生活のみならず復旧活動へ与える影響が大きかった．

g. 鉄 道

在来線だけでなく新幹線や地下鉄にも大きな被害が発生した．大阪と神戸を結ぶ鉄道3線の不通により1日45万人の足が奪われたため，代替バスによる輸送や，大阪－姫路間を結ぶJRの迂回ルートでの列車が運行された．8月23日の神戸新交通「六甲ライナー」全線開通を最後に，すべての鉄道が復旧した．

h. 港湾施設

特に埠頭などは側方流動による被害を受け，船の寄航を困難にしたが，国と神戸市，神戸港を管理する神戸港埠頭公社の緊急協議により，神戸港の災害復旧への分担が決定されたため，3分の1を超える公共バースが1月末には使用可能となった．鉄道・道路の寸断による陸上交通にかわる旅客交通手段として臨時航路が開設され，活用された．

i. ごみ収集

震災後の重要な課題のひとつにごみ収集があった．各市町では順次収集業務が再開されたが，当初は職員の確保も難しく，また交通渋滞にも影響され，通常時の半分程度の収集に留まった．焼却施設の被災や交通渋滞に対応するため，仮置き場を設置するとともに，夜間収集が実施された．他都市，自衛隊，企業ボランティアなどにより，ごみ収集作業の応援が行われ，他市町による焼却応援も行われた．避難所となった施設からのごみも大量であった．

これらのライフライン被害と影響の大きさは基幹的な施設・機能に限ったものである．一部紹介済みではあるが，さらに重要なことは，上に分類した施設・機能の単独の問題のほかに，相互に影響してさらに被害を拡大することがあることを忘れてはならない．例えば停電が長引けば，水道施設の被害がなくても水を供給できない．そのため消火活動も制限される．被災や交通渋滞などにより道路が十分に使えない場合は救急活動や復旧活動を阻害するなどである．兵庫県南部地震を教訓に災害の連鎖や被災状況からの早急な脱却を図る知恵を獲得しなければならない．

■ 図表の出典

図2.32　廣漢勇，連永旺：大地裂痕，地工技術研究發展基金會（1999）．

図2.33　長崎大学附属図書館 幕末・明治期日本古写真データベース：日下部金兵衛アルバム，http://oldphoto.lb.nagasaki-u.ac.jp/jp/target.php?id=1647（2007年11月5日アクセス）

図2.35　アジア航測株式会社：http://www.ajiko.co.jp/bousai/tyuetsu/tyuetsu.htm#oblq（2006年8月26日アクセス）

図2.36　新潟県ホームページ：http://bosai.pref.niigata.jp/content/jishin/photo/yamakoshi/161207_bousaiheri/pages/e_takezawa1_jpg.htm（2006年4月25日アクセス）

図2.37　東京消防庁航空隊 撮影．

図2.38　伯野元彦，目黒公郎：被害から学ぶ地震工学，鹿島出版会（1992）

図2.39　青森県提供：http://www.bousai.pref.aomori.jp/jisinsouran/nihonkai/2_higai_target.htm（2007年11月5日アクセス）

図2.40　新潟日報社提供．

図2.41　基礎地盤コンサルタンツ株式会社：釧路沖地震 地震調査報告書，http://www.kiso.co.jp/tec/sokuho/eq/kushiro/KUSHIRO.htm（2007年11月5日アクセス）

図2.42　纐纈一起：日本地震学会ニュースレター，**10**, No.1（1998）p.11.

図2.45　日本建築学会：わが家の耐震 ―RC造編―，http://www.aij.or.jp/Jpn/seismj/rc/Rc2.htm（2007年11月5日アクセス）（旧建設省「平成7年兵庫県南部地震被害調査報告（速報）」より）

図2.46　毎日新聞社提供．

図2.48　畑山 健ほか：地震，第2輯，**57**（2004）pp.83-103.

図2.49　中村清二：震災予防調査会報告，100号戊（1925）pp.81-134.

図2.50　国立科学博物館：http://research.kahaku.go.jp/rikou/namazu/index.html（2007年11月5日アクセス）

図2.51　総務省消防庁：地震時における出火防止対策のあり方に関する調査検討報告書について，（1998）．http://www.fdma.go.jp/html/new/syukabousi01.html（2007年8月19日アクセス）

■ 参考文献

地盤工学会：1964年新潟地震液状化災害ビデオ・写真集，丸善（2005）．

宇佐美龍夫：最新版日本地震被害総覧，東京大学出版会（2003）p.728.

2.4 津波とその災害

2.4.1 世界語「津波・tsunami」

(1)「津波」の定義と，世界語となったいきさつ

　津波は一般的には海域で発生した大規模な地震によって誘発される海の波であって，しばしば沿岸の集落で，家屋が流出したり，死傷者が出るなど，大きな被害をもたらす自然災害である．津波は，地震のほか，海底，または沿岸域での火山活動，大規模な地すべり，核実験，隕石の落下などによって誘発される海の波のことも指しているが，台風などの大規模な熱帯性低気圧によって引き起こされる高潮や，異常微気圧の通過によって引き起こされる，長崎湾や枕崎湾など九州西岸の内湾水面の固有振動を表す**あびき現象**とは区別される．

　津波（tsunami）という言葉は，日本語に由来して今や英語・ロシア語をはじめ世界各国の言語となった．英語では津波の現象を tidal wave とよんでいたことがあったが，月や太陽による天文学的な起潮力によって引き起こされる潮汐現象も同じ言葉を使うため，純学問的な立場から津波の現象にこの言葉を使うことは好ましくないと指摘されていた．研究者の間では seismic sea wave ともよばれていたが一般的ではなかった．米国の海洋学者バンドーンが日本語に由来する Tsunami を学術語として採用することを提案したが（Van Dorn, 1968），彼の定義では"津波は日本語に由来する単語であって，広域にわたる海域に発生した短時間に起こった現象によって誘発された海の表面重力波である"とされた．この定義によって，台風によって引き起こされた高潮などは除かれる．彼の提案が賛同を得て以来，tsunami は正式な学術英語として認知され，その後時を経るにつれて，一般語としても広く使われるようになった．1992年インドネシア・フローレス島の地震津波で約2,000人の死者を生じて以後，一般の人の間にインドネシア語として tsunami の語が普及し，2004年スマトラ島地震の津波でやはり約2,000人が死亡したタイでも tsunami が一般の人に広く知られる単語となった．

(2) 日本で「津波」はいつから使われ始めたのか？

　このように今や世界語となった tsunami であるが，それではこの言葉の本家の日本で津波という言葉が使われ始めたのはいつのことからであろうか？これは意外に時代が新しく，江戸時代が始まった17世紀初頭のことである．すなわち，津波の一番古い用例は1611（慶長16）年三陸地震を記録した文献「駿府記」である．徳川家康のブレーンであった林羅山の子，林信勝が編したとされる「駿府記」には"政宗領所海涯人屋，波濤大漲来，悉流失，溺死者五千人．世曰津波云々"とあって，ここに現れる"世曰津波（世にツナミといふ）"が津波の初めての用例である．林羅山の第三子である林鵞峰によって著された「玉露叢」は，ほぼ「駿河記」の記事を引用して，やはり"世にこれを津浪といへり"と記している．これらの記事が，津波が起きたのと同年代に書かれた記事に現れる"津波"という言葉の最古の使用例である．

　我が国には，古代・中世を通じて10回津波があったことが知られているが，最古の津波記録は「日本書紀」の684（天武13）年の項目の白鳳南海地震の記事に現れる．そこでは津波は"大潮高騰，海水漂蕩"と表記されている．その後，中世までにさまざまな書物に津波は記録されているが，"驚濤涌潮"（「三代実録」），"大波浪"（「中右記」），"引潮"（「吾妻鏡」），"大山の如なる潮漲来て"（「参考太平記」），"大潮"（「大日本府県誌」所引「伊勢記」），"大浪"（「後法興院記」），"洪濤"（「由原宮年代略記」），"大波"（「当代記」）などと表記が一定せず，結局江戸時代の初頭まで津波を指す決まった言葉がなかったことを示している．

　江戸時代に入って"つなみ"という言葉が広く使われ出したのは，延宝年間（1673～1684年）あたりからのようで，例えば1677（延宝5）年の房総半島東方沖地震の津波が上総一ノ宮を襲ったとき，その隣村の東浪見村（とらみ）の庄屋・児玉惣次左衛門の書き残した「万覚書写」には"津浪水押上候"と書かれている．

　1703（元禄16）年の元禄地震，および1707（宝永4）年の東海・東南海・南海連動型の宝永地震（2.1.10項参照）にはおのおの大津波を伴っていたが，このころには津波という言葉は日本語とし

て完全に定着したらしく，これらの様子を伝える数多くの古文書には，"津波"あるいは"津浪"の表記がきわめてありふれて現れる．

江戸時代には"津浪"という表記が最も一般的で，このほか"津波"，"海嘯"，"洪浪"，"震汐"などと書かれることもあるが，ふりがなの付された例を参照すると，文字表記は異なっていてもどれも発音は"つなみ"であったと考えられる．

なお，小さな津波で港の海水の水位が振動するだけで無被害のものは，"すずなみ（鈴浪）"，あるいは"よた"とよばれることがあった．"よた"は現在でも三陸地方などで方言として使われることがある．

2.4.2 津波の発生

(1) 海底地震と津波の発生

地震性の津波は，普通には海域で一定規模以上の地震が起きたとき，それに伴う地殻変動が引き起こす海底面の隆起，あるいは沈下によって発生する．海溝型巨大地震を例にとって模式的に津波発生の様子をみておこう．

静岡県の駿河湾には湾奥の富士川の河口を起点として，駿河湾の**トラフ**（海底の深い溝）が南南西に向かって伸び，湾の入り口付近から次第に南西から西南西に転じて，東海沖，紀伊半島・四国南方沖，九州・琉球列島南方沖に連なる南海トラフとなって日本列島西半部の南の海岸線にほぼ平行に走っている．このトラフは，フィリピン海プレートが1年に4～5cmの割合で北西方向に進行してきて，日本列島西半分をのせるユーラシアプレートの下に沈み込み始める線である（図2.52）．両プレートの境界面は，南海トラフから日本列島に向かって深くなっていく．この面上では，摩擦力が働くため普段はすべり合うことなく，沈み込もうとするフィリピン海のプレートが，上にのったユーラシアプレートの地殻をむりやり引きずり込む．これによって，このプレート境界面には年々応力が蓄積し，ついに耐えきれなくなって，この境界面では急激なすべりが起きる．これが，およそ100年の間隔で発生しているプレート境界のすべりによる巨大地震である東海地震，および南海地震の発生機構である（2.1節）．

さて，このようにして，プレート境界のすべりによる巨大地震が陸棚斜面の海域で起きると，すべった面の直上の海底面は押し上げられ，隆起する．すると，その上を覆う海水も持ち上げられる．これによって生じた海面の隆起は波として，周囲の海に向かって伝わり始める．これが津波である（図2.53）．

陸棚斜面で発生した津波は，波源から四方に伝わるが，海岸線に接近する波は，水深の浅い海域に進むにつれて波高が増していく（図2.54；後述のグリーンの法則）．例えば，水深4,000mの海を進行するとき波高1.0mであった津波も，平均水深100mの陸棚海域では波高は約2.5mにまで増幅す

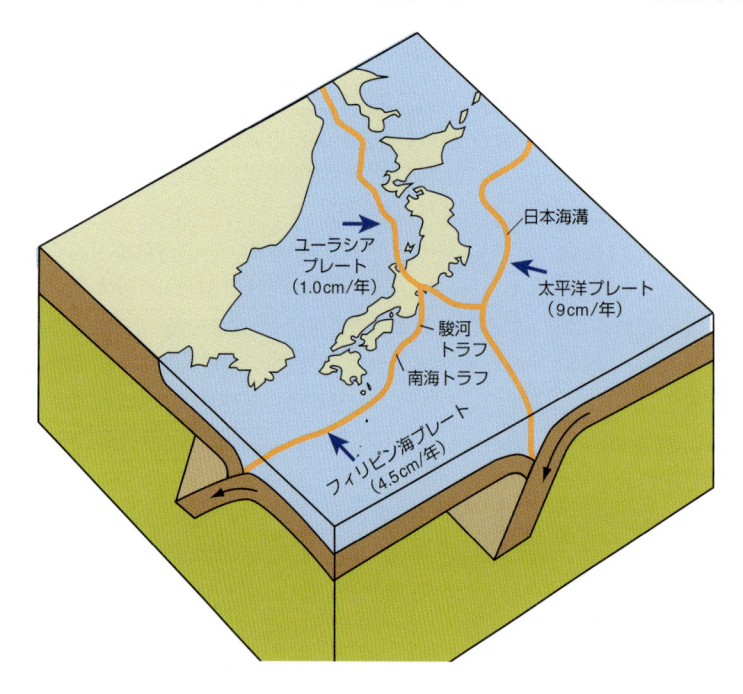

図2.52
日本列島周辺のプレートの配置

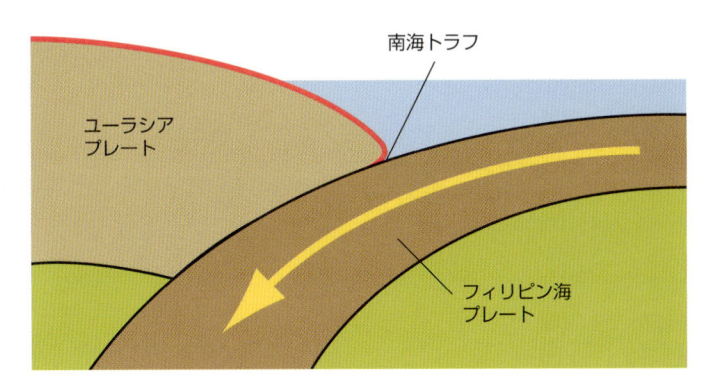

(a) フィリピン海プレートが，南海トラフからユーラシアプレートの下へ沈み込む．

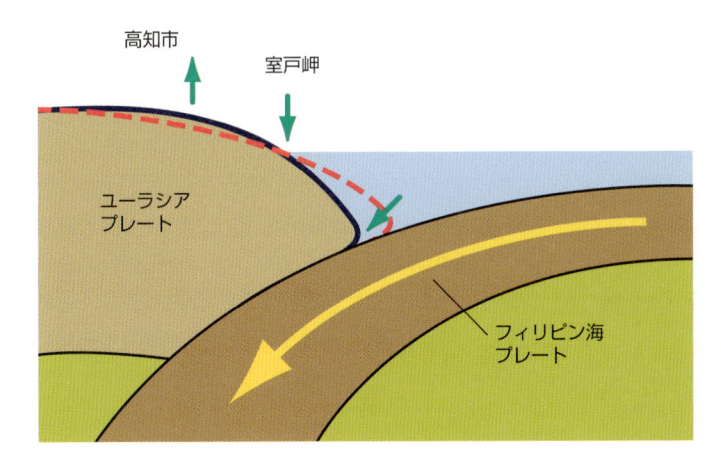

(b) フィリピン海プレートがユーラシアプレートの境界部分を引きずり込むために，ひずみが蓄積される．室戸岬は沈降し，高知市付近は上昇する．

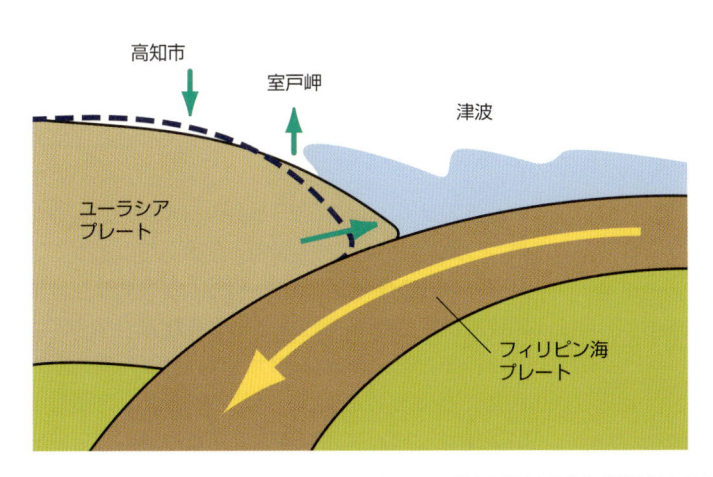

(c) ひずみが限界に達すると，プレートの境界がずれてはね上がり，もとに戻る．このとき巨大地震が発生する．室戸岬ははね上がって，1～2m上昇し，高知市付近は沈降する．海では津波が発生する．

図2.53　海溝型巨大地震に伴う津波の発生

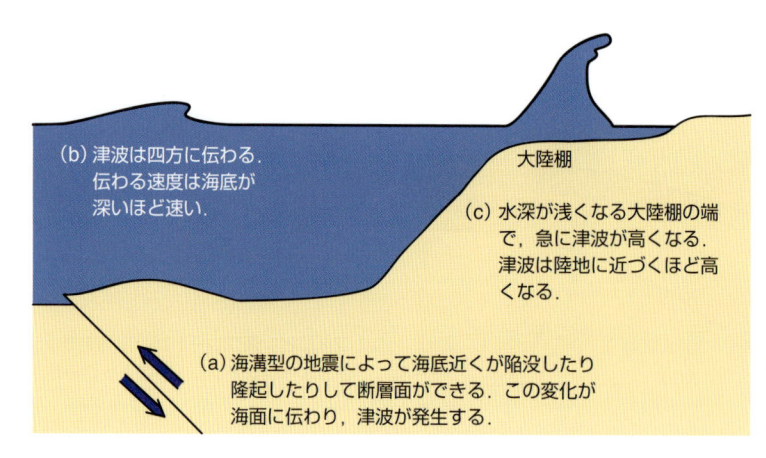

図2.54 海岸線に近づくにつれて津波は高くなっていく

(a) 海溝型の地震によって海底近くが陥没したり隆起したりして断層面ができる．この変化が海面に伝わり，津波が発生する．
(b) 津波は四方に伝わる．伝わる速度は海底が深いほど速い．
(c) 水深が浅くなる大陸棚の端で，急に津波が高くなる．津波は陸地に近づくほど高くなる．

大陸棚

るのである．

　プレート境界のすべりによる巨大地震ではなくても，もっと小規模な海底を走る活断層のすべりによる地震によって，中小の津波が起きることがある．断層運動は，断層面の両側から押し合う応力が働いた結果，断層面の両側がすべり合う現象であるが，これには次の3つのタイプがある（2.1.6項）．
(a) 断層の両側から引き合う力が働いた結果，断層面を挟む片側の地盤がすとんとすべり落ちる形の正断層型
(b) 断層を挟む片側が他方に乗り上げるタイプの逆断層型
(c) 押しでも引きでもなく，断層面を挟んで互いに水平に逆方向へずれ合う形の横ずれ断層型

　海底で発生する地殻内断層運動によるすべり（地震）にもこの3つのタイプがあるが，津波は(a)，(b)のタイプで発生し，(c)のタイプの断層運動による地震では津波はほとんど発生しない．

(2) 津波の規模尺度

　地震のマグニチュードと同じように，津波のおよその規模を表す尺度として，伝統的には今村・飯田の**津波規模** m が表2.2のように定義されている．

表2.2 今村・飯田の津波規模 m の定義表

津波規模 m	津波の高さ H	被害程度
−1	50 cm 以下	なし
0	1 m 程度	非常にわずかの被害
1	2 〃 〃	潮沖（海岸）および舟（船）の被害
2	4〜6 〃 〃	若干の内陸までの被害や人的損失
3	10〜20 〃 〃	400 km 以上の海岸線に顕著な被害
4	30 〃 以上	500 km 以上の海岸線に顕著な被害

ロシアの文献でもSolovievの**津波スケール**として，ほぼ今村・飯田の津波規模と同じものが用いられているが，ただ津波の高さが20 cm以下，10 cm以下の微小な津波に対して津波規模 $m = -2$，および−3として定義が拡張されている．

　今村・飯田の津波規模は，およその津波の大きさを数値として漠然と表現しているが，「津波の高さの測定値は震源からの距離が遠ざかるほど小さくなっていく」という効果が合理的に考慮されておらず，物理的な意味が明白でないという欠点がある．

　羽鳥（1986）は，もうすこし量的な客観性をもたせ，かつ，波源から遠い場所での**津波浸水高さ**も反映した尺度として，波源からの距離 R [km] とそこでの浸水高さ H [m] を用いて次の数式で与えられる羽鳥の津波規模 m_H を提案した．この数値 m_H は0.5きざみの数値で表示される．

$$m_H = 2.7(\log H + \log R) - 4.3 \qquad (2.1)$$

　この式（2.1）によると，m_H の値は，波源から500 km隔たった場所で津波浸水高さが1mであった場合を $m_H = 3.0$ とし，浸水高さが $\sqrt{5}(\approx 2.24)$ 倍になるごとにこの数値を0.5増えるように定め，津波浸水高さは，波源からの距離の1乗に反比例して減少していくと仮定して決められていることになる．

　地震の規模はマグニチュードで表される（2.1.3項）．地震計上での記録振幅と震源距離によって定義される**気象庁マグニチュード** M_J は地震発生後短時間で推定できることから，**津波警報**の発令に用いられてきた．震源における複双力源の偶力の大きさから定義されたモーメントマグニチュード M_W（2.1.5項）は，物理的に最も合理的なものである．最近は M_W も地震発生後短時間で見積もるこ

とができるようになり，気象庁による津波警報の発令にもこれが使われるようになってきた．

津波の規模もまた，地震の気象庁マグニチュードの定義と同じように**検潮儀**によって測定された津波の振幅Aと，海洋伝播距離Δ [km] によって導入された阿部勝征（Abe, 1982）の**津波マグニチュード**M_tがある．この数値は，日本付近で起きた近地津波の場合，次の式（2.2）によって定義されている．

$$M_t = \log A + \log \Delta + 5.80 \tag{2.2}$$

この定義による津波マグニチュードの数値M_tは，地震のモーメントマグニチュードM_wと平均的にほぼ同じような数値を与える．このことから，M_tの値とM_wの値の差から，その地震が地震としての規模の割に大きな津波エネルギーを出したかどうかの判定に用いることができる（後述，(4) 津波地震）．

(3) 津波の統計

当然のことながら，海域で起きた地震のマグニチュードが大きいほど，それに伴って生じた津波の規模m（あるいはm_HやM_tも）は大きくなる．渡辺（1984）によると日本列島周辺で起きた地震による津波について統計をとってみると，この両者にはおよそ直線的な関係がある（図2.55）．この図によって，気象庁マグニチュードM_Jと津波規模m_Hとの間に，全データを用いた場合は式（2.3），●の地震を除いた場合は式（2.4）のような関係があることがわかる．

$$m_H = 2.06\, M_J - 14.31 \tag{2.3}$$
$$m_H = 2.30\, M_J - 16.20 \tag{2.4}$$

図2.55によれば，津波を発生させる地震の気象庁マグニチュードの下限は$M_J = 6.3$であることがわかる．すなわち，津波は海域で起きる地震のマグニチュードが6.3以上の場合に発生する可能性があることになる．海域で発生した地震の気象庁マグニチュードM_Jが7.0以上になると，津波はほぼ確実に発生し，さらに人間社会に何らかの被害をもたらす可能性のある津波規模$m_H = 0$以上の津波となる可能性が出てくる．地震マグニチュードM_Jがさらに7.6を超えると，人間社会に大きな被害をもたらす津波規模$m_H = 2$かそれ以上の大津波が発生する可能性が出てくる．

地震の規模は大きくても，地震の震源位置が海底面よりかなり深い場合には，震源となった断層面の及ぼす地殻変動は海底面に届かず，津波が発生しにくくなる．例えば，震源の深さが120 kmを超える場合には，津波はほとんど起きていない．また，震源深さが80 kmを超える場合には，図2.55，あるいは式（2.3）または（2.4）で予測される津波規模より小さな津波しか発生しない．

(4) 津波地震

地震による揺れが小さいのに，異常に大きな津波が海岸に襲ってくる場合がある．例えば，1896（明治29）年6月15日に東北地方の太平洋側海域（三陸沖）に発生した地震による揺れは，岩手県はじめ東北地方の海岸では震度2から3の小さな揺れを感じたに過ぎなかった．しかし，この地震の発生の約30分後に三陸海岸を襲った津波は，史上最大級のものであった．岩手県大船渡市綾里の白浜では38.2 mの標高まで海水が上昇した．三陸海岸の宮古市田老，山田町船越，大船渡市越喜来など，当時集落にいた住民のほぼ全員が死亡するという地区が続出した．地震計の揺れの振幅と震源距離から気象庁震度M_Jを求めると，この地震のマグニチュードは6.9となり，この数値でみる限り，到底大きな津波がくるとは予測できないものであった．

このように，地震の揺れが小さく，気象庁震度が小さく見積もられるのに，非常に大きな津波を伴う地震は特に**津波地震**（tsunami earthquake）とよばれる．1992年のニカラグア地震津波，2006年インドネシア・ジャワ島南方沖地震などが津波地震であったことが知られており，津波地震は世界のあちこちで起きていることがわかる．

津波地震では，地震の揺れの大きさから定義された気象庁マグニチュードM_Jが小さい割に，津波の

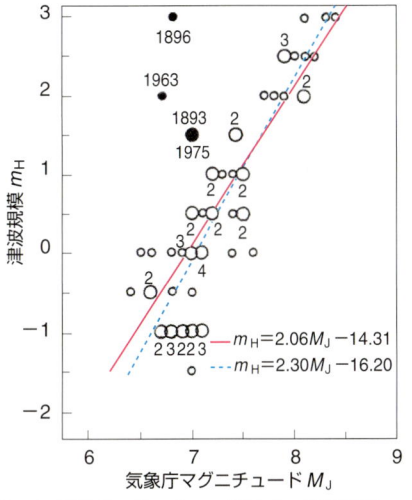

図2.55　気象庁マグニチュードM_Jと，津波規模m_Hの関係

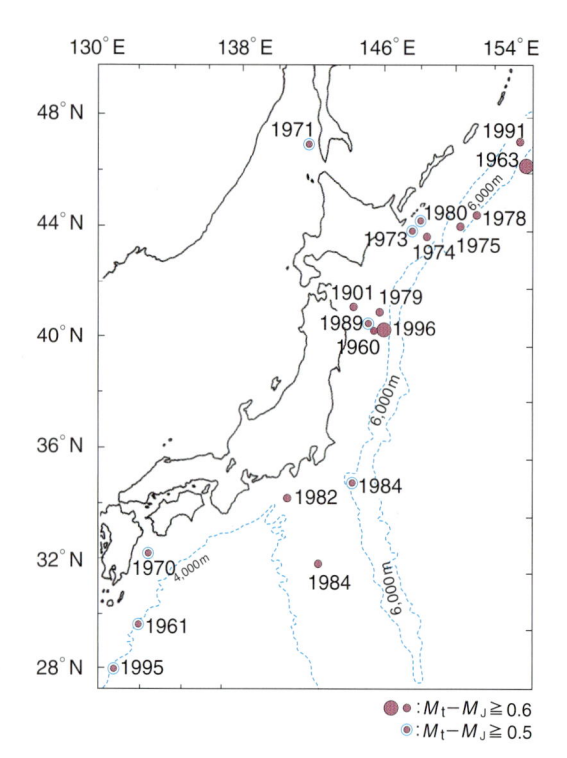

図2.56 日本列島周辺で津波地震が起きている場所

振幅から見積もられた津波マグニチュード M_t の値が大きくなることから，渡辺（1997）はこの両数値の差を**判定係数 α** として，津波地震であるかどうかの尺度として提唱した．すなわち，

$$\alpha = M_t - M_J \qquad (2.5)$$

と置き，この数値が0.6以上の場合を津波地震としている．この定義に従えば，明治三陸地震の起きた1896年から1995年までの104年間に発生した津波を伴う地震114例のうち8例が津波地震と判定され，地震によって引き起こされた津波全体の7％が津波地震であったことになる．

渡辺（2003）は，統計的に津波地震が発生しやすい海域と，それが発生しにくい海域とがあることを指摘した．すなわち，関東・東北・北海道の太平洋側海域，および日向灘では津波地震が起きやすく，四国，紀伊半島，東海地方南方沖の海域，および日本海では津波地震はあまり起きていないことを示した（図2.56）．

2.4.3 津波の流体力学

(1) 津波の伝播速度

津波に限らず波長が L [m] の海の波が水深 D [m] の海を伝わるときには，その伝播速度 c [m/s]（厳密には位相速度）は，g を重力加速度（9.8 m/s²）として，次の式 (2.6) で与えられる．

$$c = \sqrt{\frac{gL}{2\pi} \tanh\left(\frac{2\pi D}{L}\right)} \qquad (2.6)$$

ここで，tanh は「ハイパボリック・タンジェント」とよばれる一種の双曲線関数であって，次の式 (2.7) で定義される．

$$\tanh x = \frac{e^x - e^{-x}}{e^x + e^{-x}} \qquad (2.7)$$

この関数は，x の絶対値が0.3より小さいときには，$\tanh x \fallingdotseq x$ と近似することができる．いまの場合，公式 (2.7) の tanh 引数にあたる $2\pi D/L$ の値が0.3より小さいということは，波長 L が水深 D の20倍以上ある場合ということになる．このときには，$\tanh(2\pi D/L) \fallingdotseq 2\pi D/L$ と近似できるので，その伝播速度は波長 L に無関係になって，簡単な次の式で与えられる．

$$c = \sqrt{gD} \qquad (2.8)$$

この近似が許される海の波は長波とよばれる．津波は大部分の場合，この近似が成り立つので，津波はほぼ長波の一種である．この式によって津波の伝播速度は，ほぼ水深の平方根に比例することが分かる．一般に物理的には波速が波長によらない波は**非分散性の波**とよばれる．非分散性の波は，位相速度と群速度が等しく，山の峰や谷が分裂せず基本的な波形を保って伝わることが知られている．津波は基本的にはこのような非分散性の波であるといえる．

太平洋の平均水深は約6,000 mであるが，この数値を式 (2.8) に代入して波速 c を求めると，

$$c = \sqrt{9.8 \times 6{,}000} = 242.5 \text{ m/s} = 873 \text{ km/h}$$

となって，津波は太平洋を時速約900 kmというジェット機なみの速度で伝わることがわかる．1960年のチリ津波のときには，日本からみてほぼ地球の反対点にあたるチリの海岸に発した津波は，太平洋をジェット機なみのスピードで伝わってきて，わずか約23時間後には日本列島の海岸に達した．

(2) 津波の沿岸接近時の増幅

津波を引き起こす地震は多くの場合，陸棚の縁から海溝軸に至る大陸斜面の海域で発生する．そこでの水深は2,000～8,000 mの深海域である．津波

発生の直後は，池の中に石を投げ込んでできる波紋のように津波は震源から四方に円環状に広がるので，幾何学的に波の峰線の長さが波源域の中心からの半径に比例して伸びるために単位長さあたりのエネルギーの密度が減少する．しかし，津波が大陸斜面から水深200 mより浅い海域に達し，さらに浅海域に進むときには，水深が浅くなるために次第に津波の伝播速度が遅くなる．すると，浅い海域に達した津波の先頭が遅く，より深い位置にある後部がそれより早く進む結果，津波の波長が短くなる．津波のような非分散性の波では一波長に含まれる津波のエネルギーは一定であるので，津波の波長が短くなると津波エネルギーの空間密度が増すはずである．その結果，津波は浅海に進むにつれて波高が増す．つまり津波は海岸線に近づくにつれて増幅するのである．これをグリーン（Green）の法則という．

この効果を数式で現すと，次のようになる．すなわち，水深D_0の深海域を進行する時波高H_0であった津波が，水深D_Sの浅海域まで来たときの波高H_Sは，およそ次の式（2.9）の値となる．

$$H_S = H_0 \left(\frac{D_0}{D_S}\right)^{\frac{1}{4}} \quad \text{（グリーンの公式）} \quad (2.9)$$

つまり，**津波の高さ**は，およそ水深の1/4乗に比例して増幅する．例えば，水深$D_0 = 2,000$ mの深海域で波高$H_0 = 1$ mであった津波が，水深$D_S = 20$ mのところまできた時には，この公式によって計算すると，$H_S = 3.16$ m，となっておよそ3倍にまで増幅することがわかる．

グリーンの公式は，波高の水深に対する比が0.5を超える場合，すなわち，$H_S/D_S \geq 0.5$を超える場所までは適用できないことに注意する．この限界を超えると，波の頂点に白波がたちはじめて，この公式の前提であるエネルギーの保存条件が成立しなくなるからである．

グリーンの公式によれば，**津波の波源**（≒地震の震源域）での海の水深が深いほど，海岸に達したときの津波の高さが高くなる傾向をもつことが指摘できる．例えば，上の計算で，他の条件を同じにして，水深だけを変えて$D_0 = 8,000$ mとした場合には，$H_S = 4.47$ mとなって，約5倍近い増幅が起きることがわかる．すなわち，震源の水深が約2,000 mであった場合と，約8,000 mであった場合とでは，海岸線付近に達したときの津波の高さは約3対5の比率で後者の場合のほうが大きくなるのである．

(3) 津波のエネルギーが集中しやすい海岸地形

もし，海岸線が直線状で，その前面の海の等深線も海岸線にほぼ平行な，ごく普通の場合には，津波がその沿岸に達したとき，どこかの点にエネルギーが集中して，そこだけ津波が高くなるということはほとんどない．しかし，海岸線の形や，等深線の形に何らかの特徴がある場合には，津波のエネルギーが集中して津波の被害が大きくなりやすい場所が現れる場合がある．以下，このような場所を述べておこう．

a. V字型湾の最奥部

我が国では三陸海岸や，紀伊半島東南部の熊野地方など，V字型の湾の連続するリアス式の海岸線をなしている場所がある．このような海岸でのV字型の最奥部には，天然の良港として漁業の盛んな集落が発達している例が多い．このようなV字型湾では，湾の幅が湾口から奥に進むにつれて湾の横幅が狭まることから，外洋から伝わってきた津波のエネルギーが次第に集中し，集落のある湾の最奥部で津波の水位上昇（高さ）が大きくなる．明治三陸津波（1896年）の最大浸水標高38.5 mを記録した大船渡市綾里の白浜は，典型的なV字型湾である綾里湾の最奥部に位置する海岸であった．

b. 等深線が沖に向かって舌状に突き出ている海岸

海岸線が直線状であっても，局地的に遠浅になっていて，等深線が沖に向かって舌状に突き出ている場所では，津波のエネルギーが集中しやすい．図2.57はこのような地形の海岸に沖方向から津波が進行してきた様子を示している．津波の進行線（矢

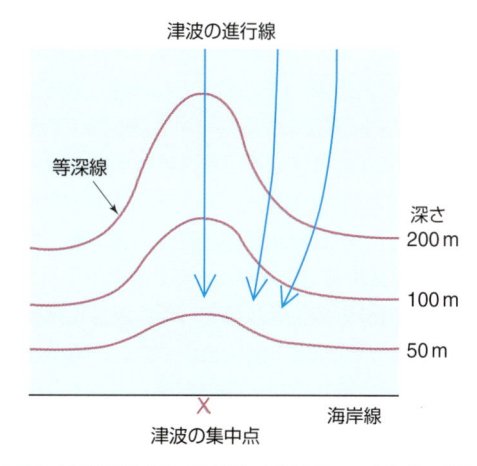

図2.57　等深線が舌状に突き出た点は津波のエネルギーが集中しやすい．

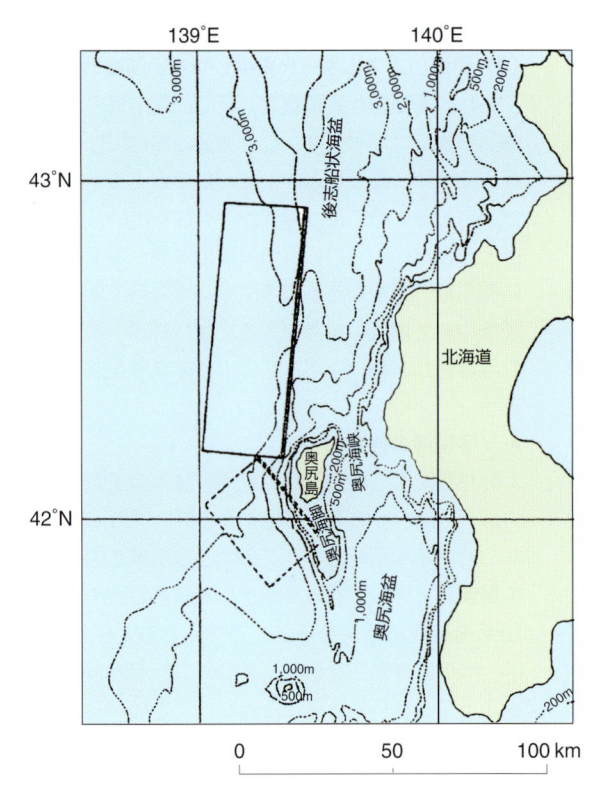

図2.58 北海道南西沖地震（1993年）の津波の最大被災地となった奥尻島の南端の岬から南方へ「奥尻海脚」とよばれる舌状の浅海域が延びている．

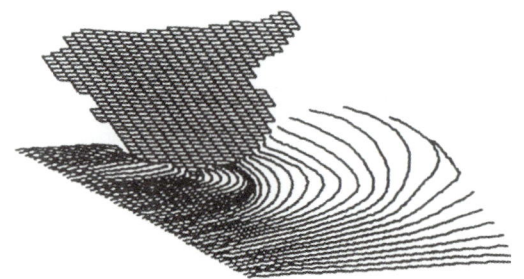

図2.59 奥尻島の南端から南に延びる浅海域「奥尻海脚」のレンズ効果によって，南端の岬の背後に津波エネルギーが焦点を結ぶ：ここに初松前の集落があった．

印の線）は，津波の速度が遅い浅い海域を巻き込むように曲がる．このために舌状に等深線が突き出た遠浅の海域は凸レンズの役目をして，その背後の点に津波のエネルギーの集中する場所が現れるのである．

c. 岬の先端付近，あるいは岬の先端を回り込んだ背後の海岸

半島の先端付近は，多くの場合，b. に述べたような，沖合に向かって等深線が張り出した形となっているから，岬の先端付近は津波のエネルギーが集中しやすい，ということができる．またこの場所が凸レンズの役目をして，岬の先端を通り過ぎた背後の海岸線上に津波エネルギーが焦点を結ぶ点が現れることがある．1983年日本海中部地震の際に，佐渡島北東端の弾崎や能登半島先端部で津波が高くなったこと，1993年北海道南西沖地震の際，奥尻島南端の青苗集落では津波浸水高さが約8～11mに達し，約90％の民家が流失したことなどは，この例である（図2.58，図2.59）．また，青苗集落約1km東に位置する初松前の集落では，1軒の家を除いて全戸流失した．

安政東海地震（1854年）の津波の際，駿河湾内に発した津波が伊豆半島の先端の石廊崎を回り込んで，その背後に位置する下田で大きな津波被害を生じたのもこの例の1つである．

d. スカート海域の大きな孤島

広い海域の中に孤立した島（または群島）があるとき，島の周囲には同心円状の等深線がこれを取り巻いているのが普通である．この海域を女性のスカートになぞらえて，**スカート海域**とよぶことにすれば，このようなスカート海域が広い孤島ほどその孤島の海岸では津波が高くなりやすいという法則がある．三好（1984）は，津波の伝播線がこのようなスカート海域にさしかかった場合，その伝播線はほとんどの場合，島の周囲を螺旋状に何周か周回した後に

最終的に島の海岸に達することを数学的に証明した．その結果，広いスカート海域に達した津波のエネルギーは全て最終的に小さな孤島の海岸に集中することとなるのである．ハワイ諸島では，1960年のチリ津波で死者61人という大被害を生じた．このときハワイ島ヒロでは津波は標高10.5mに達した．ハワイ諸島の周囲には，水深約6,000mの大洋底面から盛り上がった広大なスカート海域が広がっている．

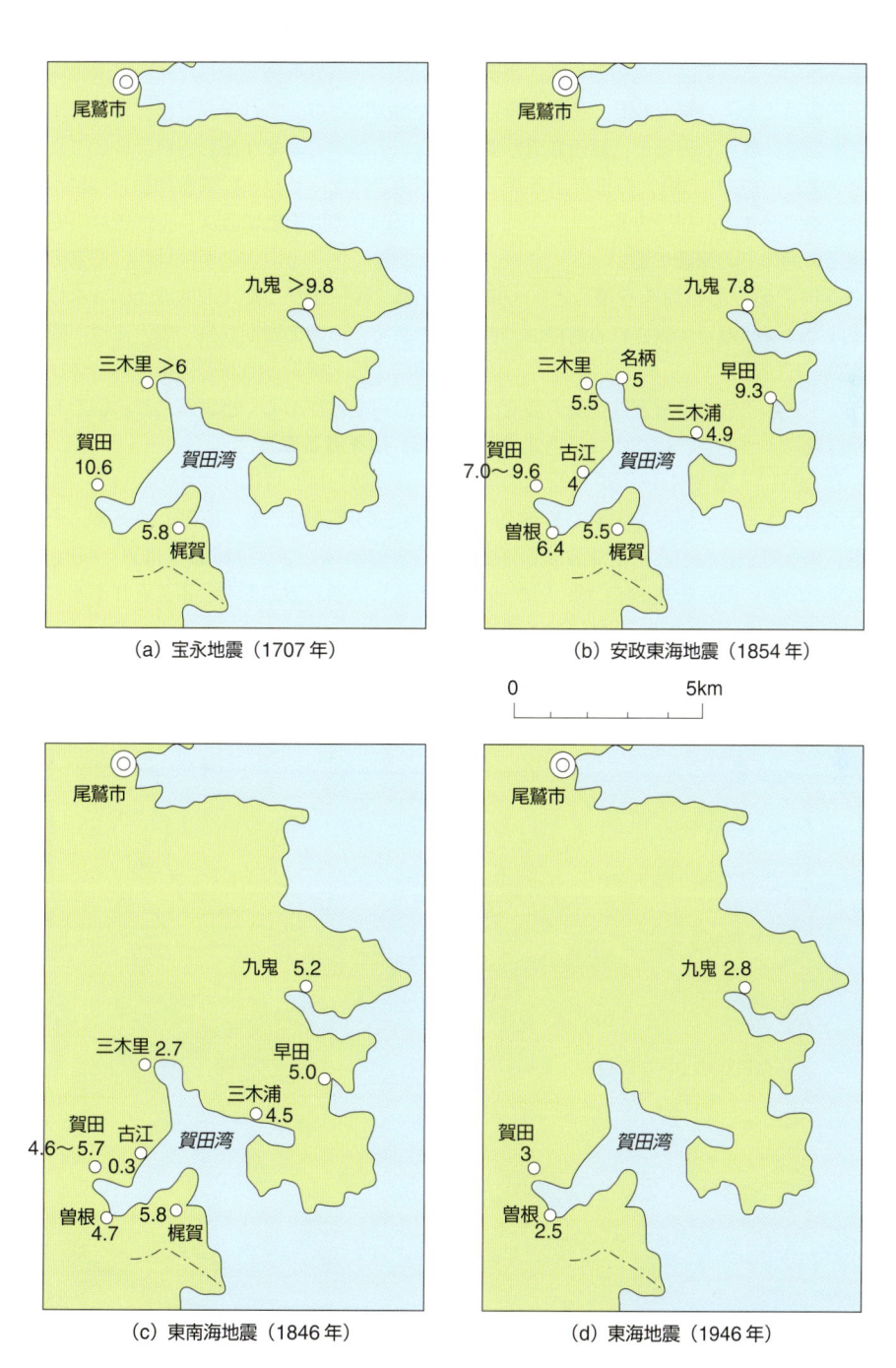

図2.60 尾鷲市賀田湾を襲った4回の津波：数字は各集落での津波の高さを表す．この湾内では，どの津波のときにも賀田集落で最大の津波高さとなった．

e．内湾の固有振動の「腹」に当たる点

紀伊半島熊野海岸の尾鷲市賀田湾は，南に開いた十字型をした長さ6kmほどの内湾である．この湾の海岸線上には9つの集落がある．この湾は，宝永地震（1707年），安政東海地震（1854年），1944（昭和19）年東南海地震，1946（昭和21）年南海地震の4回の津波を受けている．そうして，津波ごとに最大の被害が起きる場所は，西側の枝湾の最奥部にある賀田の集落である（図2.60）．この内湾に対して，固有振動を計算してみると，賀田集落が第1基本振動の「腹」，すなわち最大振福を示す点であることを理論的に示すことができる．

(4) 津波と風波の海岸での来襲の違い

おなじ高さ3mの波がある海岸を襲うといっても，**風波**と津波では海岸線で体験される有様は両者にずいぶん異なっている．

地震によって引き起こされる津波は，海の波ではあるが，周期は風によって引き起こされる風波やうねりよりずいぶん長い．風波は1〜30秒程度の周期であり，うねりは1〜2分程度の周期であるのに対して，地震によって引き起こされた津波は5分から1時間程度までの長い周期をもっている．だから，天気予報の波浪予報で発表される，「今日は湘南海岸で波の高さは3m」というのと，「津波の浸水高さ（標高）が3m」というのでは意味が全く異なる．風波の場合には一瞬海水が3mの高さまで届いても，2, 3秒後にはもう海面は低くなっている．これに対して高さ3mの津波に襲われると，水位はすぐには引いていかない．1960年のチリ津波や，1983年日本海中部地震の際には，各地で津波の来襲の様子を映したビデオ映像が得られている．また2004年スマトラ島地震で生じたインド洋の津波では，最大被災地となったバンダアチェ市や，タイのプーケットの海岸で映像が撮影されテレビニュースとして報道された．それらの映像からもわかるように，津波というのは波というより，大きな川で堤防が切れたときに生ずる洪水の居住地への氾濫の様子に似ている．陸に上がった津波は波というより，流れなのである．津波の周期が長い場合には，高さ3mの津波により，標高3mまでの市街地全体が海水で浸水する可能性がある，と理解してよいであろう．

(5) 川を遡る津波

津波はしばしば川をさかのぼって，海岸線から何kmもの内陸部に達することがある．その際，川中の水位は，しばしば**段波**（**ボア**，bore）とよばれる激しい崩れ波の形をとることがある．時には，川を横断する方向に伸びた波の峰線がいくつも後に続いた**波状段波**（undular bore）の形をとることがあ

図2.61 大坂の堀川をさかのぼってきた安政南海地震（1854年）の津波に翻弄される川船：大阪の河川を大型船が流される様子を伝える瓦版．

る．川の中の静かな水面に浮かんでいたボートなどが段波に巻き込まれると，突然衝撃を受けて踊り出し，その後は段波の背後の急な流れに乗って上流に運ばれる．その際，途中の橋の橋桁や橋脚にたたきつけられ，船が破損し，橋は崩壊して落ちるという被害を生ずることがある．

2003年の十勝沖地震津波の時には，津波は十勝川を河口から13kmもさかのぼった．

安政南海地震（1854年）では，本震発生の約2時間後に，淀川，安治川の川筋を遡ってきた津波が大坂の各堀川に侵入した．このとき，地震の揺れによる家の下敷きになるのを恐れて避難した人を乗せた船が道頓堀，土佐堀などに浮かんでいたが，浸入してきた津波に翻弄され，運ばれて橋桁に衝突し，あるいは大きな船の下敷きとなって30カ所あまりの橋が落ち，多数の船が転覆し，341人が溺死した（図2.61）．

2.4.4　津波の測定

(1) 検潮所のしくみ

津波による海面の上下変動は，**検潮所**という施設内に設置された**検潮儀**で記録される．検潮所というのは，海岸近くに小屋を設置し，その内に直径1m程度の垂直井戸を掘り，導水管によって外洋の水を引き入れた施設である（図2.62）．井戸内には風波のような短周期の水位変動を除いた平均的な海水面が再現しており，これに浮きを浮かべてその上下の動きをピアノ線と滑車を通してペンを移動させ，一定速度で回転している記録紙上に海水位の変化を記録していく．

検潮儀による水位記録には，通常は1日2回の潮汐の干満が記録されるが，津波のときには，この潮汐変化の上に津波によって乱れた水位変化が記録される．井戸内の水位変化の測定に，浮きではなく水圧式のセンサーが用いられることもある．

津波による水位変化を測定する装置として，このような井戸式の検潮所のほか，突堤などに超音波の発信受信装置を取り付けたL字型支柱を置き，超音波が海面を反射して戻ってくるまでの時間を測定する方式によるものがある（図2.63）．三陸海岸では普代村（図2.64），宮古市田老港と姉吉港（鮭ケ崎），陸前高田市，気仙沼市，女川町などの市町村が独自に保有管理している．これらの超音波式の津波監視装置は住民防災誘導のための各市町村での津波の第1波の検知に役立てている．

近年では，気象庁所管の検潮所で，非常に大きな

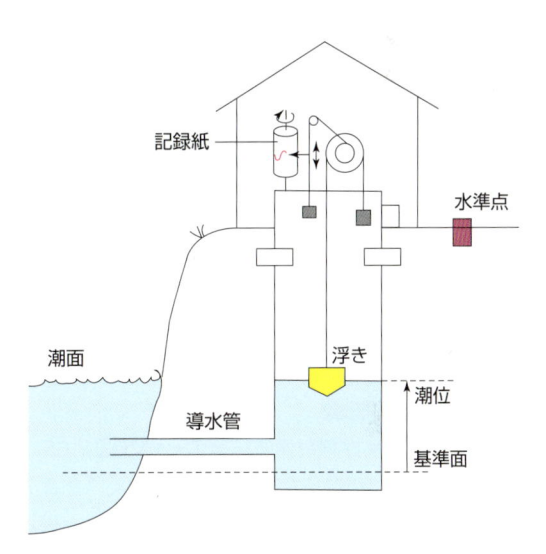

図2.62　検潮所模式図：津波による海面変動を測定する検潮所は，外海から「導水管」で井戸内に海水を引き入れ，井戸内に外海の潮位を実現させ，浮きを浮かべてその水位変動をペンで記録紙に記録するようになっている．

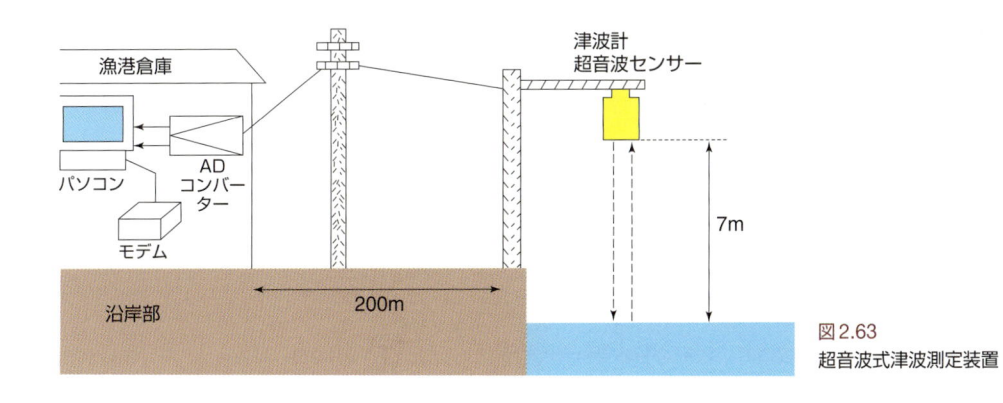

図2.63　超音波式津波測定装置

図2.64 岩手県普代村大田名部漁港に設置された超音波式津波監視装置

津波がきた場合にも確実に津波記録が得られるように補助的に超音波式津波計が設置される例が増えてきた．

(2) 津波の検潮記録

検潮所で測定された津波記録の一例を図2.65に示す．検潮記録が得られると，津波がなく，ただ天文潮汐のみによる水位変化がその後継続したと仮定した**推算潮位線**が引かれる．実際に得られる津波によ る変化を記録した線は，ほぼこの推算潮位線を挟んで偏りなく上下するのが普通である．推算潮位線を引くためには，例えば1時間ごとに計算された天文潮位のデータが必要であるが，その入手が困難なときには単に平滑化曲線を引いて代用する．

水位変化の記録に津波の到達を示す最初の変動を**初動**とよぶ．地震発生から初動までの時間を**津波初動到達時間**とよび，分単位で計測する．初動が上向きの場合（「昇」または「＋」と記録する）と下向きの場合（「降」または「－」）があるが，この区別はその検潮点が震源断層運動が引き起こした地変の上昇側に近いか下降側に近いかを示す情報となる．初動の後，最初の山の推算潮位線上の偏差値を**津波第1波偏差**として読み取る．初動の直後に津波による水位変化を示す線が，この推算潮位線から上方に最も離れた点での水位差の大きさを**最大偏差**とよび，その発生時刻（**示現時刻**とよぶ）を，その山が第1波から数えて第何波目にあたるか（**波順**という）とともに記録する．また，隣り合う1つの山，1つの谷の差の最大値を示すところを探し出し，その山での推算潮位からの水位差と，谷でのそれとの和を**最大全振幅**とよび，その示現時刻と波順を記録する（図2.65）．津波による水位変化は推算潮位線の表す天文潮汐による水位変化を含んでいるが，それが最大となる点を探しだし，その検潮点の基準面（図2.65ではCDL）からの上昇量を**最高水位**とよび，この値もその示現時刻，波順とともに記録する．以上に述べた，初動到達時間・昇降の区別，第1波偏差，最大偏差，最大全振幅，最高水位の5つを**津波の諸元**とよぶ．

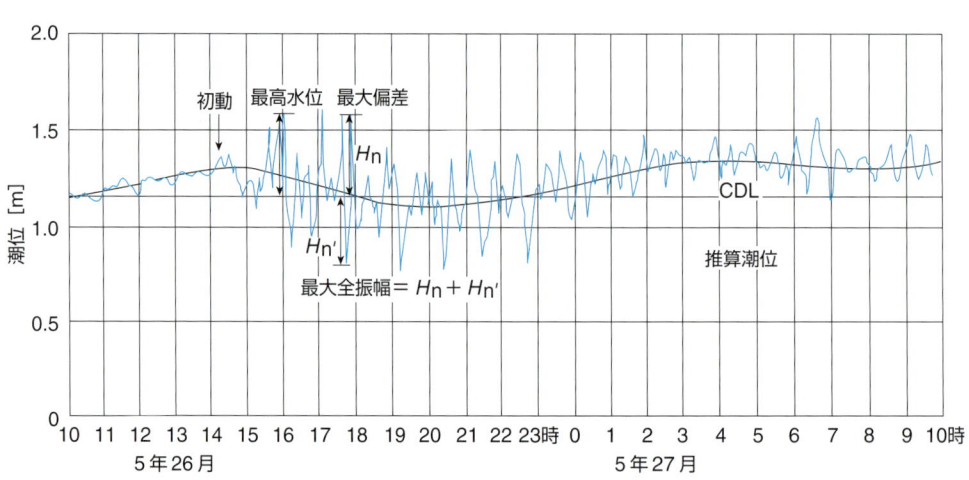

図2.65 検潮所で記録された津波記録の例：1983年日本海中部地震津波（5月26日12時00分，$M7.7$，$m3$）の鳥取県境港検潮所での記録．

最大水位だけは推算潮位線ではなく**基準面**を基準とした上昇量を記録する，と述べた．ここにいう基準面には，地図の標高ゼロメートルを意味する東京湾中等潮位（TPと略す），その場所での平均海面（MSL），および海図の基準面であるCDLの3種類がある．CDLの0mは，MSLの0mより主要4分潮（M2, S2, K1, 01）の振幅和（またはその数値を5cm刻みで丸めた数字）だけ下にある．TP 0mとMSL 0mはほぼ同じ高さにあるべきであるが，定常海流による地衡流効果，海水密度の差，TPの改測が追いつかない，などの理由で差がある場合が多い．

一般に，津波の波源に近い海岸や，震源から観測点まで他の海岸による反射の影響の少ない孤立した島の検潮点では，第1波〜第3波ぐらいまでの波順の若い波が最大偏差や最大振幅を示すことが多い．日本の大部分の検潮点のように海溝軸を前に控えた列島弧上の検潮点では，波源から遠くなればなるほど，波順の遅い波に最大偏差，最大全振幅を示すものが現れる傾向がある．波源から最短距離で観測点に伝わってくる津波の成分より，どこかの海岸で反射して，長い経路をたどって遅く伝わってきた津波の成分によって，最大偏差，最大全振幅が現れる場合が多いからである．

(3) 検潮記録の活用
a．津波波源域の逆伝播図法による推定

地震が起き，海底がある範囲にわたって隆起あるいは陥没の地殻変動が起きると，その瞬間海表面もまた海底の地殻変動分布とほぼ同じ形をとるとされる*．この範囲が津波の波源域となる．複数個の検潮記録から津波の波源域を推定するのに，一般に**逆伝播図法**が用いられる．その具体的な作業手続きを書いておこう．まず，ある検潮点に対して初動到達時間が分単位で知られていたとする．水深が詳細に描き込まれた海図とコンパスを用意し，その検潮点から長波速度（$=\sqrt{gD}$）で仮想的な津波が発したとして，1分後の伝播線を包絡線を作図することによって求める．この1分伝播線をもとに同じ方法で2分伝播線を求める．以下同様にして，初動到達時刻［分］に等しい伝播線を求めると，この伝播線は波源域に外接しているはずである．同様の作業を，複数個の検潮点から発した初動到達時刻伝播線を描くと，それらの共通外接範囲として，津波の波源域を求めることができる．初動の昇降の区別から，波

源域のどの外接点付近が昇であったか，あるいは降であったかを推定することができる．

なお，断層すべり面と海底地変（津波波源域）の範囲とは，だいたい重なり合う．一方，本震直後の余震は断層すべり面上に分布することが知られているので，以上の手続きで求められた津波波源域と，本震直後に発生する余震の分布域とは多くの例でほぼ重なり合っていることが知られている．

* 厳密には，このことは，震源の水平スケールがその場所の水深の20倍以上あって，長波近似が成り立っている場合にしか成立しない．

b．津波検潮記録から地震を起こした断層すべり分布を推定する方法

津波を伴ったある地震に対して，余震分布や地震モーメント解析で推定された断層モデルを参考にして，津波の発生・伝播の数値シミュレーションを行い，実際に観測された検潮記録と比較して推定された地震断層が妥当であるかどうかを検証する研究がしばしば行われている．さらに断層モデルの候補を複数個想定して津波記録と最もよく一致するモデルを探しだし，逆に地震断層モデルの推定に貢献するという研究が行われるようになってきた．近年は，地震断層面のすべり（ずれ）は，面上でどこも一様ではなく，特にすべり量が大きい場所（アスペリティ）が局所的に存在することが指摘されるようになった（2.1.8項）．このようなアスペリティの所在の判定に，津波の初期波形が活用されるようになってきた．

2.4.5 日本列島周辺海域に起きた地震津波

日本列島は環太平洋の地震帯の中に国土全体が包まれ，インドネシア，フィリピン，チリ，ペルーなど他の環太平洋に位置する諸国とともに，世界有数の地震国であり，津波に頻繁に襲われる国のひとつであるということができる．

(1) 東北地方太平洋側の津波

東北地方の太平洋岸には日本海溝が南北に走り，ここでは東方から1年に8cm程度の速度で太平洋のプレートが，日本列島を載せる陸側プレートの下に沈み込んでいる．したがって，北海道，三陸海岸など東北地方の海岸は我が国で最も津波の頻繁に起きる海岸となっている．1896（明治29）年三陸地震，1933（昭和8）年三陸津波では，死者・行方

不明者の合計数はそれぞれ約22,000人，および3,064人を数えた（図2.66）．なお，昭和三陸津波を引き起こした地震は，プレート境界のすべりによって起きた地震でなく，沈み込む側の太平洋プレートの先端が折れてすべり落ちる形で起きた，プレート内の正断層地震であった（Kanamori, 1971）．

(2) 関東地方の津波

関東地方の南方海域には，相模湾奥部を起点とする相模トラフの海溝線が，関東南東沖のプレートの**3重会合点**に向けて走っている．ここでは，南方から北上してくるフィリピン海のプレートが，関東地方を載せる陸側プレートの下に潜り込んでおり，この両プレートの境界面には，元禄地震（1703年），関東地震（1923年）などの南関東の海溝型巨大地震が起きており，いずれも大規模な津波を伴っている．房総半島の九十九里海岸には，百人塚，千人塚などと名付けられた元禄地震の津波の死者の供養石碑が多数建てられている（図2.67）．

関東地震では，東京・横浜の地震そのものによる揺れの被害が大きくて，大きな津波を伴っていたことはあまり知られていないが，鎌倉市材木座の光明寺では標高8mの地点まで海水が浸水しており，また房総半島先端に近い館山市相浜でも9m，熱海でも12mの津波浸水高さが記録されている．

(3) 東海沖・南海沖の津波

中部地方から近畿・四国の南の海岸の沖合には，駿河湾の奥部を起点とする駿河湾のトラフと，それに続く南海トラフは東西に走っている．このトラフ

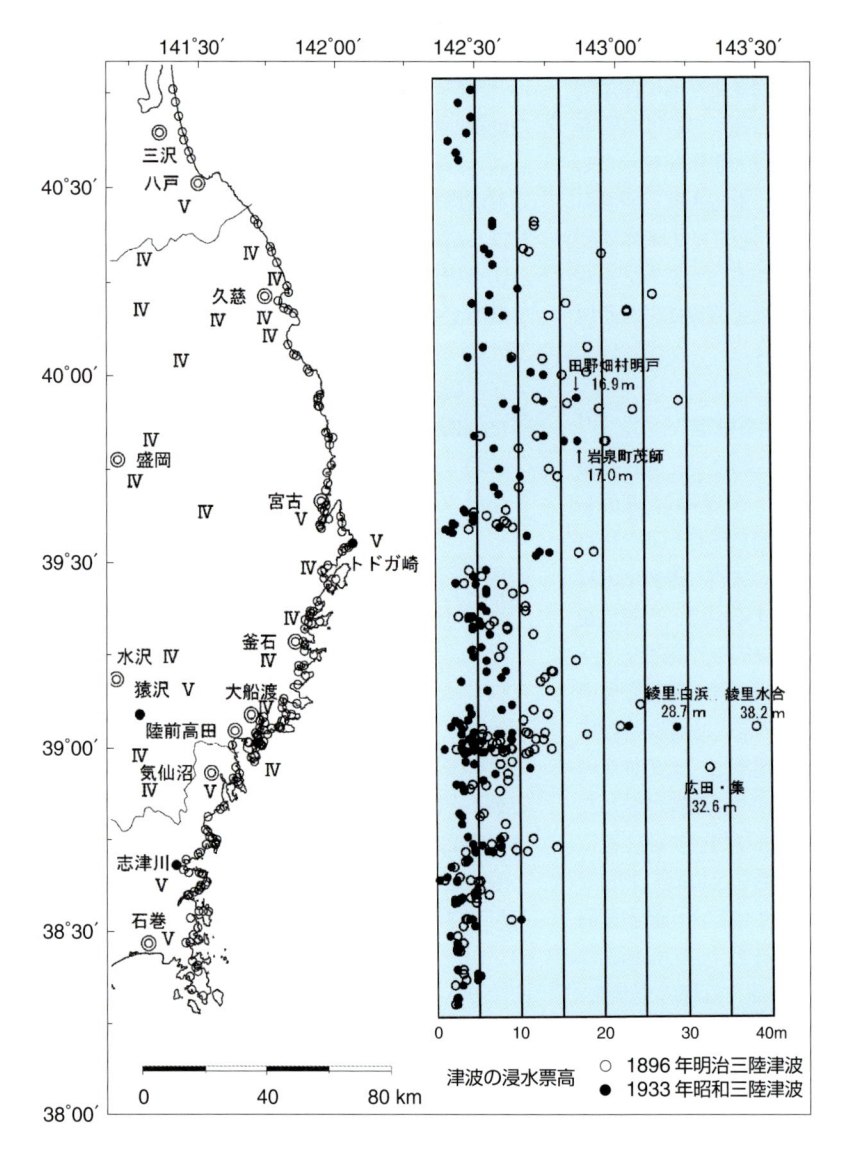

図2.66
明治三陸地震津波（1896年），および昭和三陸地震津波（1933年）の浸水標高

図2.67 千葉県成東町松ケ谷の千人塚：元禄地震（1703年）の津波で九十九里海岸で亡くなった多数の溺死者の遺体を埋葬したものである．

では，南から北上してくるフィリピン海のプレートが，日本の西半分の全国土を乗せるユーラシアプレートの下に沈み込む線にあたっている．このトラフと本州・四国の海岸線の間の東西に長い海域は，紀伊半島先端の潮岬で分けられ，その東側を東海沖の海域，西側を南海沖の海域とよぶ．この両海域ではそれぞれ，およそ100年の間隔で巨大地震が発生しており，おのおの東海沖の巨大地震（東南海地震，東海地震），南海沖の巨大地震（南海地震）とよばれている．この両海域の巨大地震は連動する傾向がある（図2.15）．すなわち，東海沖の地震が起きれば，ほとんど同時か，短い期間を置いて南海地震が起きる，という癖がある．

例えば，1944（昭和19）年12月7日に東海沖の海域で東南海地震が起きると，その2年後の1946（昭和21）年12月21日に昭和南海地震が起きた．幕末の嘉永7年（安政元年）11月4日（西暦1854年12月23日）の午前9時頃，東海沖の海域で安政東海地震が起きると，その翌日，約32時間後の翌日の11月5日（太陽暦12月24日）の午後5時頃，南海沖の海域を震源とする安政南海地震が起きた．その147年前の宝永4年10月4日（1707年10月28日）には，東海沖の地震と南海沖の地震が同時に起きた形で宝永地震が発生した（図2.68）．

東海沖，南海沖の歴代の地震にはいずれも大きな津波を伴っている．

（4）日本海の津波

太平洋ほど頻繁ではないが，日本海にも津波を伴う地震が起きることがある．このような地震の起きる場所は，新潟県沖を起点として東北，北海道，サハリンの海岸線に平行に北に走る，**日本海東縁**とよばれる細長い海域にほぼ限定される．ただし，この海域は，日本海溝や南海トラフのような明白なトラフを形づくってはおらず，ここがプレート境界だとする学説があるが，沈み込みは伴っておらず，その位置には不明瞭な点もある．1964（昭和39）年新潟地震，1983（昭和58）年に秋田県沖に発生した日本海中部地震（図2.69），その10年後の1993年に北海道奥尻島に津波の大被害をもたらした北海道南西沖地震も，日本海東縁に起きた津波を伴う地震であった．この海域では，歴史上，850（嘉祥3）年出羽国の地震津波，1792（寛政4）年積丹半島沖地震津波，1833（天保4）年山形県沖地震津波，および1940（昭和15）年積丹半島沖地震津波が知られている．日本海東縁に生ずる地震に対しては，明白な周期性は知られていない．

これら日本海東縁海域に起きる地震は，震源に近い海岸には大きな津波被害を生ずるだけではなく，能登半島先端部，隠岐諸島，島根半島，さらに韓国江原道の海岸などの遠方の海岸にも津波高さ分布のピークを生ずる．日本海の中央部に**大和碓**とよばれる浅海域があり，これが凸レンズの役目をして韓国の海岸に焦点を結び，さらに大和碓から能登半島，および隠岐諸島に連なる海嶺地形が津波エネルギーを誘導するため，と理解することができる．なお，地震津波ではないが，1741（寛保元）年北海道渡島大島の噴火活動に伴う津波は，北海道江差・松前地方に約3,000人の溺死者を出した．この津波も能登半島と韓国江原道に家屋流失の被害をもたらした．

（5）その他の地方の津波

歴史上に発生した，その他の地域で起きた大きな津波をあげておこう．

琉球列島では，1771（明和8）年（琉球尚穆王20年）に八重山大津波が起きており，石垣島など八重山諸島の各地にこの津波によって打ち上げられた巨石が陸上に残存している（図2.70）．古文書の記録には津波は約80mの標高まで上昇したと読める文章があるが，加藤（1985）は，石垣島南部海岸に打ち上げられた珊瑚巨石の標高が25mを上限

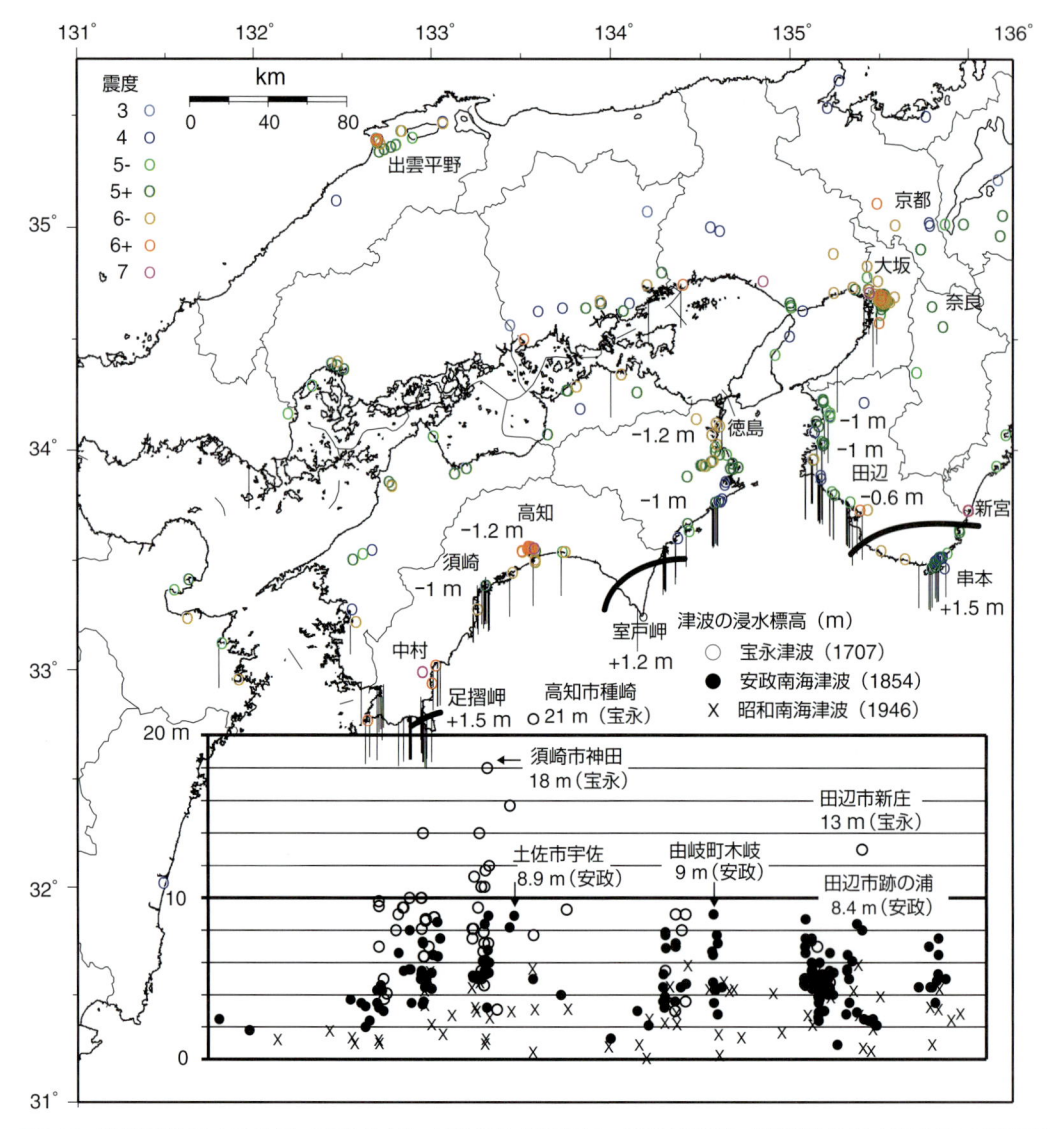

図2.68 安政南海地震（1854年）の震度分布と，宝永地震（1707年），安政南海地震，昭和南海地震（1946年）の津波の浸水標高（下のグラフ）．

としていることなどから，この津波の最大浸水標高を約30mと推定している．この津波のために当時18,000人いた石垣島の人口は，約半数が死亡して半減した．この石垣島の人口減少は明治維新（1868年）に至っても解消しなかった（宇佐美，1975）．この津波を起こした地震の揺れの記録は少なく，揺れによる被害記録は見あたらない．このため，海底地すべりによって誘発された津波であるという説がある．

1596（文禄5）年（慶長元年）大分県の別府湾内で起きたとみられる地震によって，大分とその周辺の全ての家屋が流失した．別府湾内にあった瓜生島が地震と津波によって海に没し，島にあった1町12村が壊滅して溺死者708人を出したと伝えられる．

地震によるものではなく火山活動による津波であるが，1792（寛政4）年4月1日，長崎県島原半島の普賢岳の東方，島原市の背後にそびえる眉山の東斜面が，前年からの火山活動の末期に起きた火山性の地震に誘発されて突然大崩壊を起こし，有明海に大量の土砂が流れ込んだ（**図2.71**）．これによって有明海に大津波が発生し，島原半島側で10,139人，肥後（熊本県）側で4,653人，天草諸島で343人の死者を生じた（**2.3.3項**）．島原半島布津

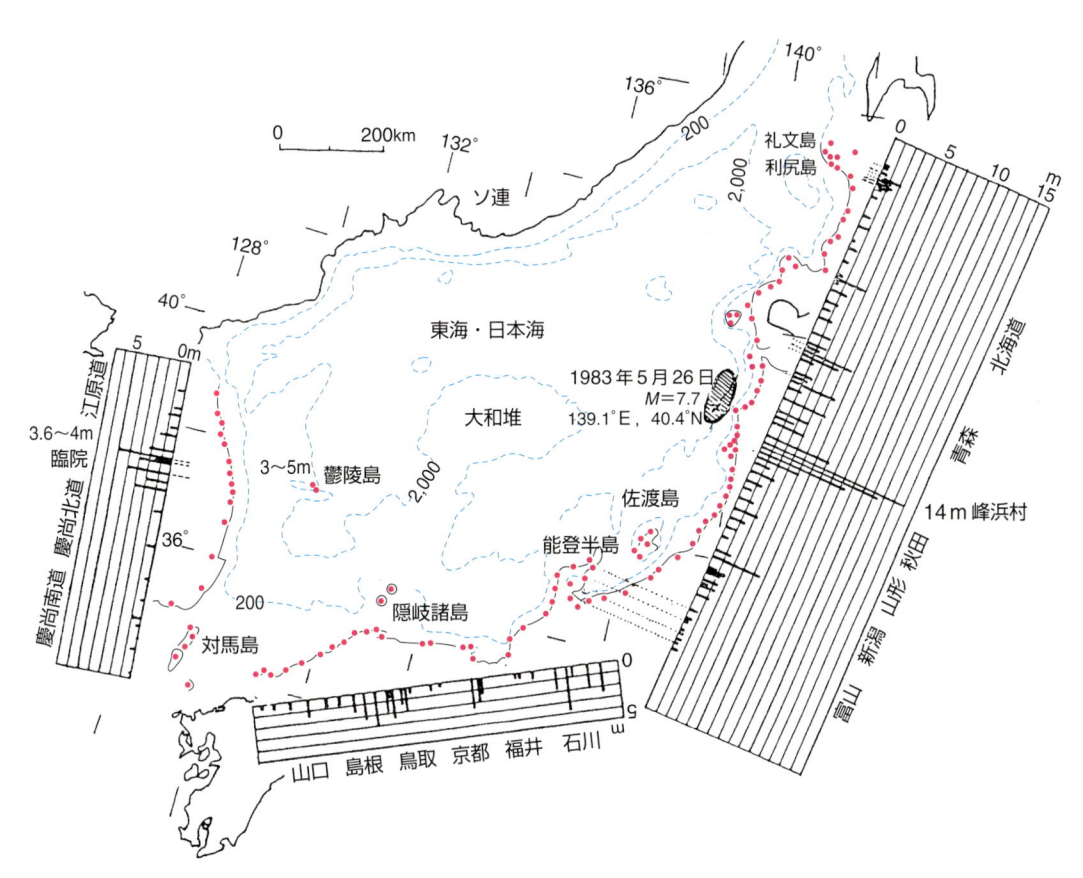

図 2.69　1983（昭和58）年日本海中部地震による日本海沿岸での津波の高さ分布：能登半島，隠岐諸島，および韓国東海岸の臨院付近で津波が高くなったことに注意．

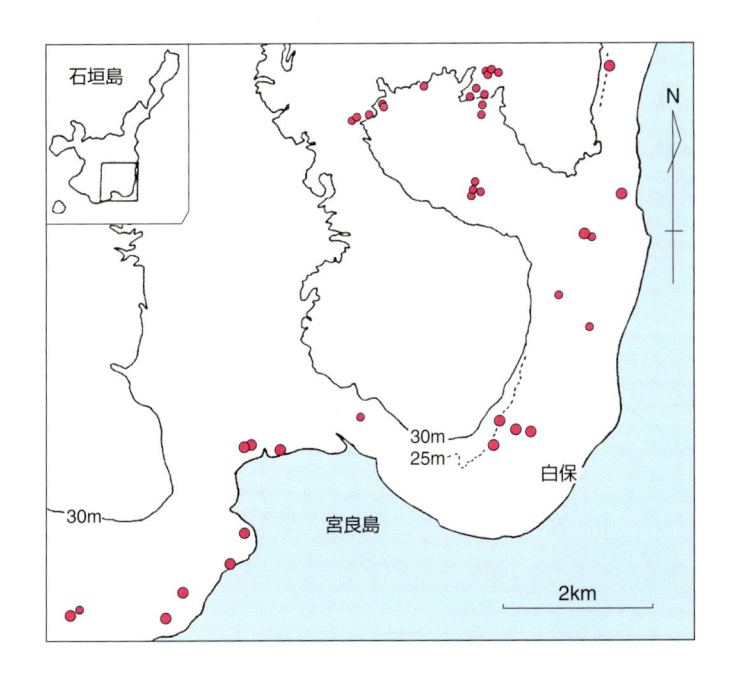

図 2.70
1771（明和7）年八重山津波による石垣島南海岸に打ち上げられた珊瑚巨石の分布．

2 地震

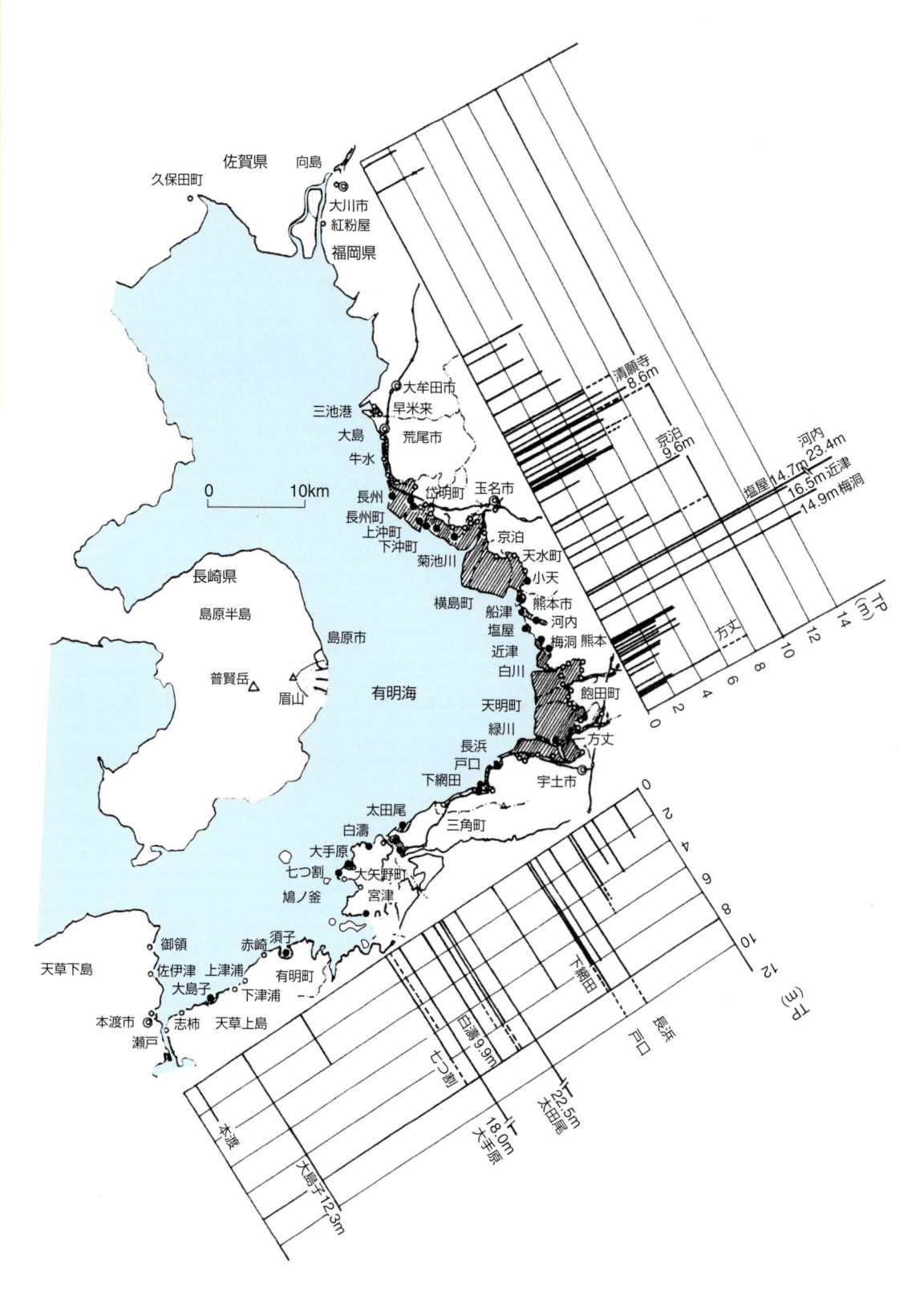

図2.71　1792（寛政4）年島原大変による有明海津波の熊本県側浸水標高

町大崎鼻付近で海水は19丈（57m）の標高に達した（赤木，1986）．また熊本市近津では有明海に向かう谷筋の集落の一番高い標高に位置する家屋まで海水が駆け上がり，その標高は16.5mであることが判明している（都司・日野，1993）．

2.4.6 日本を襲った遠地津波

日本列島を襲う津波は，日本周辺で起きた地震によるものばかりとは限らない．南北アメリカ大陸，パプアニューギニアやインドネシアなど，環太平洋のいずれかの地域で起きた大きな地震による津波が，我が国を襲うことがある．なかでも，1960年5月22日に，南米チリに発生したマグニチュード9.2の地震による津波は，チリの海岸だけではなく，太平洋を横断して約23時間後に日本列島に到達し，三陸海岸，紀伊半島，沖縄などで，津波浸水標高が5mに達するところがあった．

チリから遠く離れた日本列島で，このような大きな津波となった理由として，次のような理由があげられた．

(1) 日本列島がチリからみて地球の真裏の点（対蹠点という）に近いため，いったん太平洋全体に広がった津波のエネルギーが日本列島に向けて再び収束したため．

(2) ハワイ諸島の浅海部などによる凸レンズ効果で，日本列島はその焦点を結ぶ位置にあたっていた（渡辺，1998）．

(3) 津波の波源が陸棚斜面の海域にある場合，津波のエネルギーはその場所の海岸線に垂直方向に集中して放射される傾向があることが数学的に証明できるが，日本列島はチリの直線上の海岸線に垂直方向（つまり沖合真正面の方向）に位置しているため，日本で集中的に津波が大きく現れたことを説明した（三好，1984）．

これらの理由のうち，(3)が最も合理的であることがわかっている．「日本列島がチリの海岸の垂直線上にある」という事実はメルカトール図法による

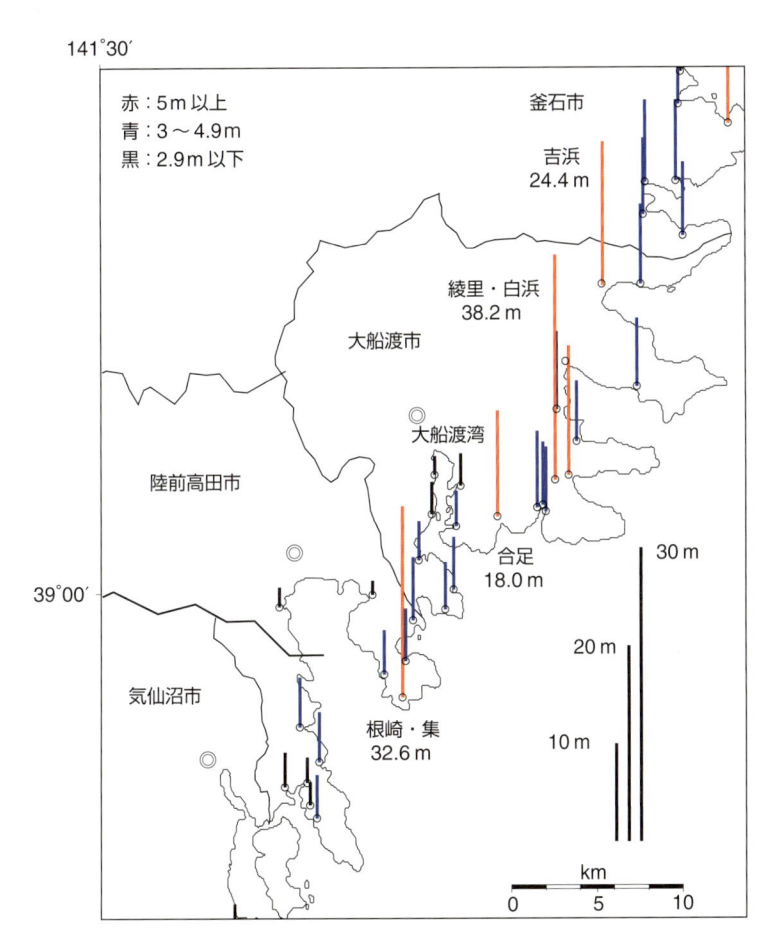

図2.72
明治三陸地震津波（1896年）による大船渡湾周辺での津波の浸水高さ：V字型湾の最奥部に位置する綾里・白浜や，半島先端に位置する陸前高田市根崎・集（あつまり）で津波が高くなったのに対して，大船渡湾内では高くならなかった．

地図を見なれた人にはなかなか納得しがたいであろうが，地球儀をもってきて糸を張ればこのことは容易に納得することができる．

チリ津波によって当時アメリカの軍政下にあった沖縄県を含めて，合計142人の死者・行方不明者を出した．なかでも，この津波による最大の被災地となった大船渡では，53人もの死者・行方不明者を出した．大船渡湾は長さ6kmほどの細長い内湾で天然の良港である．1896（明治29）年，1933（昭和8）年の両度の三陸津波では，狭まった湾の入り口が，津波のエネルギーが湾内に侵入するのを効果的に防いで，この二度の近地の津波では被害は大きくなかった（図2.72）．しかし，チリ津波では日本最大の被災地となった．その理由は，大船渡湾の固有振動が約40分であったため，周期の短い明治，昭和の両三陸地震の津波で共鳴しなかったが，周期40〜60分で入射してきたチリ津波とは共鳴現象が起きて，特異的に大船渡湾で津波が高くなったと解釈することができる（図2.73）．

2.4.7 近年発生した外国の津波

地球全体としてみると，津波は環太平洋の地域で発生する地震によるものが80％以上を占める．このため，日本は世界有数の津波の常襲国となっているが，同じ理由でやはり環太平洋に位置するインドネシア，パプアニューギニア，フィリピン，および中南米のニカラグア，ペルー，チリなども津波に頻繁に襲われる国々である．ことに1992年のニカラグア地震津波（津波地震であった），および同年のインドネシア・フローレス島地震津波に始まって，2007年9月12日のインドネシア・スマトラ島中部地震の津波までは，ほぼ毎年津波が環太平洋の国々のどこかで起きていて，そのほとんどに重大な被害を伴っていた．この時期は津波研究者にとって多忙を極めた16年間となった．

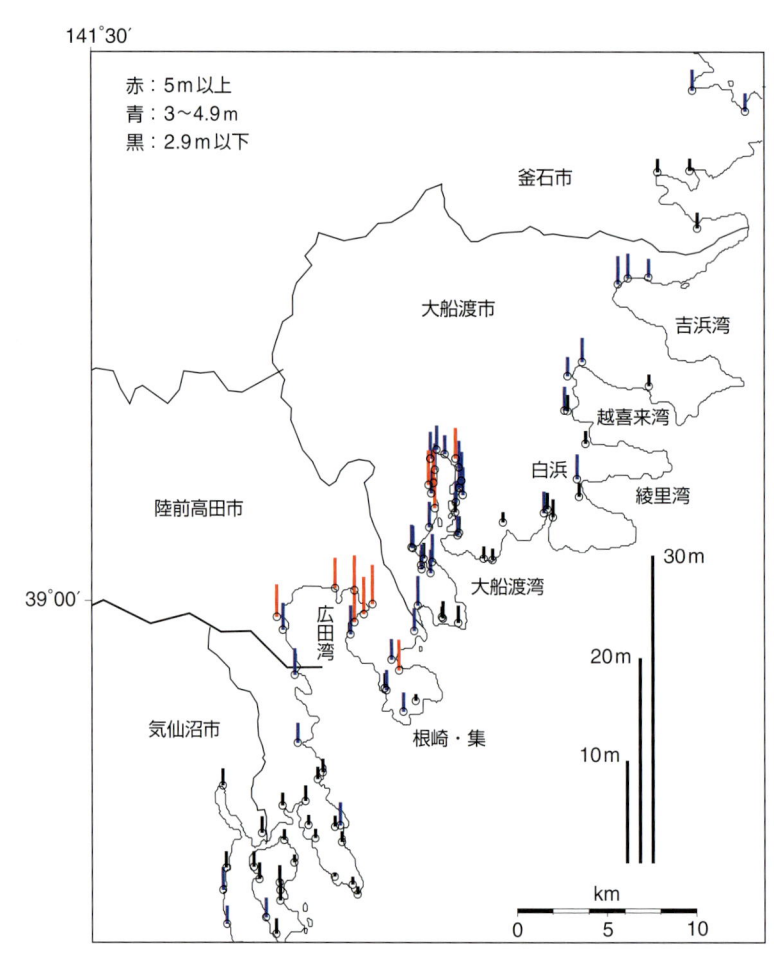

図2.73
チリ津波（1960年）では，大船渡湾，広田湾など固有振動が約40分の湾の奥部で高くなった．明治・昭和の両度の三陸津波で浸水高さが高く現れた大船渡市綾里湾，陸前高田市根崎などでは高くならなかった．

2・4 津波とその災害

　インドネシアは，1992年フローレス島，1994年東ジャワ島，1996年イリヤンジャヤ州ビアック島，そして2004年スマトラ島地震（インド洋）津波，2006年ジャワ島中部（パンガンダラン）津波，2007年スマトラ島中部南方沖地震津波と，たて続けに大きな津波に襲われた（図2.74）．

　これらの中でも，2004年12月26日にスマトラ島北部西方沖を震源として生じた，マグニチュード9.2とされる超巨大地震によるインド洋の津波は，世界全体で死者約27万人と推定される史上最大の津波被害をだした大津波となった．この津波は，インドネシアだけではなく，タイ，インド，スリランカをはじめ，それまで津波はほとんど起きないと考えられていたインド洋の周辺沿岸の各国にも大きな津波被害をもたらした．

　最大被災地となったスマトラ島最北端のバンダ・アチェ市では市街地の6割が浸水し，人口約25万人のうちの約7万人が津波で死亡した．図2.75は同市の港地域の光景であるが，鉄筋が何本も配置されたコンクリートの柱が根元から折れている．津波の流れが建物に加えた力の大きさがわかる．

　津波によって壊された市の中央部の西方，インド

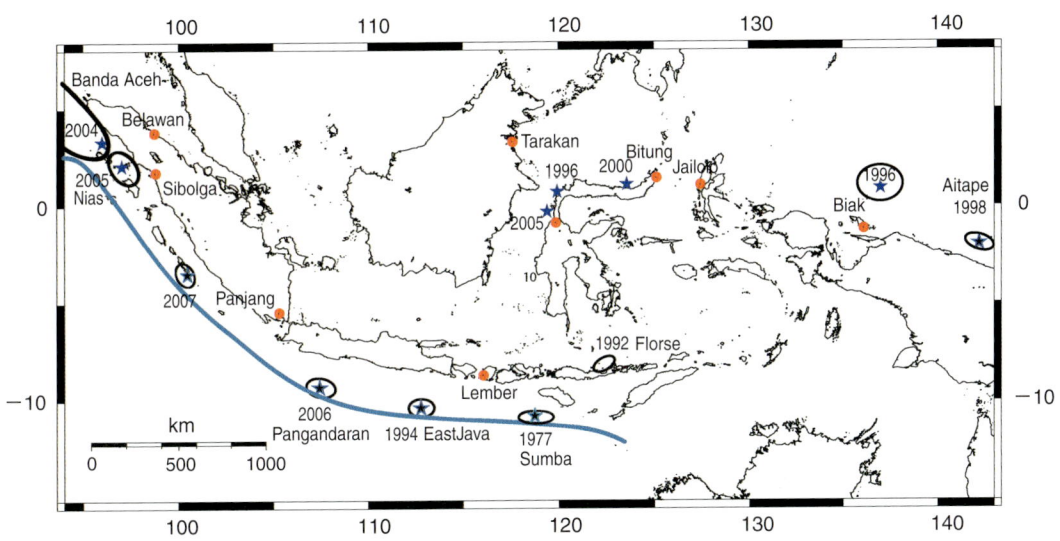

図2.74　インドネシアで近年に起きた大津波の分布：楕円はおよその震源域，星は震央で，青の線はトラフの位置を表している．

図2.75
バンダ・アチェ市港地区の鉄筋の建物の被災

洋に面したセメント工場付近の谷筋では，39.4mの浸水高さが確認された．その南側の谷筋の光景を図2.76に掲げておく．津波の前は，谷の底まで緑したたる森林で覆われていたが，津波のために谷の両側の斜面の標高25m付近まで樹木が完全に運び去られ，地肌と基盤岩が露出している．写真中央やや左寄りに小さく人間が写っているが，人間の身長と津波のスケールの違いに注目してほしい．この谷の入り口には，人口300人あまりの集落があったが，跡形もなく流され，住民全員の死亡が確認されている．明治三陸地震津波（1896年）のときにも起きたことだが，津波は沿岸集落にいる人の全員が死亡することがあり得るという，最悪の自然災害である．

2.4.8 津波の警報発令

日本のどこかで有感地震が起きると，気象庁はじめ，全国6ヵ所の管区気象台（これらを合わせて「中枢」とよぶ）は，ただちにその地震によって津波が起きるかどうかの判定作業に入る．低倍率の地震計の記録振幅（揺れの幅）と，その地震観測所から震源までの距離が分かれば，気象庁マグニチュードM_jを推定することができる．実際には，各中枢に送られてくる数点から数十点の地震記録からM_jを推定し，その値が6.3以上であり，かつ震央の位置が海域であって，震源深さが80kmより浅ければ，津波を伴っている可能性があるとして，津波警報が発令される．津波警報には「津波なし」，「津波注意報」，「津波警報」，「大津波警報」の区別があり，海岸線をもつ都道府県単位で公表される．かつて，以上の作業は職員の手作業で行われていたが，現在は完全にコンピュータによる自動化が行われている．さらに，地震発生後1，2分で求められるようになったモーメントマグニチュードM_Wの値も参考にし，修正を加えて地震発生後2，3分以内には，テレビ，あるいはラジオの放送を通じて発表される．

気象庁では，あらかじめ日本周辺の20万ヶ所以上の地点で，津波が起きた場合の津波のシミュレーションの結果を電子的書庫（ライブラリー）の形でもっている．たった今発生した地震のデータから，書庫に保存されたどの地震のケースに最も近いかを判断してそのケースの結果を引き出し，何分後にある港に津波第1波が到達するかを読み出して，津波の到達予想時刻を推定し，それも公表するようになった．さらに気象庁は，実際に津波が起きたかどうかをチェックするため，検潮所の海面水位記録や超音波式津波計のリアルタイム電送データを参照している．それによって津波の有無，津波の大きさ，津波の収束終了に関する予測の材料としている．このように気象庁による津波警報の発令体制，警報の解除判断には近年大きな改良進歩があった．

テレビの画面では，津波注意報は黄色線で，津波

図2.76
バンダ・アチェ市西方セメント工場南方の谷筋の津波被災の様子：ここでは海抜27.4mまで浸水した．写真では浸水のために持ち去られた森林の限界線がはっきりと分かる．中央やや左に人間が写っているが津波のスケールと人間の身長を比較してほしい．写真の手前に人口300人ほどの集落があったが，跡形もなくなり，底にいた住民は全員死亡した．

警報と大津波警報は赤線で地図上の海岸線が縁取られる．自分の住んでいる海岸が赤に縁取られていれば，速やかに海岸から離れ，標高の高いところへ移動して警報解除を待つことが必要である．黄色線の場合には，港で作業をしている人，海岸で遊泳，釣りなどの観光をしている人，あるいは海岸に直接面した街区に住んでいる人以外は，高所に移動して避難する必要はない．しかしその場合も，家族全員が寝てしまうのではなく，誰か1人は起きていてテレビやラジオの放送に注意しておこう．

1993年の北海道南西沖地震の奥尻島の稲穂地区や米岡地区，あるいは北海道の瀬棚町の一部では，地震の後わずか2，3分で早くも津波が到達した場所があった．気象庁の改善努力にもかかわらず，警報発令が間に合わないか，間に合ってもその情報をテレビやラジオでキャッチしてから1，2分たてばもう津波に襲われる場合がある．そのような場所というのは，地震そのものの揺れも大きく，少なくとも震度5強かそれ以上の強い揺れを経験した場所であった．したがって，家の中で家具が移動し，あるいは倒れ，食器棚の食器が落下する，壁にひびが入り，家の周囲ではブロック塀が倒れ，地面には地割れ砂の吹き出しが起き，斜面が一部崩れるなどの強い揺れを経験したなら，テレビをつけて津波警報・注意報をみる，というのではなく，直ちに標高の高いところに移動してそこに留まり，水平線に異常がないかどうかを観察すべきである．

漁船を所有する漁業者の場合，テレビなどで気象庁発表の津波到達時間までに自分の持ち船を沖に出せる余裕があると判断される場合には，漁船は港内から港外に移動させ，津波警報が解除になるまで沖で待機するべきである．しかし，上述のような震度5以上の揺れを感じ，震源が近く津波の到達時間が短いと判断されるなど，漁船を沖出しする時間がとれない場合には，我が身の安全が第一と考え，港から離れて高所に移動するべきである．

足腰の弱くなった高齢者，あるいは幼児を抱えた女性など，津波到達時間までに高所に移動できないときは，鉄筋コンクリートのビルの3階以上に登りそこで避難をすることが奨励される．2004年のインドネシア津波のような，例外的に非常に大きな津波の場合を除いて，鉄筋コンクリートのビルは木造の建物よりはるかに津波に対して抵抗力があり流されにくい構造物である．このようなビルは海岸線に近い街区にある場合でも，よい避難場所となることが多いのである．

2.4.9　沿岸市街地の津波対策

三陸海岸や紀伊半島，四国の太平洋海岸のように過去に幾度か津波に襲われた歴史経験があり，テクトニクス的にも津波を伴う地震の発生が常に予想される沿岸に面した市街地に住む人にとって，津波に対する日頃の備えは切実な問題であろう．その対策としては，個人が行うべきこと，町村が一体となって行うべきこと，国全体として取り組むべきことがある．ここでは，町村が取り組むべき沿岸都市計画としての津波対策を述べておこう．このなかにも，津波警報が出たときに行うべき緊急防災対策と，日常的に長い年月をかけて完成させていく恒常的防災対策がある．

(1) 恒常的対策

大きな費用がかかり，日常に多少の不便を生ずることを覚悟の上で取り組むべき恒常的対策に，集落の高所移転と，町全体を囲い込む堤防の建設がある．

a. 集落の高所移転

明治・昭和の2度の津波で壊滅的な被害に遭った三陸海岸では，集落全体を高所に移転することが各地で試みられた．その成功例として，岩手県大船渡市綾里，山田町船越地区田ノ浜がある．このほかにも各所で試みられたが，平坦な用地の確保の困難や，漁業を生業とした生活経営の不便などに抗しきれず，一時高所に集落を移転しても，その後再び海岸近くのもとの場所に集落が戻ってしまった例も多い．

b. 市街地を囲う防波堤（防浪堤）に建設

田老町（現・宮古市田老町）は昭和三陸津波（1933年）による壊滅的な被害にあった後，市街地の住居配置を大幅に見直し，中心街を広く取り，しかも背後の丘陵の上に設けられた一次避難所へ直線的にたどり着けるように中心街に対して直角方向にも広い道を配置した（図2.77）．しかもこうして設計した新しい市街地全体を，頂上（天端）の標高10mの堤防で囲う工事に着手した．当初は住民の自主的努力のみによって始められ，堤防は毎年少しずつ建設が進み，後には県などの支援も加えて完成したのは，1958（昭和33）年のことであった．昭和三陸津波の後，実に25年の歳月を要した大工事であった．

図2.77 岩手県宮古市田老町の津波防波堤(防浪堤)

　この防波堤の完成後，街区の拡大に伴って堤防外にも人の居住地ができたため，完成した防波堤の外側の海岸線近くにもう1重堤防が設けられた．堤防が川と交差するところには，監視カメラ付きの締め切り堰が配置された．さらに道路と交差するところには，人力で閉めることのできるジュラルミン製の扉が設置されている．津波警報がでれば，各扉の近くに住む住民（消防団員）がこれらの扉を閉める．津波の前の地震発生のため停電が起きることが考慮されているのである．

c．グリーンベルトの配置

　万里の長城とあだ名される防波堤で町を囲うプランは，住民を津波から守る効果は高いが，大きな費用と長い年月，住民からの用地の提供など，いくつもの難問を乗り越えなくてはならない．津波の被害から完全に住民を守ることはできないが，効果のある方策として，住民の住む集落と海岸の間に松林を配置し，津波が来た時その水流のエネルギーを緩和するという方法がある．田老町でも堤防が建設される前には，津波防災を意識した松林を居住区域と港の間に配置されたことがあった．

d．湾口防波堤の設置

　岩手県釜石市，大船渡市，宮城県女川町などには，津波のエネルギーが湾内に入ってくるのを制限することを意識して，湾の入り口を狭める**湾口防波堤**が建設されている．静岡県下田市や高知県須崎市など，歴史的に津波に襲われた経験のある港でも建設途中にある．湾口とはいえ，海の深さが50～60mもある場所に水面上に顔を出す堤防を建設するのであるから，非常に大きな体積の土工量を海に沈めることが必要になる．この湾口防波堤がどの程度津波に対して効果があるか，筆者は下田港に建設中の湾口防波堤がない場合と完成後の2通りのシミュレーションを行って比較してみた．シミュレーションには安政東海地震（1854年）の断層モデルを想定した．シミュレーションの結果，津波の高さは20％ほど小さくなる，市街地を襲ってくる津波の流速は幾分か緩和される，との結果を得た．湾口防波堤は劇的に津波を防ぎきるほどの効果はないことを知っておくべきである．

e．津波記念碑の設置

　住民や，遠方からの旅客，さらに将来の子孫に向けて常に津波への警戒を忘れさせないようにという願いを込めて，津波記念碑，過去の津波の供養塔，あるいは過去の津波の到達点に建てられた津波留石などがつくられることがある．電信柱に過去の津波のその地点での水位を示したものもこの中に入るであろう．このような記念碑の設置は，江戸時代から盛んに行われており，「われらの子孫に告ぐ」と明記した物もある（例えば大阪大正橋の石碑など）．三陸地方にも明治・昭和の両津波の供養塔が大量に存在し，今も住民たちによって大切に守られている物も多い．

f．住民教育，児童教材

　戦前，和歌山県広村の浜口家の伝承に基づき，ラフカディオ・ハーン（小泉八雲）が「生き神様」として創作した住民を津波から守る話は，安政南海地震（1854年）のときの実話に基づくものである．

この話は，戦前には小学生の国語の教材として国定教科書に取り上げられていた．これによって，津波になじみのない山間部の児童にも興味深い説話の形で自然に津波という自然災害の恐ろしさを教えていたのである．現在の児童の教育課程でも津波に関する正確な知識と防災意識を啓発するような教材を取り上げられることが望ましい．

住民に広く津波災害について広まっていることが，津波から人命を守るのにいかに役に立つのかを知らされた事例が，2007年の春に発生した．2007年4月2日，太平洋の中央部に位置するソロモン諸島にマグニチュード8.0の地震が起き，大津波がソロモン諸島のギゾ島，シンボ島などを襲った．津波は海面上4～7mの標高まで上がり，全戸が流失した集落もあった．ところが，津波の死者は意外なほど少なく，ソロモン諸島全体として50人あまりにとどまった．ギゾ島のパイロンゲ村，スバ村，ボリボリ村などは教会以外すべての家が流された．ところが，これらの村では死者ゼロ，負傷者もゼロであった．実は，あるボランティアグループがこの2年半前のスマトラ島の大津波の実態を映したビデオ映像を巡回して，この島の住民に見せて回っていた．この知識があったために，ギゾ島の各村の住民たちは強い地震を感じた直後，津波の来襲を予測していっせいに集落の背後の丘陵に移動したのである．

(2) 緊急的防災対策

日常的な対策ではなく，津波警報がでるなど津波の来襲時に備えてあらかじめ設置しておく施設，方策を緊急的防災対策とよぶことにすれば，津波避難所の設置配置，津波監視装置の設置などは緊急的防災対策ということになるであろう．

a．津波避難所

過去に津波を経験したことのある沿岸集落で，市街地の背後の丘陵を利用して津波発生時に住民が一時的に避難することができる避難所を設置したところも多い．たしかに，このような避難所は，市街地に津波がなだれこんでくる事態となったときに大きな効果を発揮するであろう．居住地区からその避難場所へ上る道の入り口には，土地不案内の旅客にもわかるように，案内標識が掲げている場合も多い．これも大いに奨励されるべきことである．しかし，全国あちこちのこの種の施設をみているうちに，場所によって少し提案のしたくなる点がいくつか眼に付いた．

津波が夜，月のない闇夜でしかも地震の揺れで電力供給がないときに襲ってくる事態を想定してつくられているだろうか？ この点でも田老町は模範的である．ソーラーバッテリーの案内看板と，街灯が備えられていた．さらに，案内板に「TSUNAMI ESCAPE ROUTE」と英語も表示されていたほか，イラストやひらがなの案内も掲示されていた．日本語の読めない外国人，漢字の読めない小学生低学年の児童にも理解できる案内標識になっているだろうか？田老町では，第一次避難場所への避難路は，高齢者，幼児を抱えた女性でも上れるように緩やかになっており，しかも避難する人が横に3列になって登っても大丈夫なように1.5m程の道幅があった．皆さんの住んでいる町の津波避難路は，果たしてこうなっているだろうか？

b．津波監視装置の設置

普代村，宮古市田老町，宮古市姉吉漁港，陸前高田市，気仙沼市，女川町など三陸海岸の市町村には，超音波式の津波監視装置が設置してあり，海辺変化をリアルタイムで町村役場や，広域消防本部に電送されており，津波の発生時にいち早く海面変動を独自に観察監視できる体制が整っている．近い将来には，これらの沿岸集落が協定して相互にデータ交換して，他町村の海面変化がみられるようにしようとの計画もある．ことに宮古市姉吉漁港は，本州最東端の鮭ヶ崎に近く，チリ津波や北海道の海域からやってくる津波，三陸沖の津波が真っ先にくる点であるため，ここでのデータがリアルタイムで三陸の各町村に配信されたら，三陸海岸にあるほとんどの沿岸町村は，必ず津波来襲の数分，ないし10～20分前にあらかじめ津波の来襲を知ることができるようになる．そうなれば，三陸海岸に住む人たちは突然津波に襲われるという恐怖から永久に免れることとなろう．海上保安庁海洋情報部所属の験潮場（気象庁の検潮所と同じ．伝統的に用字が異なる）の記録はインターネットで常時公開しており，インターネットの心得のある人ならばだれでも参照（アクセス）できるようになっている．このような情報は，津波監視と住民防災の施策の一環としてもっと活用されるべきであろう．

港の異常の監視に，塔の上などにビデオカメラを常時設置しておくのも有効である．2007年10月現在，沿岸市町村が組織的に津波監視用に超音波式津波計をもっているのは三陸海岸に限られる．紀伊半

島や四国地方，北海道の津波常襲海岸の町村にも，もっと超音波式津波監視装置は普及するべきであろう。

■図表の出典
図2.55 渡辺偉夫：改訂津波表から得られる日本およびその周辺における津波発生の特徴，地震，第2輯，**37**（1984）．
図2.56 渡辺偉夫：震度分布による津波地震の一判別法，地震，第2輯，**50**（1997）．
図2.58 加藤健二，都司嘉宣：1993年北海道南西沖地震の断層要素の推定とその津波の特性，地震研究所彙報，**69**（1994）．
図2.59 加藤健二，都司嘉宣：*Ibid*.
図2.61 東京大学大学院情報学環 提供．
図2.69 都司嘉宣，白雲燮，秋教昇，安希洙：韓国東海岸を襲った地震海溢，海洋科学，**16**，9（1984）．
図2.70 加藤祐三：八重山地震津波（1771）の遡上高，歴史地震，**2**（1985）．
図2.71 都司嘉宣，日野貴之：寛政四年（1792）島原半島眉山の崩壊に伴う有明海津波の熊本県側における被害，および沿岸遡上高，地震研究所彙報，**68**（1993）．
図2.77 岩手県宮古市 提供．

■参考文献
Abe, K.: Physical size of tsunamigenic earthquakes of the Northwestern Pacific, *Phys. Earth Plan. Inter*., **27**（1981）pp.269-289.
阿部勝征：津波地震とは何か—総論—，月刊地球，**25**，5（2003）pp.337-343.
赤木祥彦：島原半島における眉山大崩壊による津波被害，九州地方における近世地震災害の歴史地理学的研究，科研費研究，No.59580150（1986）．
羽鳥徳太郎：津波の規模階級の区分，東京大学地震研究所彙報，**61**（1986）pp.503-515.
Kanamori, H : Seismological evidence for a lithospheric normal faulting-The Sanriku earthquake of 1933, *Phys. Earth Planet. Inter*., **4**（1971）pp.289-300.
加藤祐三：八重山地震津波（1771）の遡上高，歴史地震，**2**（1986）pp.133-139.
三好 寿：津波のはなし，新日本出版社（1984）p.174.
都司嘉宣，日野貴之：寛政四年（1792）島原半島眉山の崩壊に伴う有明海津波の熊本県側における被害，および沿岸遡上高，東京大学地震研究所彙報，**68**（1993）pp.91-176.
宇佐美竜夫：資料・日本被害地震総覧，東京大学出版会（1975）p.335.
Van Dorn, Tsunamis., *Contemp., Phys.* **9**（1968）pp.145-164.
渡辺偉夫：改訂・津波表から得られる日本，およびその周辺における津波発生の特徴，地震，**2**, 37（1984）pp.29-36.
渡辺偉夫：震度分布による津波地震の一判定法—日本付近における津波地震の分布—，地震，**2**, 50（1997）pp.29-36.
渡辺偉夫：歴史地震を含めた津波地震の年表と発生率，月刊地球，**25**, 5（2003）pp.361-367.
加藤健二，都司嘉宣：1993年北海道南西沖地震の断層要素の推定とその津波の特性，地震研究所彙報，**69**（1994）pp.39-66.
都司嘉宣，白雲燮，秋教昇，安希洙：韓国東海岸を襲った地震海溢，海洋科学，**16**, 9（1984）pp.527-537.
島崎邦彦，都司嘉宣，河田惠昭，村松正三，安藤雅孝：首都圏から西日本までを壊滅させる東海・南海地震，Newton，2002年6月号（2002）pp.25-49.

2.5 地震の予測

2.5.1 海溝型地震の予測

歴史をひも解いてみると，ほぼ同じ地域に，同程度の規模をもつ地震が，過去に繰り返し起こっていることがわかる（2.1.10項参照）．最もよく知られている例は**南海地震**で，歴史上9回の発生が知られている．西暦（グレゴリオ暦）で地震が起こった日を示すと，次のようになる（カッコ内は和暦）．

- 684年11月29日（天武十三年十月十四日）
- 887年 8月26日（仁和三年七月三十日）
- 1099年 2月22日（康和元年一月二十四日）
- 1361年 8月 3日（康安元年六月二十四日日）
- 1498年 月日不明（明応七年）
- 1605年 2月 3日（慶長九年十二月十六日）
- 1707年10月28日（宝永四年十月四日）
- 1854年12月24日（安政元年十一月五日）
- 1946年12月21日（昭和二十一年十二月二十一日）

グレゴリオ暦とは，現在使用している暦を，そのまま過去にさかのぼって適用する場合にあたる．しかし西欧では1582年10月15日より前にはユリウス暦が使われていた．このため，上記の日付は西欧で当時用いられていた日付（ユリウス暦）とは異なる．ユリウス暦によると，古い方から4つの南海地震の発生月日がそれぞれ，11月26日，8月22日，2月16日，7月26日とずれるので注意したい．また，和暦と西暦との混同を防ぐために，和暦では漢数字を使うことになっており，本節ではそれに従った．また，1361年の地震が起こった康安元年は北朝年号で，南朝を用いれば正平十六年となる．

明応七年の南海地震の発生月日については不明である．明応七年八月二十五日に東海地震が発生したことがわかっており，この前後に南海地震も発生したと推定されているが，月日は確定していない．これらの南海地震は，和暦の年号を使って，例えば安政南海地震などとよばれることが多い．ただし，天武天皇在位中の684年の地震については白鳳南海地震とよばれることもある．これら9回の南海地震の間隔は，92〜262年とばらつき，平均間隔は約158年となる．

このように同じ場所で，繰り返しほぼ同規模の地震が起こっていると，将来の地震についての予測が可能となる．将来の予測といっても，何年何月何日に起こるという予知ではなく，10〜30年程度のうちに起こる可能性が高いかどうかといった程度の予測にすぎない．すなわち確定的な予測ではなく，不確定な予測である．不確定な事柄を表すには，確率が用いられる．ある時間内に発生するかどうかではなく，発生する可能性の大小を問題にする．実際の予測では，例えば今後30年以内に発生する確率が用いられる（島崎，2001）．

地震調査研究推進本部の地震調査委員会では海溝付近の地震（主にプレート間地震で，海洋プレート内地震も含む）を**海溝型地震**とよび，宮城県沖，三陸沖から房総沖，千島海溝沿い，日本海東縁部，南西諸島海溝沿い，および相模トラフ沿いの長期的な地震活動についての評価結果を公表している．2003年3月には，十勝沖でマグニチュード（M）8.1前後の巨大地震が発生する**30年確率**を60％と公表したが，ほぼ予測どおりにM8.0の十勝沖地震が9月に発生した．

このような予測のためには，まず地震の発生時を

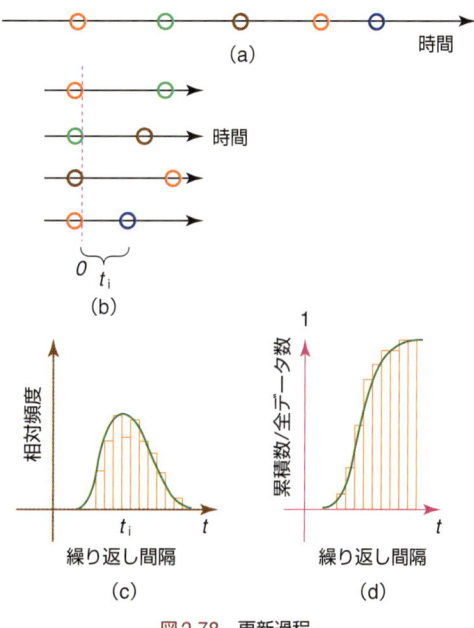

図2.78 更新過程

時間軸上の点とみなし，点と点との間隔に注目する．そして，地震発生後の状態は，どの地震でも同じと考える．すなわち，大地震が発生してから，次の地震が発生するまでの間隔は，ある共通のしくみによって決まると考える．このように地震発生後には，いつも同じ（新しい）状況に戻るという考えは，統計でいう**更新過程**にあたる．もしも，長期間の地震発生の記録があるならば，発生間隔の頻度分布をつくることができる．図2.78の(c)は，縦軸に相対頻度（頻度÷全データ数）を用いている．このような相対頻度分布の極限として，曲線で表される確率密度分布が想定できるだろう．ここで確率密度分布とは，曲線の下の面積が確率を表すものであり，全体の面積は1である．また相対頻度分布ではなく，相対頻度の累積分布をとることもできる．すなわち，ある時間間隔に対し，その時間間隔以下の相対頻度をプロットすれば，図の(d)ができる．

実際には十分に長い記録はないので，比較的少ないデータから，確率密度分布を推定することになる．そしてよく知られている更新過程の確率密度関数と，データとを比較して適当なものを選ぶ．図2.79は，歴史的に知られている9回の南海地震のデータからつくられた，図2.78の(d)に対応する相対頻度の累積分布である．曲線でいくつかの更新過程の分布のあてはめを示した．

階段状に示すのが実際のデータである．ポアソン分布を別として，どの分布もほぼデータを説明していることがわかる．南海地震以外のデータにも，このようにさまざまな更新過程の分布をあてはめて比較検討が行われた結果，他と比べて特にあてはめのよい分布はないことがわかっている．すなわち，ポアソン分布を除いて，図に示したどの分布を使っても地震の繰り返し間隔がばらつく様子を説明することができる．実際に使用されているBPT分布については，あとでやや詳しく説明することにしよう．ポアソン分布は，でたらめに起こっている事柄についてあてはまるモデルであるため，図は，南海地震がでたらめに起こっていないことを明らかに示している．

地震考古学は，考古遺跡にみられる液状化現象を用いて，古地震の発生史に新しい情報を加えている（寒川，1992）．それによれば，仁和南海地震と康和南海地震の間の10世紀末，および康和の地震と康安の地震の間の13世紀前半にも南海地震が起こっていた可能性がある．さらに，天武の地震と仁和の地震との間隔も203年と長いので，ここにも知られていない南海地震があるのかと思われるかもしれない．しかしその可能性は低い．なぜなら，この時代は六国史の時代とよばれ，国史が編纂されていた時代で，各地方からの地震被害の報告に基づいて大地震の記述がほぼ漏れなく残っているからである．地震考古学が示唆するように，歴史的に知られている地震のほかに2回南海地震が起こっているとすれば，その平均間隔は126年となる．しかし実際の予測には，慶長地震以後の最近の記録のみが用いられ，平均間隔を114年としている．

今後30年以内に発生する確率を求めるには，確率分布を決めるパラメータと，最後の地震の発生時が必要である．図2.79に示すポアソン分布以外の確率分布は2つのパラメータによって表されている．この2つは，地震の平均間隔とそのばらつきに

図2.79 南海地震の繰り返し

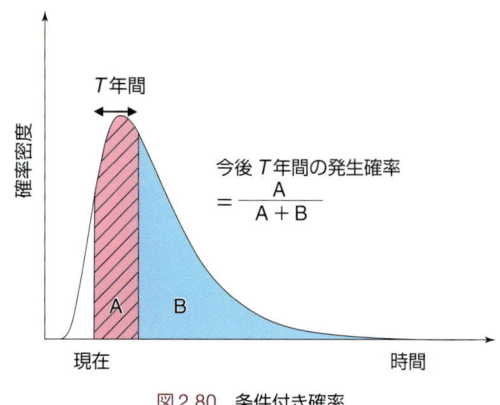

図2.80 条件付き確率

よって表すことができる．

ここで求める**発生確率**は，条件付き確率とよばれており，最後の地震発生時から現在までに，その地震（例えば南海地震）が発生していないという条件のもとで，今後30年以内に発生する確率のことを示す．図2.80に求め方を示した．すでに地震が起こらなかった過去の部分を無視して今後の部分の面積を求め，それを分母として，今後30年以内の面積を分子とすれば，今後30年以内に発生する確率が求まる．

計算に用いる確率分布は**BPT**（Brownian passage time）**分布**，あるいは逆ガウス分布とよばれ，株価の変動などを表す場合にも用いられる．この分布は，ブラウン運動を伴う確率過程を表現するものとしてよく知られている．ここでは，地震に伴う応力変化の過程として考えよう．図2.81の横軸を時間，縦軸を応力とする．時間とともに，プレートの運動によって震源域には応力が蓄積する．プレートは一定の速さで動いていると考えられるので，応力の蓄積量も時間に比例する．一方，周辺で発生する地震などの影響を受けて，震源域の応力は増加したり，減少したりする．この増減を，1次元のブラウン運動と考える．そして応力蓄積量が震源域の強度に達すると地震が発生し，応力は一気に減少する（**応力降下**）．ブラウン運動による乱れのため，ある場合には早めに，またある場合は遅めに地震が発生する．BPTモデルは"動く歩道上の酔歩"と考えることができる．動く歩道に乗っていれば，一定時間後に終点に着く．しかし，この歩道上に酔っ払いが乗っていて，前や後ろによろよろと動いているとすると，この酔っ払いが終点に着くまでの時間は，場合によっては早く，あるいは遅くなる．動く歩道がプレート運動，酔っ払いの動きが1次元ブラウン運動に対応する．このモデルでは応力降下量が一定で，この

値をプレートの運動による応力蓄積率で割ると，**平均間隔**が求まる．また，そのばらつきはブラウン運動の大きさによって決まる．実際の地震の繰り返し発生間隔の平均値やそのばらつきから，BPT分布の2つのパラメータを求めることができる．南海地震と東南海地震を除き，このようにして，今後30年に地震が発生する確率が求められている．東南海地震や南海地震については，次の地震が発生するまでの平均間隔が別のやり方で求められているので，次にそれを説明しよう．

更新過程では，地震発生後の状態はいつも同じと考えていたが，果たしてそうだろうか？　南海地震の中には，東南海地震や東海地震と同時に発生して，巨大な津波をもたらした地震もある．例えば，1707年宝永地震である．このように特に巨大な地震が発生して応力が大きく降下した後と，普通の南海地震の後とでは，状態が違うのではないか？　古文書の調査から，1707年宝永南海地震時には，1854年安政南海地震や1946年昭和南海地震時より5割程度大きく，室戸岬付近の土地が上昇したことがわかっている．宝永地震の後，安政の地震までは147年と比較的間隔が長い．宝永地震時の応力降下量が大きいために，それを回復するのに長い期間が必要であったと考えるのが**時間予測モデル**（図2.82）である．

南海地震と東南海地震については，時間予測モデルとBPTモデルを結合させて，長期予測が行われている．時間予測モデルを導入することは，"動く歩道上の酔歩"でいえば，動く歩道の長さの調節にあたる．昭和の南海地震が小さく，応力降下量が小さければ，歩道の長さが短いことになる．過去の南海地震および東南海地震の資料から，次の地震までの平均間隔は，それぞれ約90年，86年と推定されている．間隔のばらつきについては，地震系列から

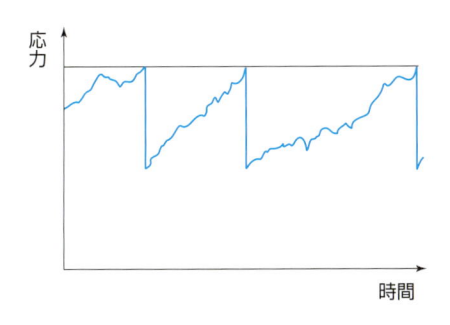

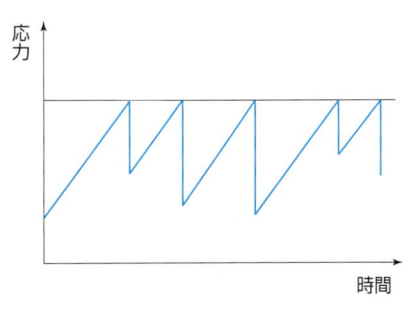

図2.81　BPTモデル　　　　　　　　　　　図2.82　時間予測モデル

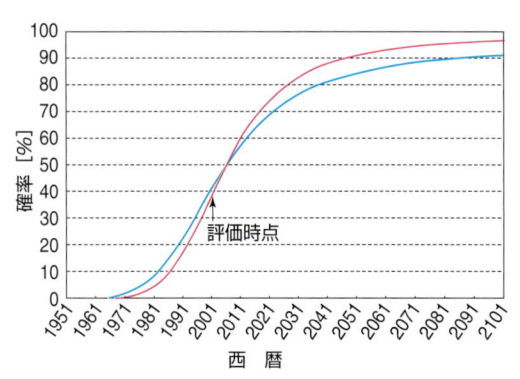

図2.83 南海地震が30年以内に発生する確率の時間的推移

得られる値と，活断層のデータから得られる値（後述）とが用いられた．南海地震の**30年発生確率**の推移を図2.83に示す．南海地震の長期評価が公表された時点では，約40％であったが，その後，時の経過とともに増加し，2007年現在では約50％となっている．このまま地震が発生しないで数年経過すれば，約60％となるであろう．

南海地震，東南海地震の震源域は，主に過去の震源域から推定されている（図2.84）．南海地震の震源域の西端は足摺岬より西となっているが，これは1707年宝永の地震の津波データに基づいている．北端，南端は地下の温度構造も考慮して決められ，深さ10～30 kmとされている．震源規模を示すマグニチュードも過去の地震を参照して決められた．南海地震はM8.4前後，東南海地震はM8.1前後で，両者が同時に発生した場合の震源規模はM8.5と推定されている．

南海地震，東南海地震はともに21世紀前半に起こる可能性が高い．被害は西日本のほぼ全域（南海地震）あるいは中京～近畿圏（東南海地震）に及ぶおそれがある．過去の起こり方から，東南海地震が南海地震に先立って発生するか，あるいは同時に発生する可能性が高いと考えられている．また想定東海地震の発生が遅れれば，1707年宝永地震のように，静岡県から四国西部までをも震源域とする超巨大地震となる可能性もある．中央防災会議は東南海・南海地震により33～36万棟の建物の全壊，死者約12,000～18,000人，38～57兆円の損害を想定した．南海地震や東南海地震の前後数年間には，西日本～中部日本で大震災が続発するので，これらにも備える必要がある．

主な**海溝型地震**の震源域を図2.85に示す．それぞれの震源域で発生する大地震のマグニチュード，30年発生確率などは，地震調査研究推進本部のホームページ（http://www.jishin.go.jp/main/index.html）で公表されている．南海地震と東南海地震以外は，過去の地震資料が不十分なので時間予測モデルは使われていない．最後の地震の発生時がわかっている場合には，BPTモデルを用いて発生確率が推定されている．なお，最後の地震発生時が不明の場合には，平均的な値として，ポアソン分布によって確率が推定されている．最後の地震の発生時によっては，これよりも大きな値となる場合があることに注意したい．

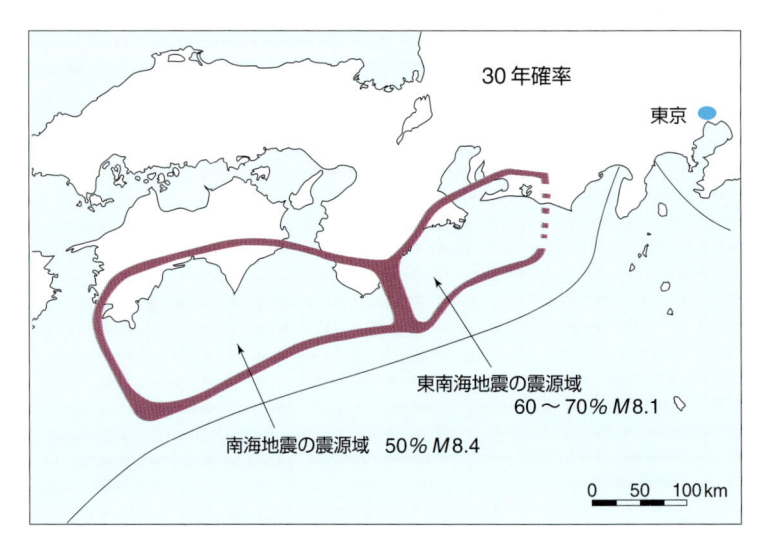

図2.84
次の南海地震，東南海地震の震源域

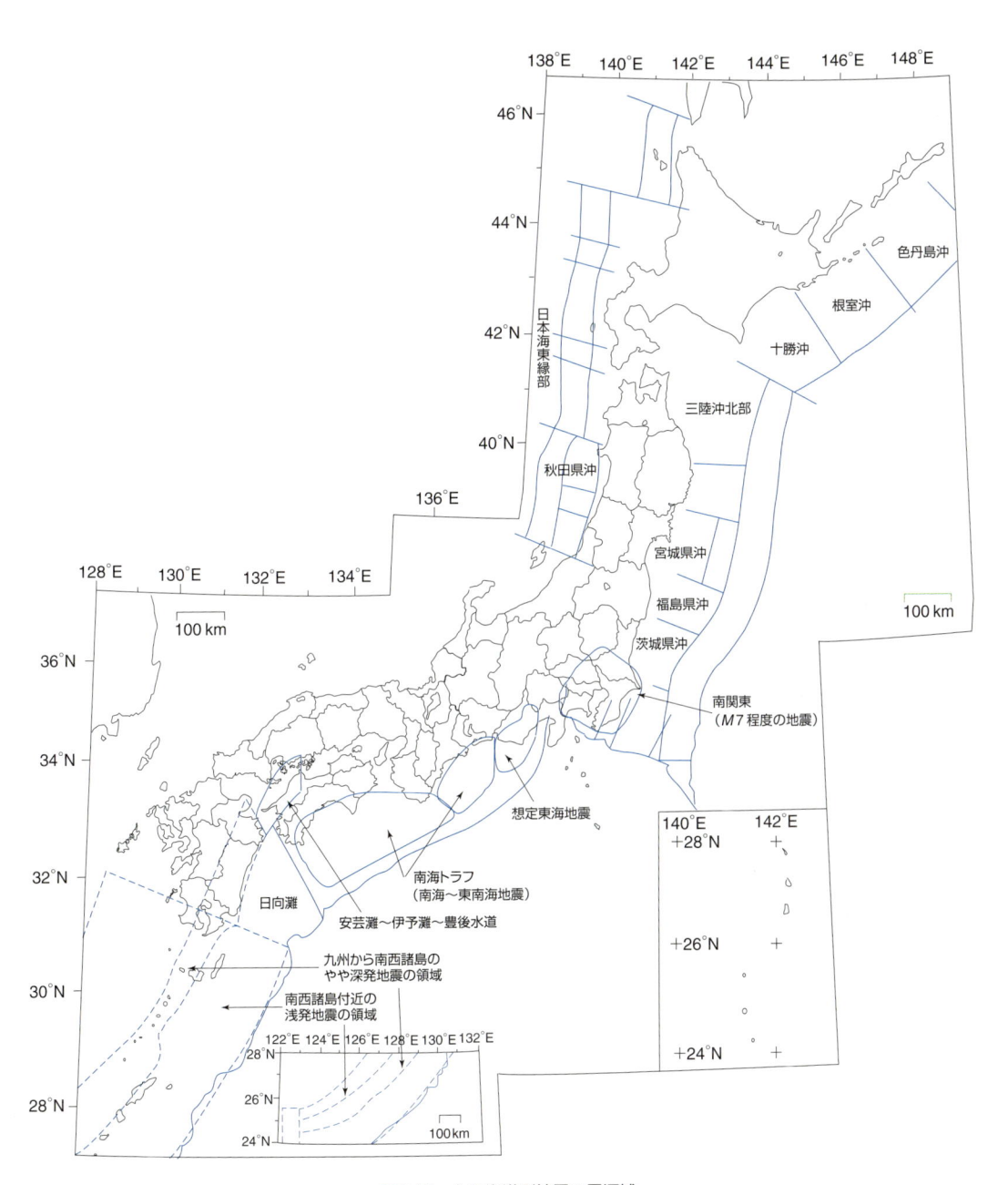

図2.85 主な海溝型地震の震源域

2.5.2 活断層で起こる地震の長期予測

活断層とは，将来そこで地震が起こると考えられる断層のことをいう．現在と地学的にほぼ同じ状態にあると考えられる過去に，繰り返し地震が起こった断層ならば，今後も繰り返し地震が起こると考えられる．日本の活断層で起こる地震は，繰り返しの間隔が長い．短くても1,000年程度である．このため，歴史資料では不十分で，大地に残された記録を読み解く必要がある．規模がM7程度を超えると，震源断層の一部（あるいはその延長部）は地表に現れ，段差をつくったり，道路や水路などを水平にずらして，食い違いを起こしたりする．このように地表に現れた震源断層（あるいはその延長部）を**地表地震断層**という．図2.86は，1995年阪神・淡路大震災の際に淡路島に現れた地表地震断層である．

図2.86
活断層である野島断層での阪神・淡路大震災の際のずれ：野島断層保存館でみることができる．

図2.87
活断層である立川断層でのトレンチ調査（東京都西多摩郡瑞穂町）（掘られた穴の壁面の地層のスケッチを図2.88に示す）：立川断層帯は東京の西部，立川市を横切る断層帯で，埼玉県飯能市から南東へ，青梅市，瑞穂町，武蔵村山市，立川市，国立市などを通り，府中市まで全長約33 kmで，予想されるマグニチュードはM 7.3程度．かつては千数百年前に最後の活動があったとされ，発生確率は低いと考えられていたが，図の瑞穂町の調査地点では最新活動時期は約1万年前前後と推定され，発生確率は必ずしも低くはないと思われる．

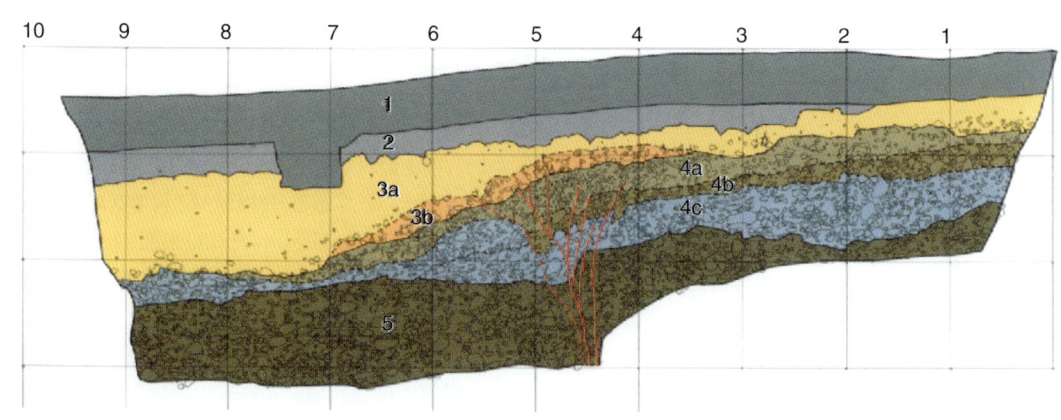

図2.88　立川断層のトレンチ東北壁面のスケッチ

同じ場所で地震が繰り返し起こるために，このようなずれが風化・侵食・堆積作用などによってならされず，次第に累積して特徴的な地形がつくられる．これが活断層である．扇状地，河岸段丘，海岸段丘などの新しい地形のずれから，繰り返し活動した証拠の多くが得られている．例えば10万年前にできた段丘が現在100mずれているとすれば，長い年月のずれの累積率（平均ずれ速度）は1mm/年となる．

この活断層でM7の地震が起こるとすれば，この規模に相当するずれの量1.5mは，累積率の1,500年分にあたるので，繰り返し間隔は1,500年程度と推定される．実際に活断層の過去の活動を知るには，過去の地表地震断層が地下に埋まっている場所を掘る**トレンチ調査法**が広く用いられている（図2.87，図2.88）．過去の地震時の地表面をみつけて，その上下の地層の年代を求めることにより，地震発生年

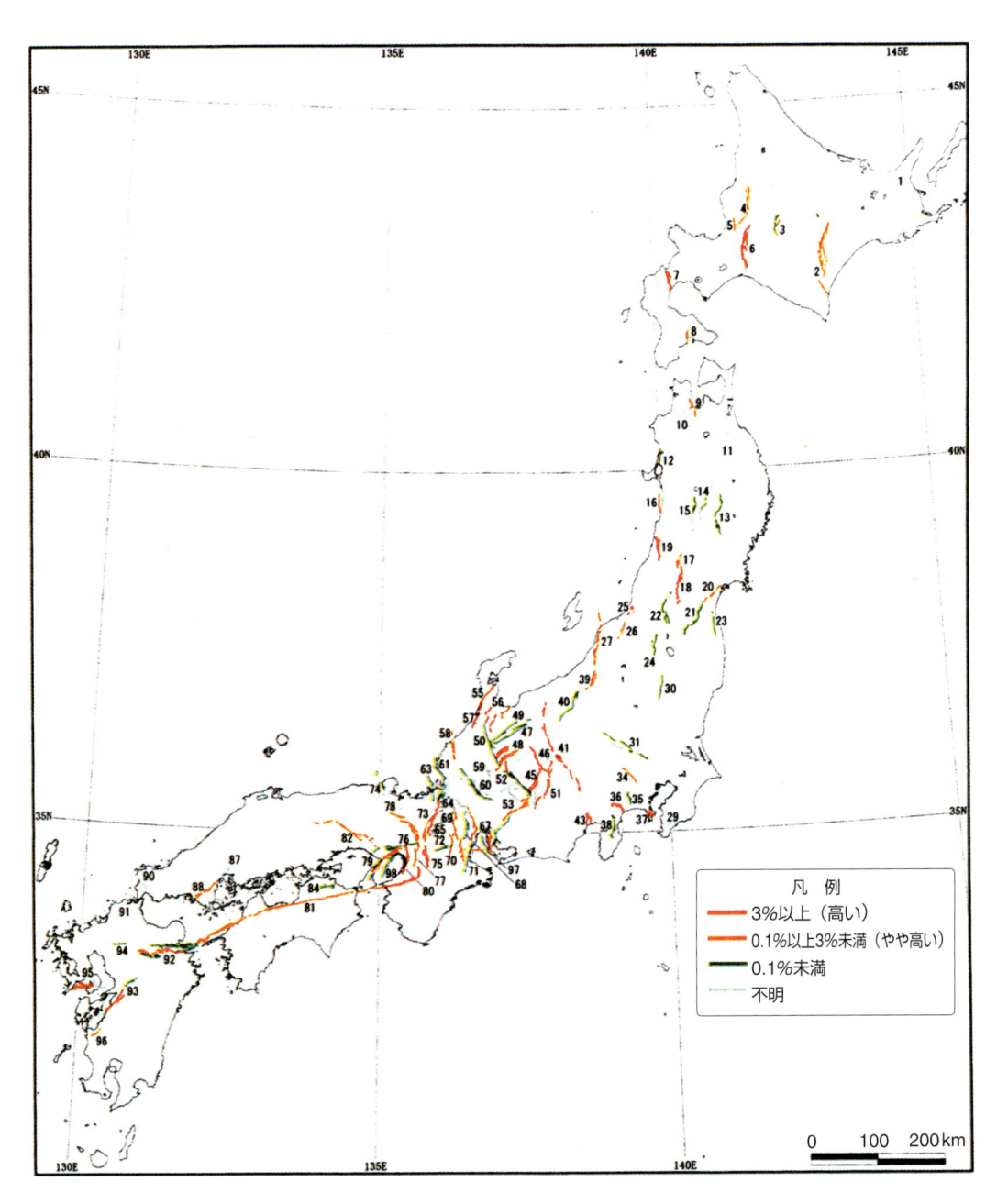

図2.89 主要活断層帯での今後30年以内の地震発生確率

代や地震時のずれの量を推定する.

活断層の長さは地震の規模を示すマグニチュード（M；2.1.2項）と関係するので，活断層の長さからMを推定する場合が多い．日本の陸域では断層の長さ80 kmでM8，20 kmでM7が一応の目安である．発生確率は，トレンチ調査などから推定される繰り返し間隔と，最新の活動時期から計算する．繰り返し間隔のばらつきは，過去の活動がよく知られているいくつかの活断層の例から，断層によらず一定の値であると考えられている．1995年阪神・淡路大震災の原因となった**野島断層**について，地震発生前に評価が行われたとすると，30年以内の発生確率は0.02〜8％程度であった．すなわち数％の確率は決して低くなく，むしろ可能性が高いと考えるべきである．

この確率の計算には，海溝型地震と同様にBPTモデルが用いられている．海溝型地震と比べると，活断層で起こる地震は発生間隔が長く，1,000〜10,000年程度である．このため図2.80でBに比べてAが小さい．図の横軸の範囲が10,000年であれば，$T = 30$の場合のAはごく細くなる．このため活断層で起こる地震の30年内の発生確率は小さく，たかだか十数％にしかならない．阪神・淡路大震災後，日本全国の主要98活断層帯について調査が行われ，これらの活断層帯における長期的な地震発生についての評価が地震調査研究推進本部によって公表されている．今後30年間の発生確率に基づいて，相対的に発生可能性の高いグループ（発生確率3％以上），やや高いグループ（0.1〜3％）とその他に分類されている．相対的に発生可能性の高いグループのどれかの活断層で，今後30年以内に大地震が発生する可能性は，かなり高いと考えられる（図2.89）．

なお，主要活断層帯以外の活断層や，活断層が知られていない地域でも，大地震が発生して被害をもたらすことがある．1,000棟を超える家屋を全壊した2003年7月26日の宮城県北部の地震は，この型の地震だったが，マグニチュードは6.4で地表地震断層は現れなかった．

このような浅い地震のほかに，沈み込むプレートの内部深くでも地震が起こる．2003年5月26日の宮城県沖の地震（M7.1）は，沈み込むプレート内の深さ約70 kmで起こり，174人の重軽傷者を伴った．

2.5.3　強震動予測

地震の強い揺れ（**強震動**）に備えるには，あらかじめどのような揺れとなるかがわからなければならない．ここでは，そのような地震の**強震動予測**の手法として理論的手法，半経験的手法，および経験的手法について簡単に紹介する.

地震の強い揺れは，まず震源で発生する．そして地球内部を伝わって足下に達し，地表を揺らす．地表付近は，地球内部の固い岩盤と違って，土などの柔らかい物質でできており，密度が低く，地震波の伝わる速さも遅い．この地表付近の部分を**地盤**とよぶ．震源で発生した地震波は，ちょうど水面を波紋が伝わるように四方八方へ広がるため，震源から遠ざかるほど揺れは小さくなる．一方，地震波が地球内部の固い岩盤から地盤へと伝わる時には，揺れが大きくなる．S波速度で3 km/s程度の固い岩盤は**地震基盤**とよばれ，これより浅い部分が地盤である．S波速度が400〜700 m/s程度の構造物を支持する地層を**工学的基盤**とよび，これより浅い地盤の影響は**地盤増幅率**で表されることが多い．すなわち，工学的基盤の揺れに増幅率を掛け合わせることで地表の揺れを推定する．地下では深いほど地震波の速度が速いので，地震波は地表の方へ曲げられて地表に達する．地震の強い揺れは，震源，地震波の伝播（地下構造），地盤の3つによって決まる（図2.90）．

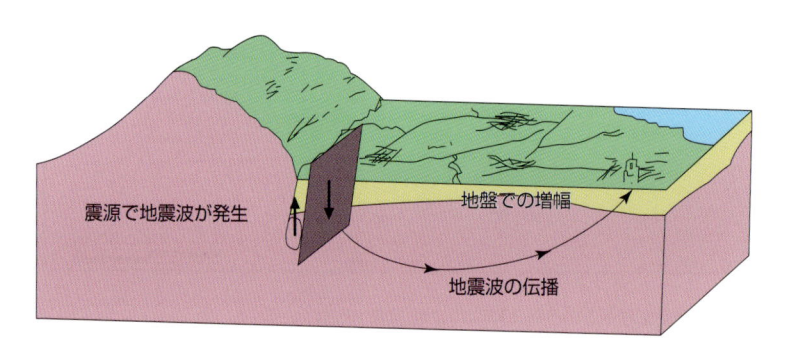

図2.90
強震動を決める三要素：震源，地震波の伝播（地下構造），地盤

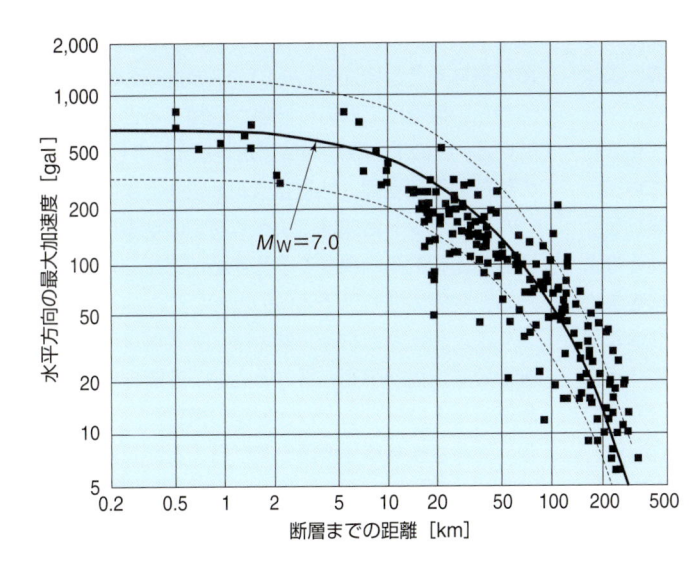

図2.91
距離減衰式　阪神・淡路大震災の場合：実線は予測値で，点線はばらつきの範囲（データの68％が入る範囲）を示す．実際のデータはさまざまな地盤で得られている．M_Wはモーメント・マグニチュード（2.1.5項）を示す．

　地震の揺れは，震源に近くほど大きくなる．またマグニチュードMが大きいほど揺れも大きい．ただし，$M7$程度以上では震源近傍の強い揺れはほぼ頭打ちとなり，むしろMが大きいほど強い揺れの範囲が広くなる．このように一定のマグニチュードMに対して，震源からの距離によってどのように揺れが小さくなるかを表した式を**距離減衰式**とよぶ．その一例を図2.91に示す．この例では横軸，縦軸ともに対数軸となっている．震源からの距離としては，断層からの距離を，揺れの物理量としては，水平成分の最大加速度が用いられている．ほかに，最大速度や震度などが用いられる．

　規模Mと震源からの距離がわかれば，距離減衰式から揺れの程度を推定することができる．この式はこれまでの観測結果からつくられているので，このような予測法は**経験的手法**とよばれる．しかし，実際の揺れの大きさはばらついており，予測値はその平均値を示すにすぎない．予測値が工学的基盤で与えられている時は，地盤増幅率を掛けて地表での揺れを求める．より精度の高い予測のためには，震源や地盤，さらに地下構造の情報が必要である．

　より精度の高い予測に用いられている手法は**ハイブリッド合成法**とよばれ，短周期と長周期領域でそれぞれ別の手法で強い揺れを予測し，これを組み合わせる方法である．短周期すなわち短波長の地震波を予測するには，震源の細かな動きと地下の詳細な構造についての知識が必要となる．これらの知識は十分ではないので，実際に観測される地震波で代用することが行われている．ただし予測が必要な地域は，まだ大地震が起こっていない地域のことが多いので，大地震の記録を使うことはできない．しかし，小地震はより高い頻度で起こるので，小地震の記録を使い，これを重ね合わせて大地震の記録をつくる（図2.92）．どのように重ね合わせればよいかは，小地震と大地震との関係を示す相似則に基づいて決められる．小地震も起こっていない場合には，多数

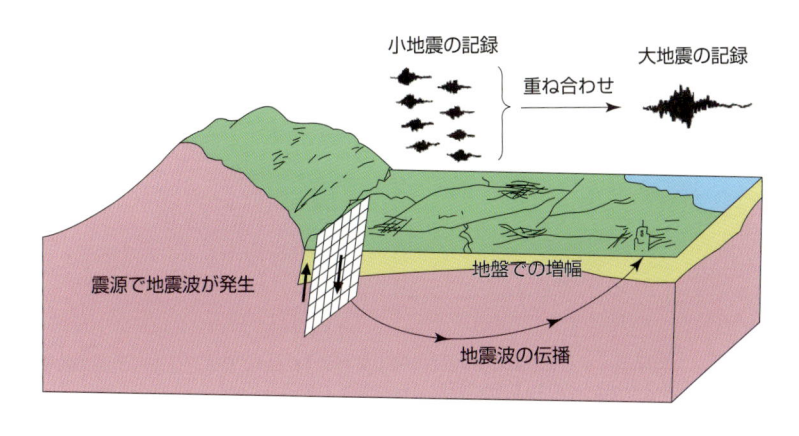

図2.92
半経験的手法による大地震の揺れの予測

の小地震の記録から統計的に得られた小地震の波形を用いる．このような手法は，**半経験的手法**とよばれている．

　長周期側では，**理論的手法**が用いられる．すなわち，コンピュータ内に地下の構造モデルをつくり，波動方程式を数値的に解いて，各位置での揺れを計算する．多くの場合工学的基盤まで計算し，それより浅い地盤の応答を掛け合わせて地表の揺れを求める．地盤の詳しい情報がない場合には，地形情報などから推定した地盤の増幅率を掛ける．このハイブリッド合成法を用いる場合，どこから破壊（断層のずれ）が始まるか，どのように破壊が伝播するか，また，どこで大きな揺れを起こすような**アスペリティ**（2.1.8項）の破壊があるのか，などの知識が必要となる．破壊が伝わる方向では揺れが強くなり，**破壊伝播効果**とよばれる．アスペリティに近い場所でも揺れが強いので，これらの情報は震源近傍の揺れを予測する場合に重要になる．十分な情報がない場合には，さまざまな場合を考慮しなければならない．その一例を図2.93に示す．アスペリティの位置と破壊伝播の方向によって，強い揺れの現れる位置が異なることに注意したい．なお星印の破壊開始点から，等速度で四方に破壊が伝播すると仮定されている．このような地図は想定地震（**シナリオ地震**）の**強震動予測地図**（地震動予測地図）とよばれる．

　ハイブリッド合成法によって特定の地震による強震動を比較的高い精度で予測することができる．しかし，実際の揺れは予測値のとおりではなく，ばらつくことが考えられる．例えば，アスペリティの位置や破壊伝播が予測と異なるとか，実際の地下構造がモデルとは異なるとか，地盤の情報が不十分だとか，さまざまな誤差要因をあげることができるだろう．ハイブリッド合成法では，ある1つの想定に対して精度の高い予測を与えるが，実際の状況がその想定からはずれているかもしれない．一方，経験的手法から得られる予測値は，ある1つの想定に対しては，必ずしもよい予測ではない．経験的手法から得られるのはさまざまな想定の平均値と，そのばらつきである．

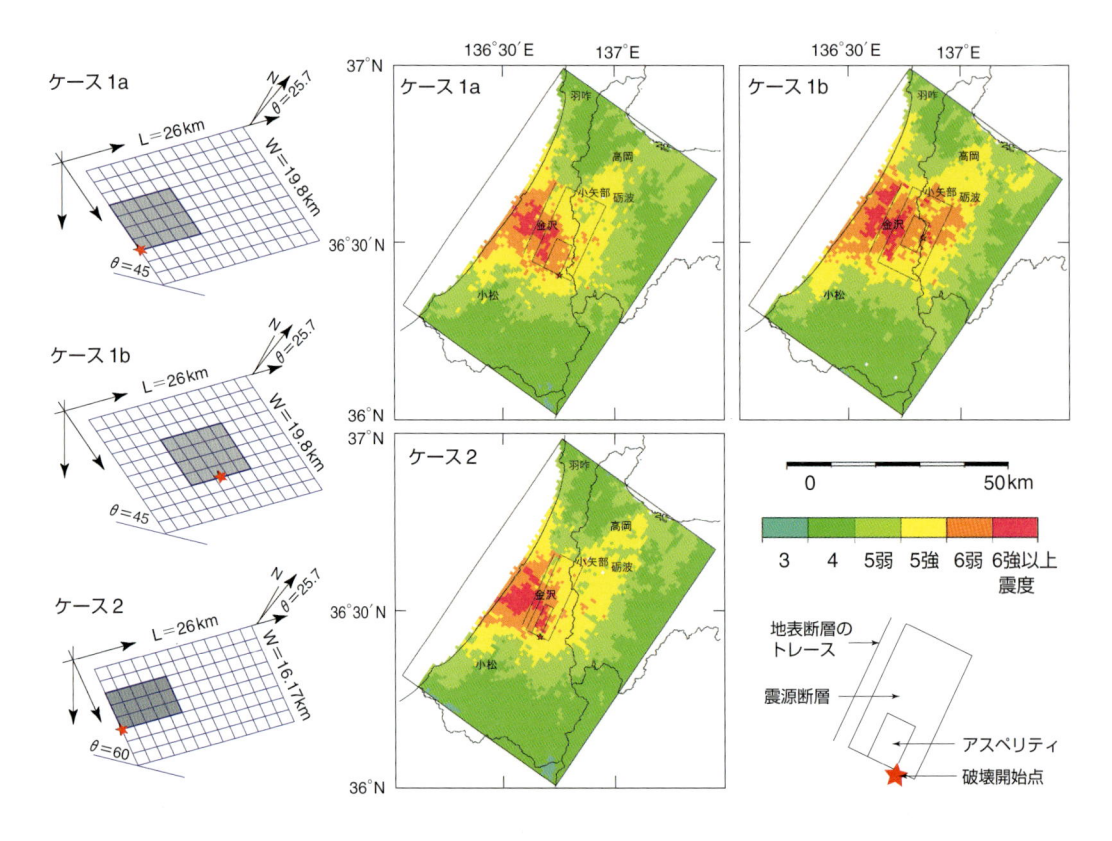

図2.93　森本・富樫断層帯の地震のハイブリッド合成法による強震動予測地図の例：ケース1aと1bではアスペリティの位置と破壊開始点の相対位置が異なる．ケース2ではケース1aに比べ断層の傾斜角が大きい．

2.5.4 確率論的地震動予測地図

前の項では，特定の地震が発生した場合の各地の揺れの予測について述べた．想定地震（あるいはシナリオ地震）の**強震動予測**とよばれるもので，国の中央防災会議や地震調査委員会，あるいは各地方自治体などで発表されている．この項では，特定の地震による強震動ではなく，ある地点での今後に予想される揺れを推定することを考えてみよう（図2.94）．その地点を揺らす地震としては，さまざまな震源が考えられるだろう．特定地点の将来の揺れを予測するには，その地点を揺らす，すべての震源を考慮しなければならない．各地の将来の揺れの予測を地図として表したものを**確率論的地震動予測地図**とよぶ．

(a) 確率論的地図
（不確定性を表示）

(b) 想定地震の強震動予測
（不確定性を無視）

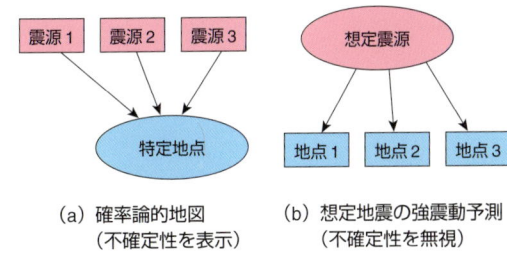

図 2.94　確率論的地震動予測地図と想定地震の強震動予測地図との違い

ここで確率論的という言葉が使われるのは，不確定な現象を確率で表しているからである．想定地震の地震動予測地図は，一般的にある 1 つの想定に基づいた予測結果であり，不確定要素は省かれている（あるいは無視されている）．しかし，実際にその想定地震が発生するかどうかは，不確かである．また，その想定地震が発生するとしても，想定どおりの揺れとなるかどうか，不確定の要素がある．このような不確定性を確率で表すのが，確率論的地震動予測地図である．

ある地点での今後に予想される揺れを推定するには，その地点を揺らす，すべての震源を考慮しなければならない．これらの震源には，南海地震のように特定できる震源と，あらかじめ特定することが難しい震源とがある．特定できる震源は海溝型の大地震と活断層で起こる大地震である．これ以外の特定できない地震については，さまざまな予測手法が提案されている．ここでは，地震地体構造を用いた予測手法と現在の地震活動を利用する手法とを紹介する．

日本列島はプレートの沈み込み帯にあり，長い年月を経て形づくられた．そして，その成り立ちや地質構造などから，地下の状況がほぼ同じと考えられるいくつかの地区に分けることができる．これらの地区内では，地震活動も一様であると考え，その地区を**地震地体構造区**とよぶ．そして地区内の地震活動はグーテンベルク・リヒター則（2.1.2 項）に従い，地区ごとに異なるパラメータ値 a, b をもつと考える．実際には，その地区内の特定できる震源を除き，残りの地震活動について地震地体構造区ごとに定める．また震源規模 M には最大値があるとし，その値は過去の最大地震の M などを用いる．図2.95 には，そのように定められた地震地体構造区が黒の実線で示されている．

現在の地震活動を利用する方法を 2 つ紹介する．1 つは，なめらかな地震活動分布を得る手法である．まず余震を除き，次に現在の地震分布に空間フィルターを施す．そして，なめらかな地震活動の分布を得る．もう 1 つは，地震地体構造区を用いた予測である．同一地区内の地震活動は同じで，地区の境では不連続に変化する．図2.95 は両手法の結果を重ね合わせて得られた，特定しにくい震源の活動モデルである．これは地殻上部内（内陸地殻内）の震源であるが，プレートの境界や沈み込んだプレートの内部でも，同様に特定しにくい震源の活動モデルが得られる．図2.96 には，千島海溝，日本海溝，伊豆・マリアナ海溝沿いの地震活動モデルを示した．

次に，ある地点における将来の揺れの予測について考えてみよう．具体的問題として，その地点で今後 30 年間に震度 6 弱以上となる確率を求める．まず，ある地震を考える．例えば，$M7.0$ で，断層までの距離が 50 km としよう．この地震によって注目している地点で震度 6 弱以上となる確率は，距離減衰式を用いて約 16 % と求めることができる（図2.97）．

距離減衰式は平均値の予測だけでなく，そのばらつきも与えている．すなわち，注目する地点での震度の確率分布を示していることになる．なお，ここでは簡単のため，当該地点の地盤の影響も考慮されているものとする．この地震が今後 30 年以内に発生する確率が 10 % ならば，この地震によって 30 年以内にその場所が震度 6 弱以上となる確率は

$$0.10 \times 0.16 = 0.016$$

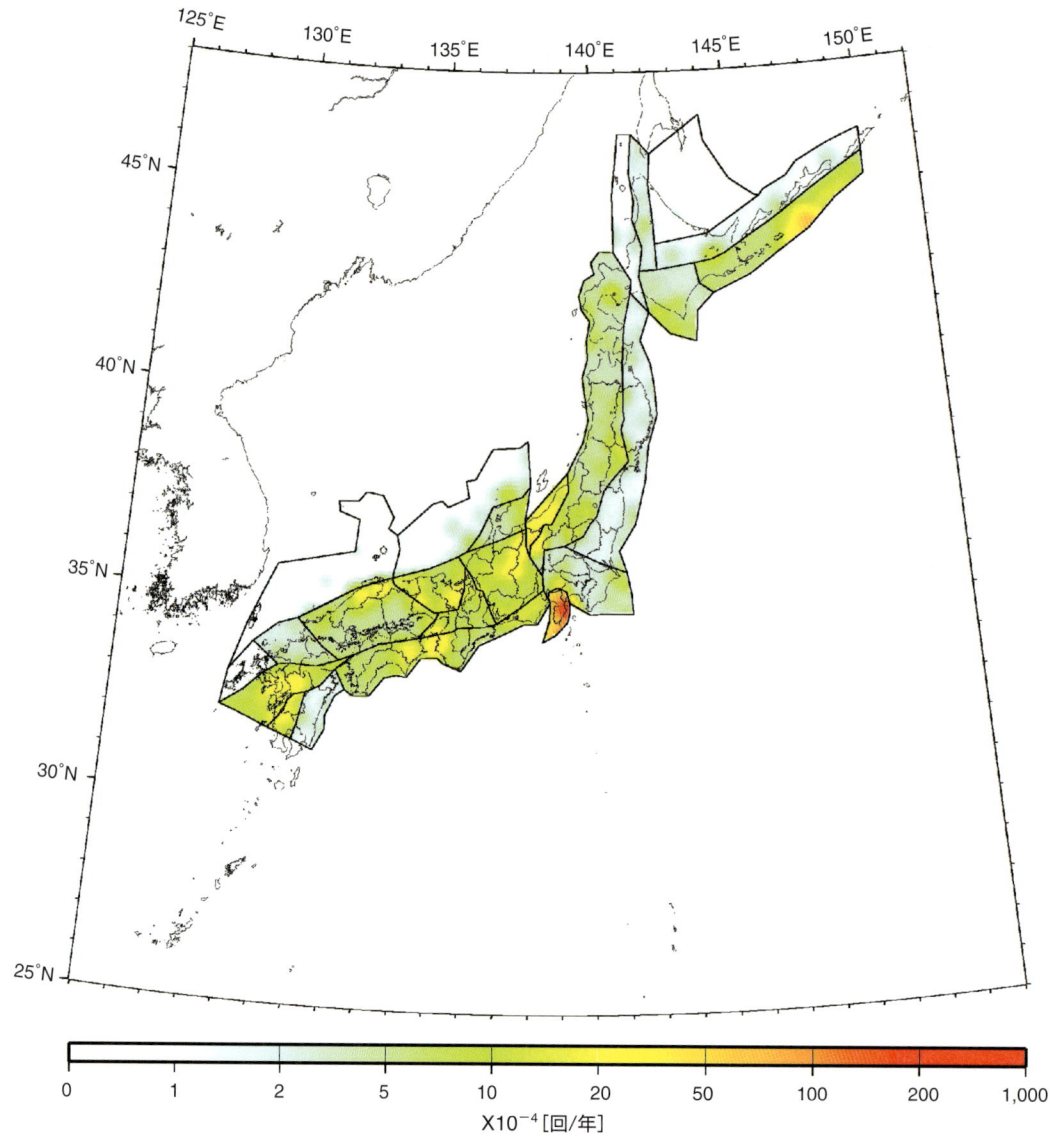

図2.95 地殻上部の特定しにくい震源の地震発生頻度（0.1度四方あたり，M5.0以上）

より，1.6％となる．逆に震度6弱以上とならない確率は

$$1.0 - 0.016 = 0.984$$

より，98.4％と求まる．

このような計算をすべての地震について行い，それぞれの地震で震度6弱以上とならない確率を求めて掛け合わせれば，どの地震でも震度6弱以上とならない確率が求まる．これを1から引くことによって，どれかの地震，あるいは複数の地震によって，震度6弱以上となる確率が求まる．すなわち，注目する地点で，今後30年以内に震度6弱以上となる確率が求まった．各地点でこの確率の値を求めて地図をつくれば，確率的地震動予測地図ができあがる．図2.98はそのようにしてつくられた．

今後30年以内に震度6弱以上の揺れとなる確率を具体例として求めたが，一般的に確率論的地震動予測地図には，3つのパラメータがある．すなわち，今後何年以内に見舞われる揺れを考えるか，どの程度の確率を考えるか，また，どの程度の揺れの強さを考えるかである．例では，ある地点で震度6弱以上となる確率を考えたが，いろいろな揺れの強さで確率を求めれば**ハザード曲線**を得ることができる．

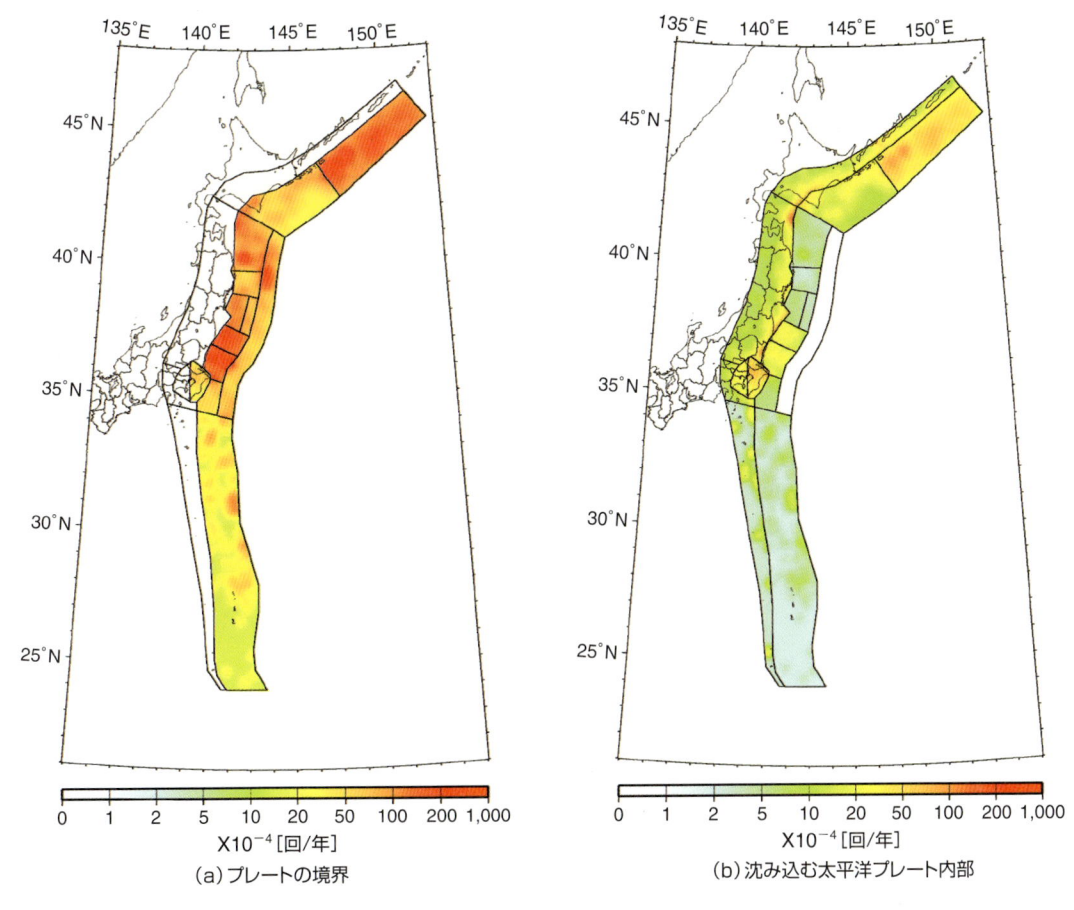

図2.96 プレートの境界（a）と沈み込む太平洋プレート内部（b）の特定しにくい震源の地震発生頻度（0.1度四方あたり，M5.0以上）

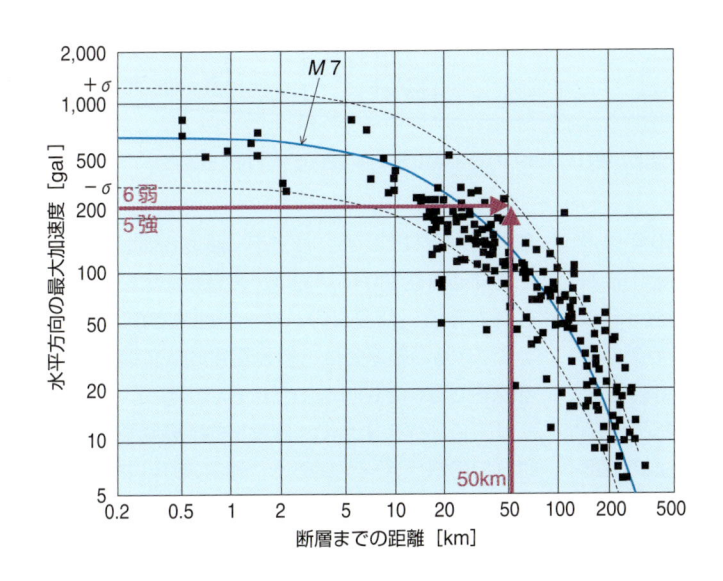

図2.97 距離減衰式から特定の震度を超える確率を求める：実線は平均値の予測で，点線内に入る確率が約68％なので，上の点線を超える震度となる確率は約16％（16 =（100 − 68）/2）と求まる．

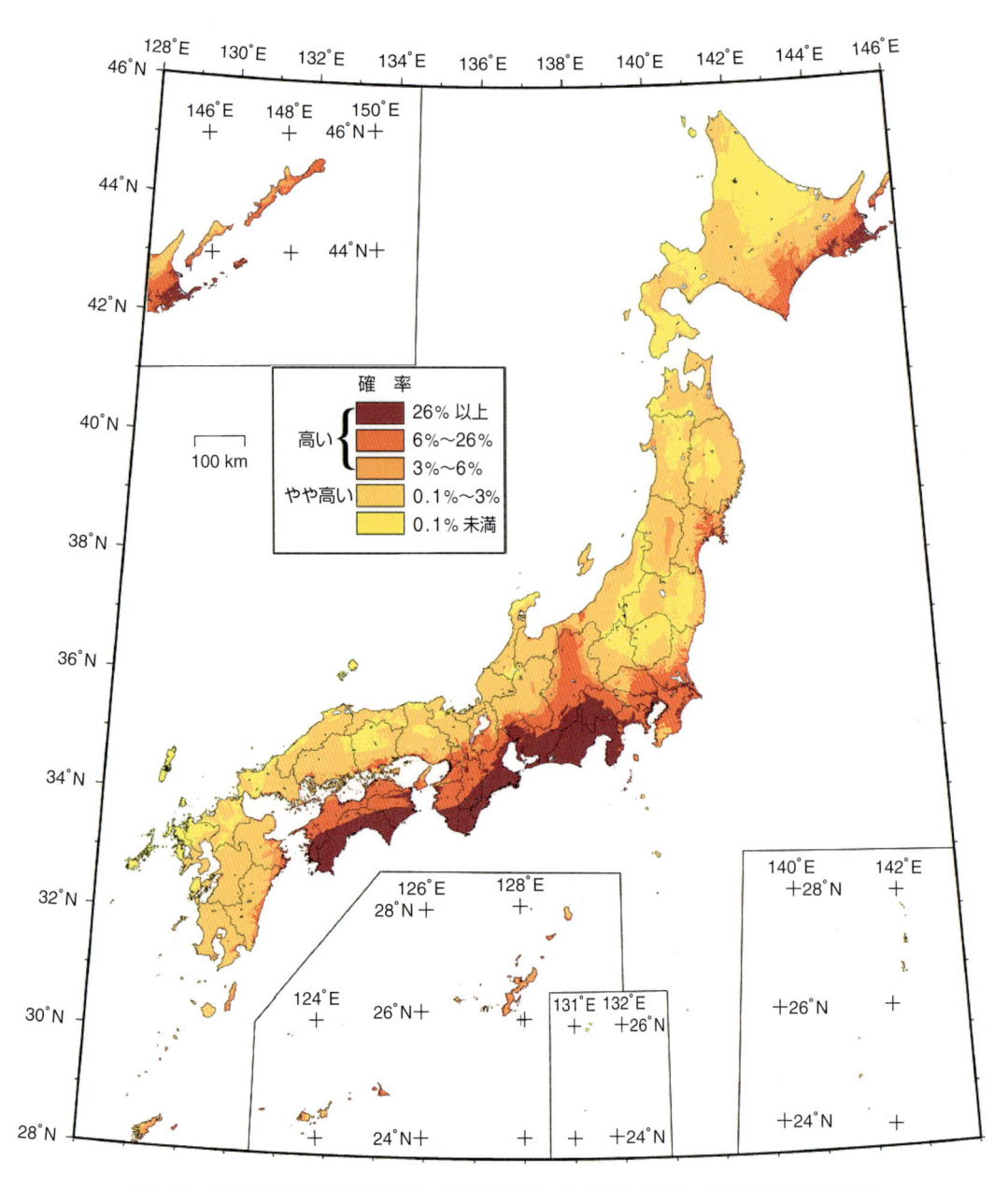

図2.98　今後30年以内に震度6弱以上の揺れに見舞われる確率の分布図（2005年1月1日現在）

図2.99（a）は仙台市を例として，今後50年以内に見舞われる可能性のある揺れの強さと，その揺れ以上となる確率（超過確率）とを示す．震度5弱以上（計測震度4.5以上）をみれば，100％であることがわかる（水色の点線の矢印）．震度6弱以上（計測震度5.5以上）となる確率は約20％である（水色，実線の矢印）．さらに(b)には，特定の震度（あるいは特定の超過確率）に対応する揺れをもたらすのは，どの地震，あるいは地震群かを示す影響度が掲げられている．仙台市に震度6弱以上の揺れを生ずる可能性が高いのは，宮城県沖地震であることがわかる．仙台市のハザード曲線を使えば，50年で10％の確率では，計測震度約5.7以上の揺れを覚悟しないといけないこともわかる．

すでに述べたように，確率論的地震動予測地図には3つのパラメータがある．通常30年以内，50年以内，100年以内などと期間を決めて，特定の強さの揺れ以上となる確率，あるいは特定の確率で見舞

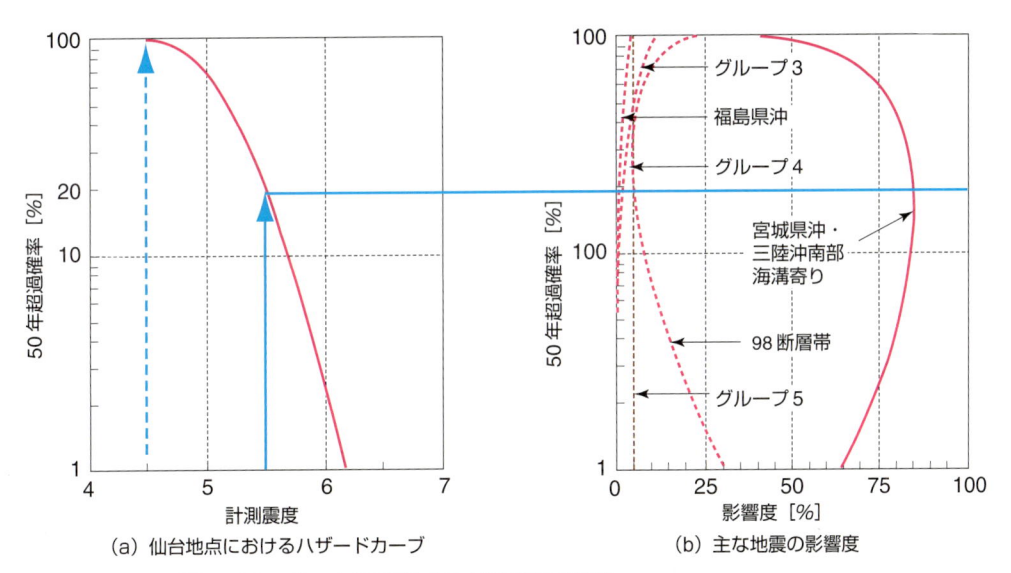

(a) 仙台地点におけるハザードカーブ
(b) 主な地震の影響度

・グループ3：プレート間で発生する大地震以外の地震
・グループ4：プレート内で発生する大地震以外の地震
・グループ5：陸域で発生する地震のうち活断層が特定されていない場所で発生する地震

図2.99　仙台市の今後50年以内のハザード曲線（a）と主な地震，あるいは地震群の影響度（b）

われる揺れの強さの最小値を示す図が用いられる．各地でハザード曲線が得られれば，どのような揺れの強さでも，またどのような確率でも，容易に図をつくることができる．図2.98で30年以内に震度6弱以上となる確率を示したが，逆に確率3％では，震度いくつ以上の揺れを覚悟しないといけないかを図2.100に示す．

■図表の出典
図2.83　地震調査委員会：南海トラフの地震の長期評価について（2001）p.52.
図2.84　地震調査委員会：Ibid., p.52.
図2.85　地震調査委員会：「全国を概観した地震動予測地図」報告書　2006年版（2006）p.33, p.37, p.43より筆者が作成．
図2.88　宮下由香里，ほか：立川断層の活動履歴調査－瑞穂町箱根ヶ崎におけるトレンチ及びボーリング調査結果，活断層・古地震研究報告，産業技術総合研究所地質調査総合センター，No.5（2005）pp.39–50.
（承認番号　第63500-A-20080108-003号）
図2.89　地震調査委員会長期評価部会：「基盤的調査観測対象活断層の評価手法」報告書（2005）p.70.
図2.91　入倉孝次郎：月刊地球，号外13（1995）pp.54–62.
図2.93　地震調査委員会：「全国を概観した地震動予測地図」報告書　2006年版，（2006）p.66.
図2.95　地震調査委員会：「全国を概観した地震動予測地図」2006年版，分冊1（2006）p.159.
図2.96　地震調査委員会：Ibid., p.133.
図2.98　地震調査委員会：「全国を概観した地震動予測地図」2007年版（2007）p.2.
図2.99　地震調査委員会資料．
図2.100　地震調査委員会：「全国を概観した地震動予測地図」2007年版（2007）p.4.

■参考文献
寒川　旭：地震考古学，中央公論社（1992）p.251.
島崎邦彦：大地震発生の長期予測，地学雑誌，**110**（2001）pp.816–827.

2 地震

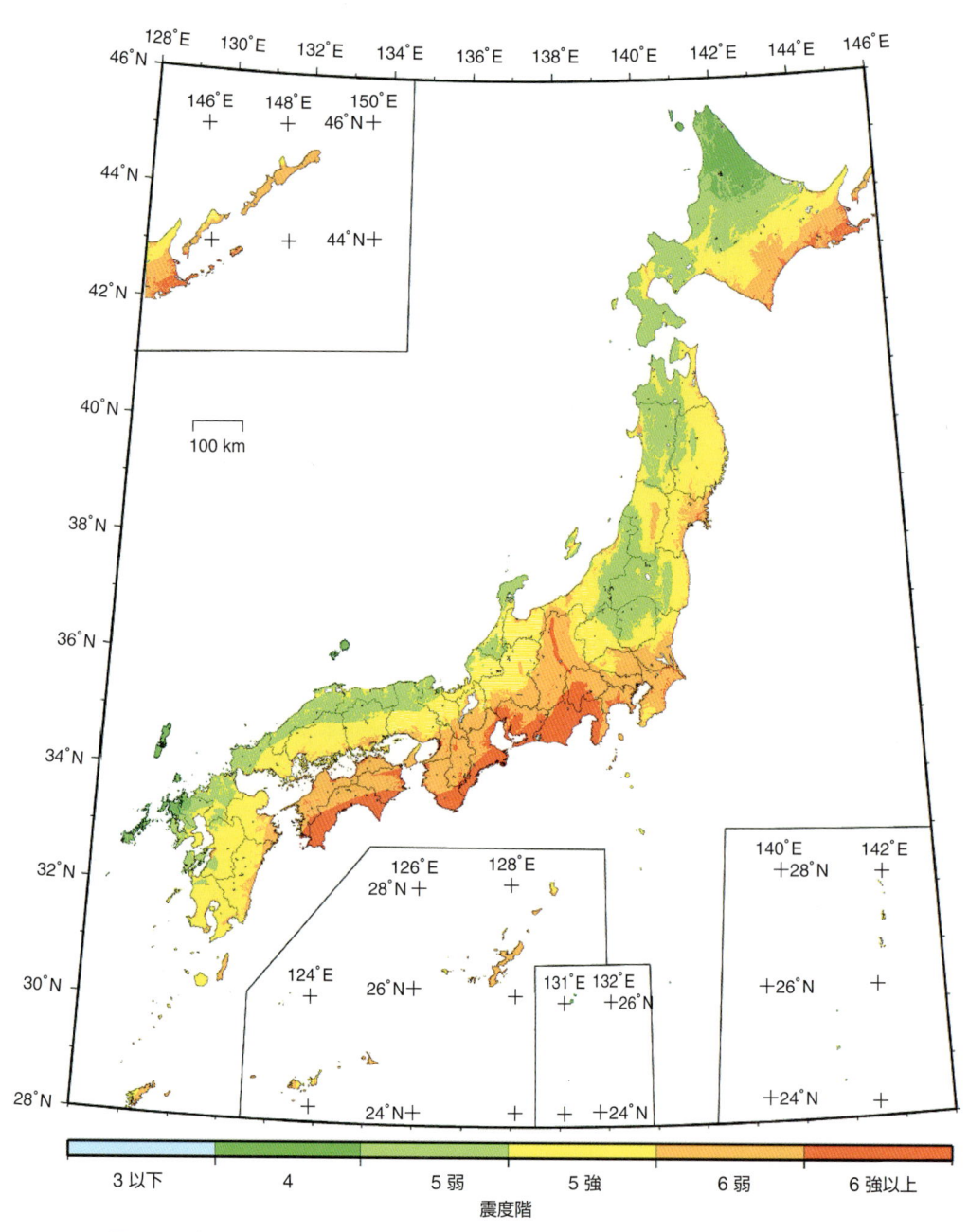

震度階: 3 以下 / 4 / 5 弱 / 5 強 / 6 弱 / 6 強以上

図 2.100　今後 30 年以内に 3％の確率で一定の震度以上に見舞われる領域図（2005 年 1 月 1 日現在）

3 火山

3.1 火山とは

　火山とは地球内部で形成されたマグマが地表に出現することによってつくられる地形のことをいう．**火山体**とよぶこともある．火山は一般には地表から盛り上がった地形を形成するが，まれには地表にくぼみのみを残す．

3.1.1　火山のつくり・種類

　火山の分類法のひとつにその形状に着目する方法がある．
　爆発的噴火をあまり起こさず，低粘性の溶岩の度重なる流出によって形成された傾斜の緩い山体を**楯状火山**とよぶ．傾斜は緩やかでも，大量の溶岩を流出するため，比較的大規模な火山体を形成する．ハワイ島のマウナロア火山やキラウエア火山がその典型である．わが国の火山では伊豆大島火山が楯状火山の例としてあげられることがあるが，その火山体は降下火山灰と溶岩流が積み重なってできており，ハワイなどのゆるやかな斜面を流れた溶岩が積み重なっている典型例とは大きさの点でも，構造の点でも大きく異なっている．
　大きさの点で，この対極をなす火山体が**溶岩ドーム（溶岩円頂丘）**や**スコリア丘**である．火山を分類する際に楯状火山と対比されることから，山体の規模が同程度であるかのように誤って理解されることもあるが，ほとんどがごく小規模である（図3.1）．単独の山体をなすだけでなく，次に述べる成層火山の一部をなすことも多い．
　成層火山は爆発的噴火によって形成される火山灰や火山礫（れき）などの火砕物（テフラ）と溶岩流の互層によってつくられる火山体である．通常，円錐状の形をなす．火砕物が融雪や降雨によって土石流となって裾野に堆積し，山麓に緩やかな斜面を有する山体を形成することも多い．富士山のように全方位に広く広がる裾野をもつ火山の大部分はこのような成層火山である．
　火山体の一部で固形物質を放出して形成されたくぼみを**火口**とよぶ．**マール**は，爆発によって生じた小さな火口で，堆積物をほとんど残さず，地表のくぼみとして認識されることも多い．
　火口の直径が2kmを超える場合，**カルデラ**とよぶ．カルデラの語源はスペイン語の「大鍋」であり，一般に鍋のように底浅の円形状の凹地をつくる．カルデラは大規模な爆発的な噴火に伴ってできることが多いが，ときには爆発を伴わずにつくられることもある．三宅島2000年噴火によってできた山頂火

口は直径が1.7 kmで2 kmに満たないため，厳密にはカルデラとはよべないが，この小カルデラはほとんど爆発的噴火を伴うことなく，山頂部の断続的な陥没によってつくられた．約1ヶ月にわたって次々と進んでいった陥没の一部始終が観測された例としては世界で唯一である（**3.8.2項**参照）．ガラパゴス諸島のフェルナンディナ火山においても同じような陥没によってカルデラがつくられたといわれるが，詳しいメカニズムはわかっていない．

　阿蘇山や洞爺湖のカルデラは直径が数十kmに達するが，このようなカルデラの形成時には大量の軽石や火山灰を成層圏まで吹き上げ，大規模な火砕流が何度も発生するような巨大噴火を伴う．爆発的噴火によって，地表の岩石が吹き飛ばされるだけでなく，数十km^3以上の大量のマグマがいっせいに噴出することにより地下に空隙が生じ，浅部の岩石が陥没して，カルデラ地形がつくられると考えられている．中にはイエローストーンカルデラのように1,000 km^3を越える噴出物を放出してカルデラがつくられることもある．カルデラをつくるような噴火では，成層圏まで運ばれた大量の火山灰が風によって遠地にまで運ばれ，堆積する．このような火山灰は広い範囲に分布するため，**広域テフラ**とよばれる．

　火山を区分する際に，噴火の繰り返し回数に着目する方法がある．先に述べた楯状火山や成層火山はさまざまな長さの休止期間をはさみながら，噴火を何回も繰り返すので大型の火山をつくる．それで，この種の火山は**複成火山**とよばれる．これに対して，スコリア丘や溶岩ドームなどの小型の火山は一続きの噴火活動で形成され，それ以降は噴火することがないので，**単成火山**とよばれる．スコリア丘や割れ目火口丘などの単成火山は側火山として成層火山の

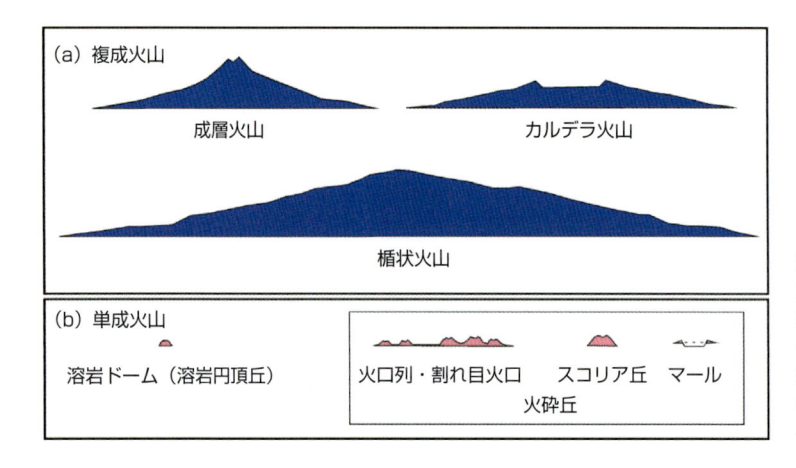

図3.1
火山の形と大きさ：楯状火山と溶岩ドームやマールとは大きさのスケールが大きく異なることに注意．高さの比率を複成火山は2倍に，単成火山は4倍に誇張してある．

---

column　火山の不思議な名前

　観光地の看板などに「この火山は典型的なトロイデ火山で…」などと書かれ，文責が○○町教育委員会などとなっていることもよくみかける．いまでも，中学や高校の地図帳の中には，火山の分類として「ベジオニーデ」「コニーデ」「アスピーデ」などの名称をあげているものがある．これは，ドイツのシュナイダー，K.（Schneider, K.）が火山の形態をコニーデ，トロイデ，アスピーテなど7つの基本形で区分できるという論文を1911年に発表したことから始まっていて，日本でも20世紀初頭には盛んに使われたようである．しかし，火山学の進歩によって，この分類が適切でないとみなされ，20世紀の半ばには火山学の分野では全く使われなくなった．

　それなのに，いまだに地図帳に絵入りで掲載されているのは不思議な現象である．火山学では使われないにしても，地理学ではまだ使っているのかというとそうではない．地理学辞典にも「シュナイダーの母国であるドイツを含めて，諸外国の地形学・火山学・地質学の教科書にはシュナイダーの分類名称は全く使われておらず，日本の火山学者の間でも現在は使われていない」と書かれている．日本の学界では完全な死語である．

　火山をみかけの形だけで区分してカタカナの名前をつけても，何も理解したことにならない．カタカナ名を使うと，いかにも国際的に通用する用語であるかのような印象があるが，実際には諸外国では一切使われない言葉である．　　　　［藤井敏嗣］

活動の一部を占めることもある．また，複数の単成火山が特定の地域に集中して単成火山群をつくることがあるが，これは一種の複成火山とみなすことができる．図3.1には火山の大きさと形を複成火山と単成火山に分けて示した．

3.1.2 活火山

活火山とは将来的にも噴火を起こし得る火山である．このため，活火山の認定のためには火山が今後いつまで噴火する能力をもっているか，つまり火山の寿命がわかっていなければならない．実際に，火山の寿命をあらかじめ知ることは難しいが，防災上は将来噴火の可能性のある火山を特定することが必要なので，ある種の経験にもとづいて，人為的に活火山を定義することになる．

日本では2002年までは，最近2,000年間に噴火したことがあるか，最近でも活発な噴気活動がみられる火山を「活火山」と定義して，86火山が気象庁によって認定されていた．この定義は，日本の場合，歴史時代に噴火した火山ということにほぼ等しい．実際，歴史時代に噴火した記録のある火山を活

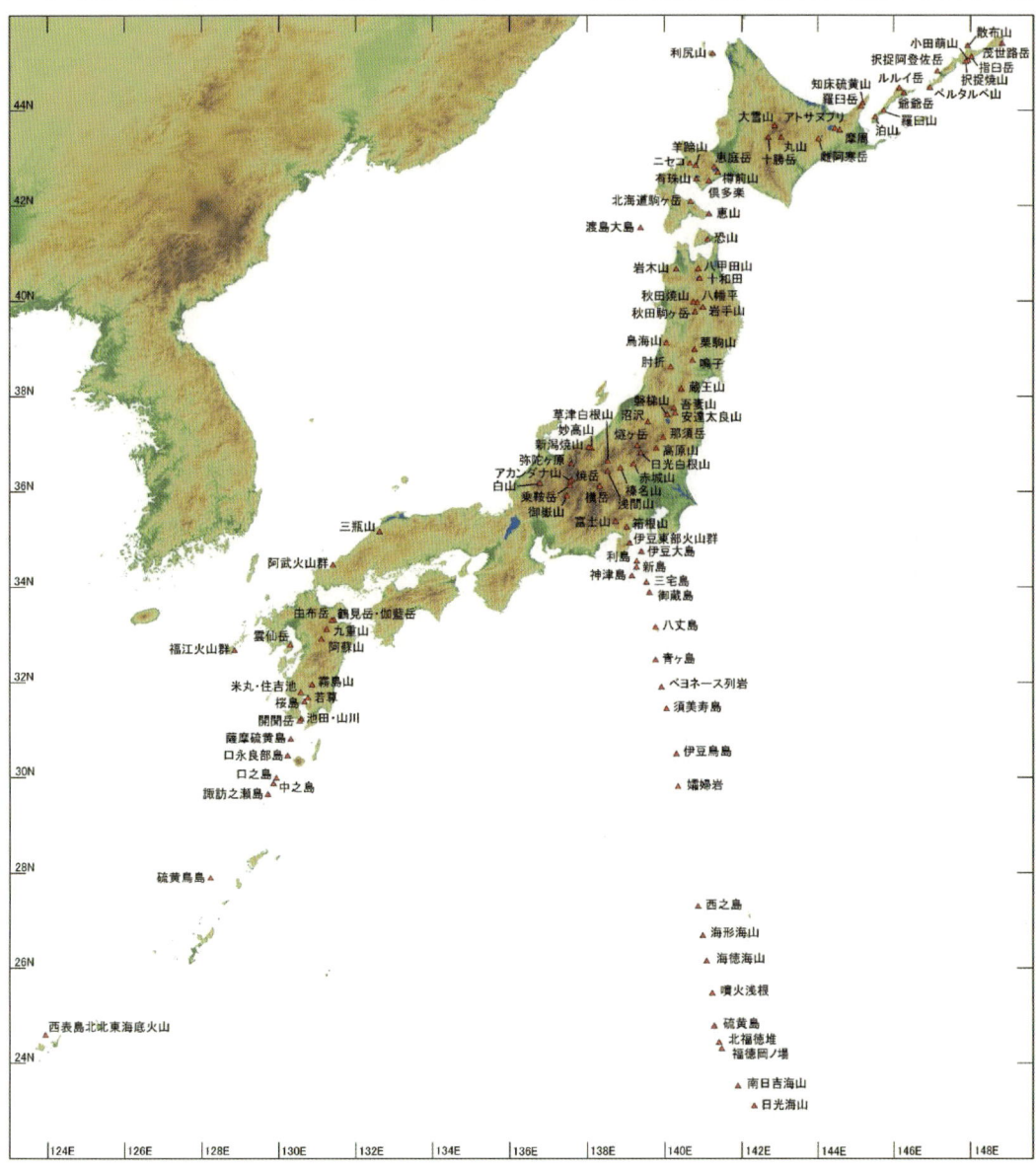

図3.2　活火山の分布：108の活火山が認定されており，北方領土や海底火山を除いても85の活火山がある．資料「活火山一覧表」も参照．

表3.1 活火山のランク分け

ランク	活火山
ランクA （13火山）	十勝岳，樽前山，有珠山，北海道駒ヶ岳，浅間山，伊豆大島，三宅島，伊豆鳥島，阿蘇山，雲仙岳，桜島，薩摩硫黄島，諏訪之瀬島
ランクB （36火山）	知床硫黄山，羅臼岳，摩周，雄阿寒岳，恵山，渡島大島，岩木山，十和田，秋田焼山，岩手山，秋田駒ヶ岳，鳥海山，栗駒山，蔵王山，吾妻山，安達太良山，磐梯山，那須岳，榛名山，草津白根山，新潟焼山，焼岳，御嶽山，富士山，箱根山，伊豆東部火山群，新島，神津島，西之島，硫黄島，鶴見岳・伽藍岳，九重山，霧島山，口永良部島，中之島，硫黄鳥島
ランクC （36火山）	アトサヌプリ，丸山，大雪山，利尻山，恵庭岳，倶多楽，羊蹄山，ニセコ，恐山，八甲田山，八幡平，鳴子，肘折，沼沢，燧ヶ岳，高原山，日光白根山，赤城山，横岳，妙高山，弥陀ヶ原，アカンダナ山，乗鞍岳，白山，利島，御蔵島，八丈島，青ヶ島，三瓶山，阿武火山群，由布岳，福江火山群，米丸・住吉池，池田・山川，開聞岳，口之島
対象外 （23火山）	ベヨネース列岩，須美寿島，孀婦岩，海形海山，海徳海山，噴火浅根，北福徳堆，北福岡ノ場，南日吉海山，日光海山，若尊，西表島北北東海底火山，茂世路岳，散布山，指臼岳

ランクAの火山：1万年活動度指数あるいは100年活動度指数が特に高い火山
ランクBの火山：1万年活動度指数あるいは100年活動度指数が高い火山
ランクCの火山：いずれの活動度指数も低い火山
注：海底火山と北方領土の火山は，データが不足しているため，区分の対象外とされている．なお，この区分は過去の火山活動度にもとづくもので，噴火の切迫性を分類したものではない．

火山とみなす国もある．しかし，このような定義では歴史の長い国と短い国によって「活火山」に違いがでることになる．日本では，火山噴火予知連絡会での検討にもとづいて，2002年に「最近1万年間に噴火したことがあるか，最近でも活発な噴気活動が見られる火山」を活火山として認定することにした．この結果，現在では北方領土の火山も含めて108火山が活火山に認定されている（図3.2）．

国際的には過去1万年以内に噴火したことがある火山を活火山とすることが多いが，すべての噴火年代がよくわかっているわけではない．先史時代の噴火については，噴出物や噴出物によって炭化した植物などの放射年代測定を行わないと噴火年代が決まらないので，静穏な期間が長い火山では，1万年以内に噴火したかどうかがわかっていない場合も多い．我が国で最近約200万年以内に噴火した火山は200をはるかに超え，中には調査が行き届いていない火山も多くあることから，今後活火山の数が増えることもあり得る．

この108火山は地質学的な調査にもとづいて判定される最近1万年間の活動度と近代的観測データのある最近100年間の詳細な活動度の2通りの活動度にもとづいてA,B,Cのランクに分けられている（表3.1）．海底火山と活動度データの不足している火山についてはランク付けは行われていない．

火山活動度は，個々の火山がどの程度の頻度で噴火を繰り返してきたか，最大規模の噴火の大きさはどの程度であったか，山麓にまで影響するような噴火の激しさはどうであったかなどのデータにもとづいて評価し，数値化したものである．この分類（ランク分け）はあくまでも過去の火山活動の実績にもとづいたものであり，現実に噴火が切迫している度合いを検討したものではない．このランク分けの算定には最近100年以内の噴火による噴出物量が大きな影響をもたらすため，大噴火直後の火山の活動度は高くなり，逆に噴火静穏期が100年以上続いている火山では，近年異常な火山活動が続いていても，活動度は低くなる傾向にある．なお，活動度の求め方については巻末資料を参照されたい．

北海道から東北，伊豆・小笠原弧にかけて，最近200万年間に活動した火山のうち，もっとも太平洋側に分布する火山をつなぐと，太平洋プレートの沈み込みによってつくられる海溝と平行な曲線をつくる．この曲線上の火山を火山前線あるいは**火山フロント**とよび，日本の火山はこのフロントより大陸側にのみ分布する．

火山フロント上では火山の数や噴出物の量が圧倒的に多く，フロントから遠ざかるにつれて，火山の数も噴出物の量も少なくなる．中国地方の火山フロントはこれほど明瞭ではないが，九州から琉球弧にかけては再び明瞭に海溝軸に平行な曲線にそって火山が分布している．

我が国の活火山の多くは火山フロントに位置するものが多いが，鳥海山や白山のようにフロントから

column　海嶺火山活動

現在，地球上で最も活動的な火山活動を行っている場所のひとつが，プレートが生産される海嶺である．地球表面を約8万kmにわたって，野球のボールの縫い目のように取り巻いた海底下の大山脈は，マントルで生産されたマグマが地表にあふれ出る場所でもある．ほとんどの海嶺は海底下数千mの深さにあって水圧が高いため，マグマに含まれる揮発性成分の多くはマグマ中に溶け込んだままになるので，陸上の火山のように火山灰を高く吹き上げるような爆発的な噴火はめったに起こらない．海底下に溶岩が流出するタイプの噴火が多いが，海水とマグマが反応する際に，急冷されたマグマがガラスの砕片となって堆積することもある．このような堆積物をハイアロクラスタイトとよぶ．

マグマが単位時間内に噴出する量，すなわち噴出率が高くない場合は，噴出した溶岩の周辺部が固結して薄い膜を形成したあと，内部の流動性に富むマグマによって風船がふくらむように枕状の構造がつくられる．この一部が裂けてさらに別の枕状の溶岩の構造がつくられ，溶岩流として前進する．このような溶岩は枕状溶岩とよばれ，水中噴火の特徴とされている．一方，噴出率が高いと海底下でもごく表層部しか急冷・固化されないため，遠くまで流れてシート状に分布する．海洋底の大部分はこのようなシート状溶岩と枕状溶岩とからつくられているが，海嶺から遠ざかるにつれて表面を覆う堆積物は次第に厚くなる．　　[藤井敏嗣]

遠ざかった**背弧**とよばれる地域にあったり，雲仙火山のようにフロントと斜交して位置する**地溝帯**に分布するものもある．

3.1.3　活火山以外の火山

活火山という言葉がある以上，活火山以外の火山があると考えるのが普通であろう．このような火山をかつては**休火山**や**死火山**とよんだこともあったが，今ではこの用語は使われない．しかし，火山活動は地球生成以来続いているので，どの時代にも火山は存在した．1つの火山の活動は永久に続くわけではないので，ある期間のあと活動を止める．この火山の寿命はマグマの供給がいつまで続くかによっているので火山ごとに異なる．日本の火山の場合，数万年から数十万年の活動期間を示すことが多いが，南米などの火山のうちには数百万年以上活動を続けているものもある．

火山は比較的短期間に地球内部の物質を地表に積み上げたものであるので，本来重力的には不安定である．したがって，活動が終わって地球内部からの新たなマグマの供給がなくなると，侵食されたり崩壊して，その形を失ってしまう運命にある．このため，一般に古い時代の火山はその痕跡をとどめない．あるいは，海洋プレート上にできた火山は，プレートの沈み込みに伴って地球内部へ運ばれ，火山の痕跡を失うこともある．

日本は大陸縁辺部の海洋プレートの沈み込み帯に位置するため，古くから活発な火山活動が行われてきた．このため，すでに活動を終えた火山も多く存在する．火山体の形を残したものもあるが，すでに火山体として認められず，火山岩が分布することからかろうじて火山があったことがわかるものもある．

例えば，小笠原諸島は一見火山にはみえないが，およそ4ないし5千万年前に活動した火山であり，現在地表に露出している火山岩の名残から少なくとも一部は海底火山であったことが知られている．小笠原の火山をつくったマグマは現在の日本でみられるマグマとは異なる化学組成をもっていることで有名である．このマグマは小笠原諸島の別名，Bonin islandsにちなんでboninite（ボニナイト，無人岩）とよばれる．

最近約200万年間の，地質年代では第四紀＊とよばれる時代の火山については，火山としての形を保存していることが多く，日本の第四紀火山カタログには約250の火山が登録されている（詳しくは，国立天文台編『理科年表』（丸善）に掲載の「日本のおもな火山」を参照するとよい）．

＊第四紀の始まりについては多くの議論があり，最近まで160万年前や180万年前とすることが多かったが，2007年の国際会議で250万年前とすることで意見が収束した．

■図表の出典
図3.1　Simkin *et.al.*（1981）．
図3.2　気象庁：日本活火山総覧 第3版．
図3.C2　Duncan, R. A. and Richards, M. A.（1991）を簡略化．

column　洪水玄武岩

現在の地球上で洪水玄武岩を噴出している火山はないが，地球の歴史の中では何度となく大量の玄武岩溶岩を比較的短時間に流し出す火山活動が存在した．第1章でも述べたホットスポットの活動と大きく関係したと考えられている．ホットスポットがマントル内の深い場所から上昇してきて地表に達するとき最初に生じる現象が洪水玄武岩の活動に代表される大量の玄武岩マグマの活動であると考えられている．現在，活動的なホットスポット火山の多くを時代をさかのぼって追跡してみると，それぞれ転々と連なっていくつかの洪水玄武岩の分布地域に到達するからである．ホットスポットは固定されているのに，プレートが移動しているためホットスポットによってつくられた火山がこのような線状の分布をするのである．

例えば，米国のコロンビア玄武岩台地やインドのデカン高原などがその例で，数百 km を超えるような長さの溶岩流を次々に噴出して，100万年程度の比較的短い期間に，累積した厚さが数 km になるような活動をした．マグマの粘性が低いために，1回の溶岩流の厚さはあまり厚くなく，通常数 m 以内で，厚いものでもせいぜい数十 m 程度である．このような薄い溶岩がゆるやかな傾斜で，数百 km も連続しているようにみえることから，洪水のように地表を覆って流れたと考えられ，洪水玄武岩という名前がついた．しかし，遠方まで届くのは，溶岩トンネルを使っていて，表面があまり冷えないからであって，必ずしも薄く広く広がったわけではないと考える研究者もいる．

あまりに大量の溶岩流の活動が短期間に起こったために，地球規模の気候変動をもたらし，生物の大量絶滅の原因となったと考える研究者もいる．特に，デカン高原の洪水玄武岩は，約6,700万年前に起こった恐竜の絶滅に関係するという考え方も根強い．　　　　　　　[藤井敏嗣]

図 3.C1
インドデカン高原の洪水玄武岩：溶岩の層が累々と重なっている様子がわかる．それぞれの溶岩の厚さは数 m ～数十 m 程度．それぞれの溶岩は数十～数百 km にわたって連続しており，活動時期にはゆるやかな傾斜地を洪水のように広がって流れたと考えられている．

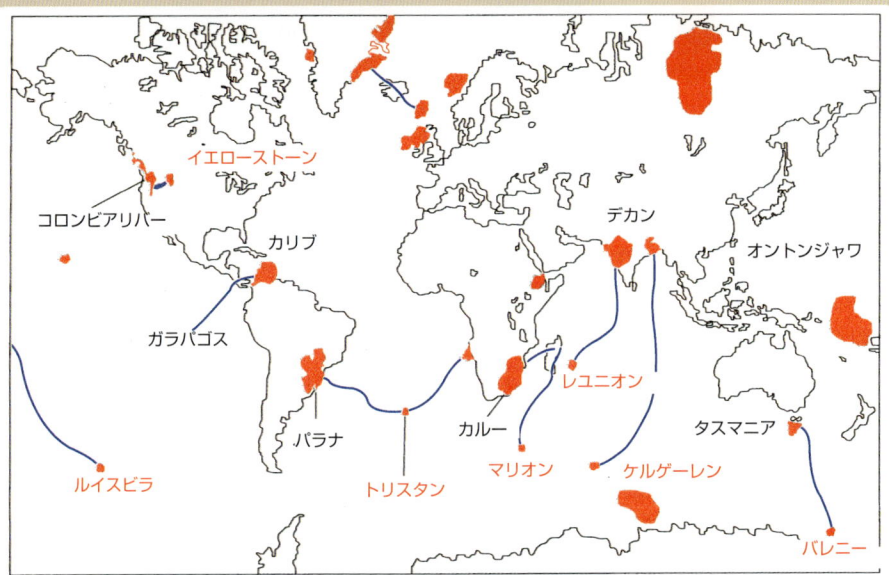

図 3.C2　洪水玄武岩の分布とホットスポットの軌跡：赤く塗りつぶした領域が洪水玄武岩の分布域．赤字で示した地点が現在のホットスポットの位置．現在のホットスポットを時代をさかのぼって追跡する（青線）と洪水玄武岩の分布域に一致する．

3.2 火山のもと，マグマ

3.2.1 マグマとは

マグマとは地下で岩石が融解してできた流体である．完全な液体だけの場合もあるが，多くの場合結晶や気泡を含む．その温度は化学組成により異なるが，通常のマグマは900℃ないし1,250℃の高温である．マグマのほとんどは岩石と同じくシリカ（二酸化ケイ素，SiO_2）を主成分とする．まれに鉄酸化物（磁鉄鉱）や炭酸塩，硫黄の融解物が主体となるものもある．さらに地球外惑星の場合には水もマグマとよぶ場合があるが，これについては**3.9節**を参照されたい．

流体とはいえ，マグマの粘性は化学組成や温度によって大きく変化する．一概にマグマというが，その粘性は10の2乗から11乗までの9桁もの変化がある．一定の傾斜の斜面を流下するとしたとき，その速度は毎秒10mから毎日1mmまで変化し得る．通常のマグマが地表を流れる際には表面の冷却・固化がはじまるため，全体としての粘性は高くなって人の走る速度よりも遅い．しかし，高温のマグマが大量に流出したり，急斜面を流下する際には，粘性が低いままで流下するため，人の走る速度よりも速くなることもある．一方，シリカの多い，粘性の高いマグマはほとんど動かないため，固結した岩石のようにみえることもある．なお，地表に現れたマグマのことを**溶岩**あるいは**溶岩流**とよぶこともある．

このように物理的性質も大きく異なり，化学組成の範囲も広いため，マグマのことを取り上げるときには，いくつかの種類に分類して，名前をつけると便利である．マグマの名前は，冷却固化したときにできる火山岩の名前を使うのが普通である．たとえば，固化して玄武岩とよばれる岩石をつくるマグマは**玄武岩マグマ**という．

火山岩はその主要な化学成分であるシリカの量を基準にして分類されることが多い．その例を表3.2に示した．マグマの温度や粘性などもほぼシリカの量に応じて変化するために，この分類法はマグマの性質に比較的よく対応している．我が国の火山の多くは**安山岩マグマ**や**デイサイトマグマ**によってつくられたもので，主に玄武岩マグマによってつくられた火山は富士山など比較的少数である．一方，ハワイの火山はほとんどのものが玄武岩マグマによってつくられている．

我が国のマグマの大部分はこの表のようなシンプルな分類でもほぼ間に合うが，例えばイタリアの火山のような場合，カリウムやナトリウムのようなアルカリ成分も多量に含まれていて，同じシリカの量をもつ日本のマグマとは性質が大きく異なる．このため，シリカのほかにアルカリの量も考慮してマグマの名前がつけられるのが普通である．その例を図3.3に示したが，表3.2の分類はアルカリに比較的乏しいマグマの名前として，表現されている．

マグマは高温であるため，地下水や地表水と接触すると水を瞬間的に蒸気化させ，体積が一挙に増えるため，爆発を起こすことも多い．また，地下の高圧下ではマグマ中に水などの揮発性成分が溶け込んでいるが，マグマが上昇して地下浅くまでくると圧力が下がるため溶け込めなくなる．このため揮発性成分はマグマ中の気泡となる．マグマの粘性が高いなどの理由で，この気泡がマグマから十分に抜けない状態で圧力の低い地表に接近すると，気泡内に閉じ込められた圧力の高いガス成分は，一挙に膨張しようとしてマグマを粉々に粉砕して，爆発的な噴火を起こすことになる．このように，揮発性成分は噴火の様式を大きく変化させる要因となるので，マグマと揮発性成分とのかかわりは，火山噴火の様式や推移を考える上で重要である．

マグマ中に含まれる揮発性成分の大部分は水と二酸化炭素で，そのほか二酸化硫黄や塩素，フッ素などが溶け込んでいることがある（表3.3）．

3.2.2 マグマはどうしてできる

マグマはシリカを主成分とする岩石が融解してできたものであるので，巨大隕石が衝突するなどの特

表3.2 火山岩の分類法の例：主成分であるシリカの量にもとづいて区分けされている．

シリカ［重量%］	45〜52	52〜63	63〜70	>70
岩石名	玄武岩	安山岩	デイサイト	流紋岩

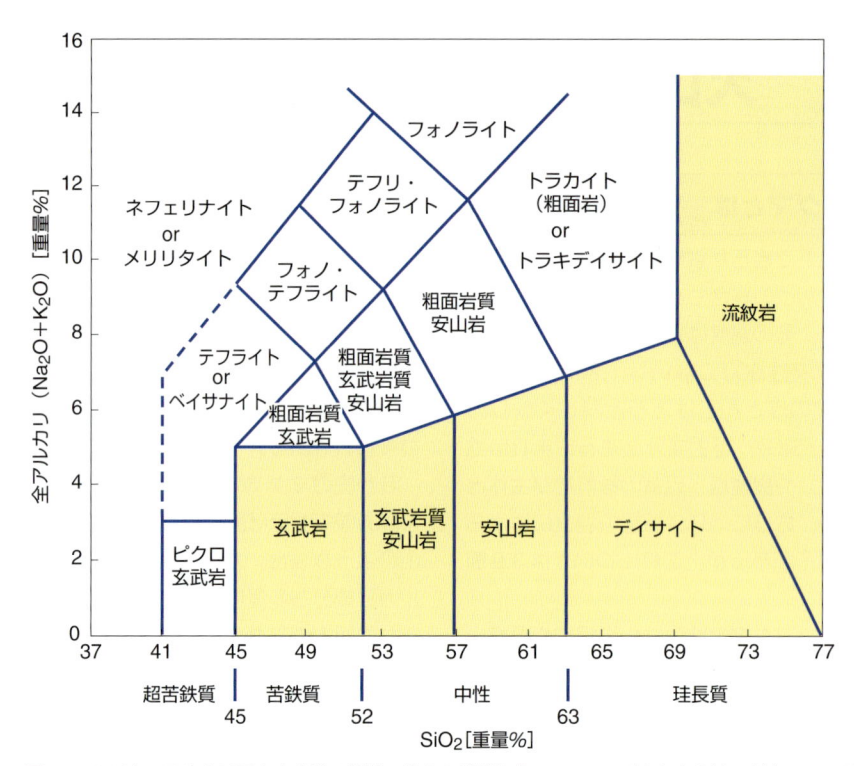

図3.3 シリカーアルカリ図と火山岩の分類：黄色の部分は表3.2のシンプルな命名法に対応している．

表3.3 マグマ中の揮発性成分の量比：マグマ中に含まれる揮発性成分は火山ガスの分析から推定される．主要な成分は水と二酸化炭素であるが，ごく少量含まれる二酸化硫黄や硫化水素などが有毒な成分として被害をもたらすことがある．

火山	種類	採取年	温度 [℃]	濃度 [モル%]							
				H$_2$O	CO$_2$	SO$_2$	H$_2$S	HCl	H$_2$	CO	N$_2$
キラウエア（ハワイ）	溶岩湖ガス	1983	1,120	83.4	2.78	11.1	1.02	0.1	1.54	0.09	―
エトナ（イタリア）	溶岩流ガス	1976	1,100	81	1.9	15.1	―	―	4.1	<0.05	<2.3
メラピ（インドネシア）	噴気孔ガス	1978	900	94	4.3	0.5	0.5	0.2	0.5	<0.01	<0.1
薩摩硫黄島（日本）	噴気孔ガス	1967	570	98.1	0.47	0.82	0.05	0.49	0.07	1×10^{-4}	4×10^{-3}

殊なことが起こらない限り，常温に近い地表近くでつくられることはない．さまざまなマグマのうち基本となるのは玄武岩マグマであり，このマグマの温度は1,000～1,300℃であるので，このマグマが地殻内でつくられることも通常の条件では考えられない．常温の地球表面から7～60 km程度の深さまでを占める地殻内の温度は高い場所でも800℃を越えることはないので，玄武岩マグマは地殻の下に分布するマントルの岩石が融解してできると考えることができる．

第1章でも述べたようにマントルの岩石は**ペリドタイト**とよばれる岩石で，地殻の岩石とは異なる化学組成をもっている．ペリドタイトのような岩石の融解で特徴的な点は，岩石が複数の種類の鉱物でできているために，ある一定の温度で固体から液体に移り変わることはないという点である．0℃で氷が溶けて水ができたり，金を加熱すると1,064℃で固体から一挙に液体に移り変わるのとは本質的に異なる．

岩石の融解は温度を上げていったとき，ある温度でごく少量の液体が部分的にできることで始まる．この温度を**融解温度**あるいは**ソリダス**という．岩石を融解温度にいくら長い時間おいても，液体の量が増えることはない．温度をさらに上げていくと，液体部分の量は増え，その化学組成も変化する．このことは，岩石の部分的な融解によってできる液体の組成がもとの岩石の組成と異なるという性質のためである．最終的にはある温度で，すべてが融けると

最初の岩石と同じ化学組成の液体ができる．この完全に融ける温度を**液相温度**あるいは**リキダス**とよぶ．融解温度と液相温度の差は圧力によって変化するが，通常，数百℃程度である．つまり，数百℃の温度範囲で固体と液体とが共存していることになる．この液体の部分が融け残りのペリドタイトの固体部分から分離すると火山のもとのマグマとなる．

一般に岩石の融解温度は圧力の増大とともに高くなる．したがって，マントルのペリドタイトを融解させてマグマをつくるには地中深くなればなるほど，より高温が必要となる．ところで，地球内部の温度は地球中心に向かうほど，すなわち圧力が高くなるほど，温度は高い．しかし，通常の条件では地球内部の温度はどの深さでもペリドタイトが融け始める融解温度よりも低いためマントルは固体のままである．このような地球内部の岩石の性質と温度分布のために，岩石が融解するプロセスとしては，2つのことが考えられる．

1つは，ある深さで何らかの原因でマントルの温度が一部上昇し，融解温度を超える場合である（**加熱融解**，図3.4）．もう1つは，深い場所にあったペリドタイトの一部が周囲の岩石と熱のやり取りをしないまま，塊として浅い場所まで移動する場合である．周囲と温度のやり取りをしない場合，低圧になって体積を膨張させる分だけ，温度は少しだけ下がるが，地下深くにあったときの温度とあまり変わらない．このため，高圧下ではその圧力の融解温度よりも低いために固体であったのに，浅い場所に移動すると，すなわち低圧になると，上昇してきた岩石の塊の温度はその圧力での融解温度よりも高いことになり，部分的に融けてマグマがつくられる（**減圧融解**，図3.4）．

ところで，ある条件が満たされると，先に述べた2つのケースとは異なる温度条件でマグマが生成される．マントルのペリドタイトに水などの揮発性成分が加わった場合である．ペリドタイトに水が加わると，その融解温度は低下する．図3.5に示したように，水が加わると圧力によっては融解温度は数百℃も低下するため，マントル内のある場所の岩石に高温の水が加わった場合，それまで固体であったにもかかわらず，水の存在下での融解温度よりも高い温度になるため，マグマがつくられる．

このような条件はプレートが沈み込んでいる場所で達成されやすい．大陸近くで沈み込む海洋プレートは海嶺で生産されたあと，数千万年から2億年か

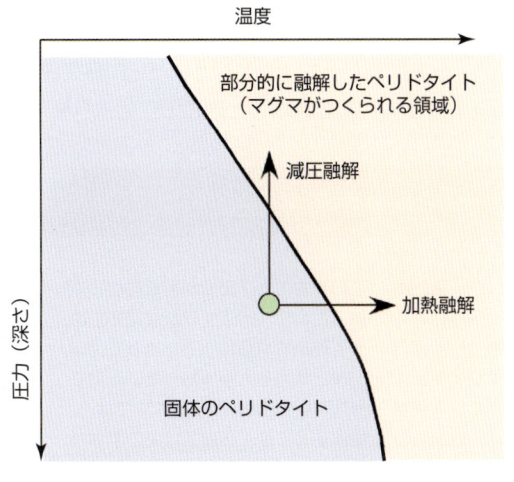

図3.4 ペリドタイトの融解とマグマの生成：ペリドタイトの融解温度は圧力の上昇とともに増加する．したがって，ペリドタイトが高温になるか，高温の固体のペリドタイトがあまり冷えないまま低圧にもたらされると融解が始まる（加熱融解・減圧融解）．

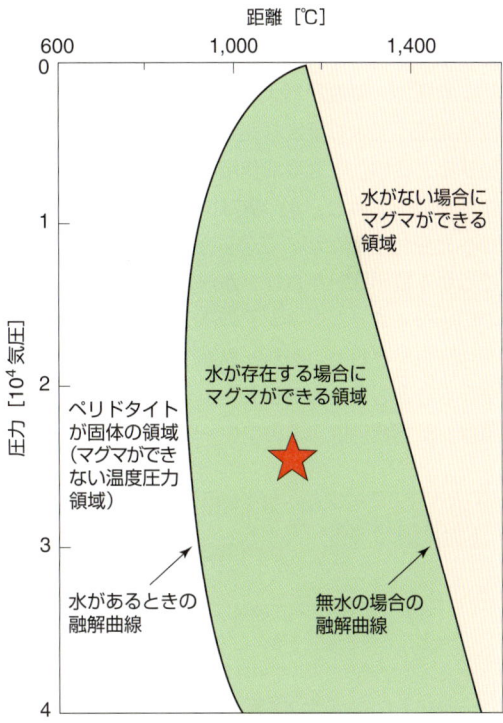

図3.5 含水ペリドタイトの融解曲線と無水ペリドタイトの融解曲線：ペリドタイトに水が加わると融解曲線は水がない場合（無水）に比べて数百℃低温側に移動するため，比較的低温でマグマがつくられる．星印の温度圧力条件にあるペリドタイトは水がない場合は固体状態にあるが，同じ温度圧力条件でも水が加わると，融解曲線よりも高温側に位置することになるのでマグマがつくられる．

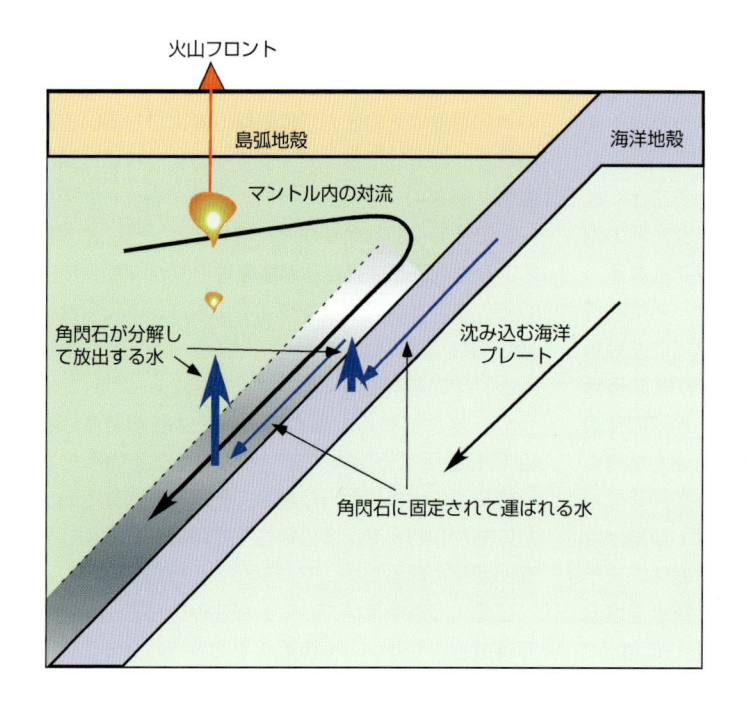

図3.6
火山フロントと水：火山フロントの下では，プレートの沈み込みによって高圧下に運ばれた含水鉱物（角閃石）が分解して，上位のマントルに水を供給する．このため，島弧の下のマントルの融解温度が下がるので，部分的に融けてマグマをつくる．

けて，海底下を移動してくる間に海水との反応が起こって，プレートを構成する岩石の中には水を含む鉱物などがつくられる．このようなプレートが沈み込んで圧力・温度が増大すると岩石をつくる鉱物が高温高圧下でより安定な鉱物の組み合わせに順次変化する．このことを**変成作用**というが，一般に変成作用が進行すると，水の少ない鉱物を含む組み合わせへと変化するため，この際余分な水を放出する．こうして放出された水が，海洋プレートが沈み込んでいる日本やインドネシアのような島弧の下のマントルに供給される．もし，島弧の下のマントルの温度が水を含む場合のペリドタイトの融解温度よりも高かった場合には，このプレートから放出された水が加わることによってマグマがつくられることになる．冷たいプレートが沈み込んでいるはずの島弧でマグマの活動が活発な原因は，このような水によってマグマがつくられるからだと理解されている（図3.6）．

3.2.3 マグマの上昇とマグマ溜まり

一般に固体が融解して液体になると，体積が増えるために密度は固体に比べて小さくなる．このため地下で生成されたマグマは周囲の岩石よりも密度が低く，地表に向かって上昇しようとする．熱気球で，気球の内部の空気を暖めると周囲の空気より軽くな

---

column　地震でできるマグマ：シュードタキライト

地震は地下の岩石が破壊し，断層が生じる際に発生する．この時に発生する地震のエネルギーは地震波エネルギーとして地球を揺さぶるが，一部は断層周辺の岩石を瞬間的に高熱にする熱エネルギーにも転換する．この熱エネルギーによって，岩石が融解し，マグマを形成することがある．このようにして発生するマグマは断層周辺に限られ，移動して火山活動を引き起こすことはないが，断層周辺にガラス状物質として保存されることがある．マグマが急冷してガラス質になった岩石をタキライトとよぶのに対し，断層周辺のガラス状物質が，マグマが固化してできたものであるか，破砕され無定形となったものかについて永らく議論があったため，シュードタキライト（擬タキライト）とよばれるようになった．多くの場合ガラス部分が再結晶化しているために，最近まで断層運動によって破砕され細粒化した岩石ではないかと考える人が多かった．低温で融解可能な花崗岩質岩石だけでなく，融解するには1,200℃以上の高温が必要なペリドタイトでも認められることがあるので，断層運動では短時間とはいえ，かなりの高温が発生することが推定される．　　　[藤井敏嗣]

り大気中を上昇するのと同じ原理である．地球の岩石は，深部から浅所に向かって密度が小さくなるように積み重なっており，重力場では安定な密度構造をしている．地殻上部の岩石の密度は玄武岩マグマよりも小さい．このため，マグマは地殻内のある深さで周囲の岩石の密度と等しくなり，釣り合いの状態に達する．このため，マグマはこの釣り合いの深さで停滞する．このようにして，マグマが一定量たまった場所を**マグマ溜まり**とよぶ．

密度の釣り合いのために，いったんマグマ溜まりで停滞したマグマが，再度上昇して火山噴火を起こすことになるきっかけのひとつはマグマの密度が変化するためである．マグマ溜まりで周囲の岩石に熱を奪われてマグマが冷えると，マグマからかんらん石や斜長石などの鉱物結晶が晶出する．通常の結晶の中にはマグマ中に含まれる水や炭酸ガス成分は含まれないので，これらの成分は残りの液体中に順次増えていくことになる．このような揮発性成分が液体中に濃集すると，液体部分の密度は小さくなる．

揮発性成分が濃集して溶解度を超えると，マグマ中に気泡が生じる（図3.7）．こうなるとマグマの密度は非常に小さくなる．こうして，マグマ溜まりのマグマはまわりよりも軽くなり，再び上昇を始める．マグマ中の揮発性成分のうち，二酸化炭素の溶解度は水に比べるとはるかに低い．このため，もともとマグマ中に二酸化炭素が少量しか含まれていなくても，マグマが上昇を始めて圧力が少し下がると，すぐに溶解度を超えて，水より先に炭酸ガスの気泡が生じる．

3.2.4 マグマ組成の変化

マントルのペリドタイトの融解によって生じるマグマを**初生マグマ**とよぶ．このマグマがさまざまな組成のマグマのもとになるので**本源マグマ**ということもある．初生マグマは通常，玄武岩マグマであるが，マントル内のどの深さ，つまり，どの圧力で融けるか，またどの程度融けるかによって，その化学組成はある程度異なる．マントルのペリドタイトが融解するとき圧力と温度の違いによってどのようなマグマが生じるかを示したものが図3.8である．こ

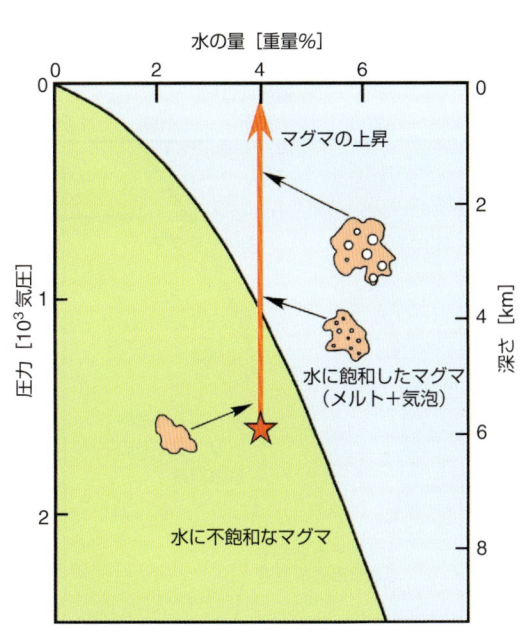

図3.7 マグマ中への水の溶解度の圧力依存性と上昇する（減圧する）マグマからの発泡：マグマが深部にあるときには水はマグマ中に溶け込んでいる（水に不飽和）が，減圧してある深さに達するとマグマ中の水の溶解度を超え，気泡として析出する（発泡）．さらに減圧が続くと気泡の量が増え，最終的には破裂してマグマの破片（火山灰）をつくる．

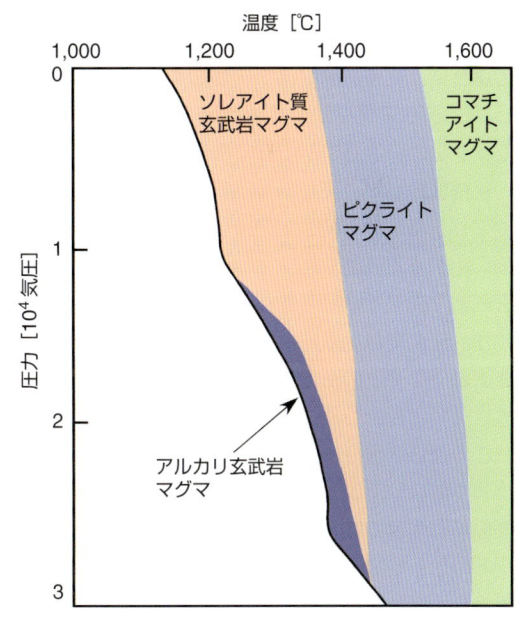

図3.8 マントルペリドタイトの融解でできるマグマの種類と温度・圧力の関係：ピクライトマグマは通常の玄武岩マグマにかんらん石成分が融け込んだような組成で，マグネシウムに富む．コマチアイトマグマはピクライトマグマよりさらにマグネシウムに富み，ペリドタイトに近い組成のものもある．25億年以上も前の時代に噴出したものが多いが，数千万年前に噴出したものもある．活火山ではコマチアイトマグマの存在は知られていない．

図3.9 マグマの密度，移動速度と圧力の関係：マグマの移動速度は，3万気圧に相当する深さでの速度を10とした時の相対的な速度で表現してある．

のように，さまざまなマグマがつくられるが，これらは玄武岩マグマかそれよりもマグネシウムに富む，シリカに乏しいマグマである．

　初生玄武岩マグマがつくられたあと，このマグマはマントルよりも軽いために，浮力が生じてより浅部に向かって移動する．マントルのペリドタイトと玄武岩マグマでは密度差が大きいため，浮力も大きいが，マグマが地殻内に移動すると，地殻の岩石は玄武岩マグマとの密度差が小さくなるために状況に大きな変化が生じる．

　この関係を図3.9に示したが，地殻内では浮力が小さくなり，マントル内を移動する速度と地殻内を移動する速度には大きな差が生じる．このため，マントルから地殻下部に供給されるマグマ量が地殻内で上方へ移動するマグマ量をしのぐことになり，マグマは地殻下部に停滞しがちである．

　この部分の温度はマグマがつくられた場所の温度よりも低いので，マグマが停滞している間に温度が冷却し，結晶化が進行するために，マグマの化学組成は次第に変化する．この深さではマグマは地殻下部を構成するガブロより密度が小さいため，まだ浮力をもっており，より浅い部分に移動するマグマも

ある．しかし，上部地殻の岩石の密度はマグマの密度よりも一般に小さいために，マグマはそれより浅い位置には移動できなくなり，停滞してマグマ溜まりを形成する．

　先にマグマが停滞する場所として地殻・マントル境界部と中部地殻付近の2つの場所をあげたが，これらの場所はさまざまな化学組成のマグマが生み出される場所でもある．

　玄武岩マグマは大きく分けると2つのメカニズムで多様な組成のマグマに変化する．マントルから移動してきたマグマが高温の熱源として働き，地殻の岩石を加熱・融解して，新たに異なる組成のマグマを生成する場合と，自らが冷え固まる過程で，マグマ中の結晶が増え，結果として残りの液体部分の化学組成が変化する場合である．この2つのプロセスの中間に異なる化学組成をもつ複数のマグマが混合して新たな組成のマグマをつくるというプロセスもある．

　地殻を形成する岩石は，マントルから移動してきた玄武岩マグマが固結したものか，海溝などに堆積していた砂や泥などがプレートの沈み込みに伴なって地殻下部にもたらされた堆積岩起源のものなので，その化学組成はマントルとは大きく異なる．

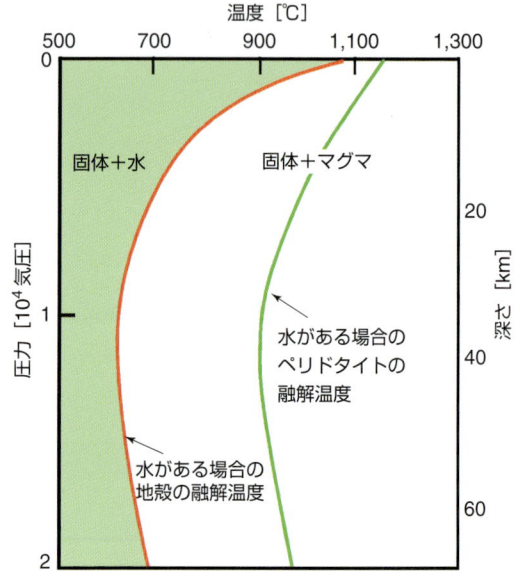

図3.10 地殻物質の融解温度：マントルペリドタイトと比べるとはるかに低温で融解する．地殻物質はマントルペリドタイトとは異なる化学組成をもつため，地殻の融解でできるマグマは，マントルでつくられる玄武岩マグマよりもシリカに富み，鉄やマグネシウムに乏しいデイサイトなどの化学組成をもつことになる．

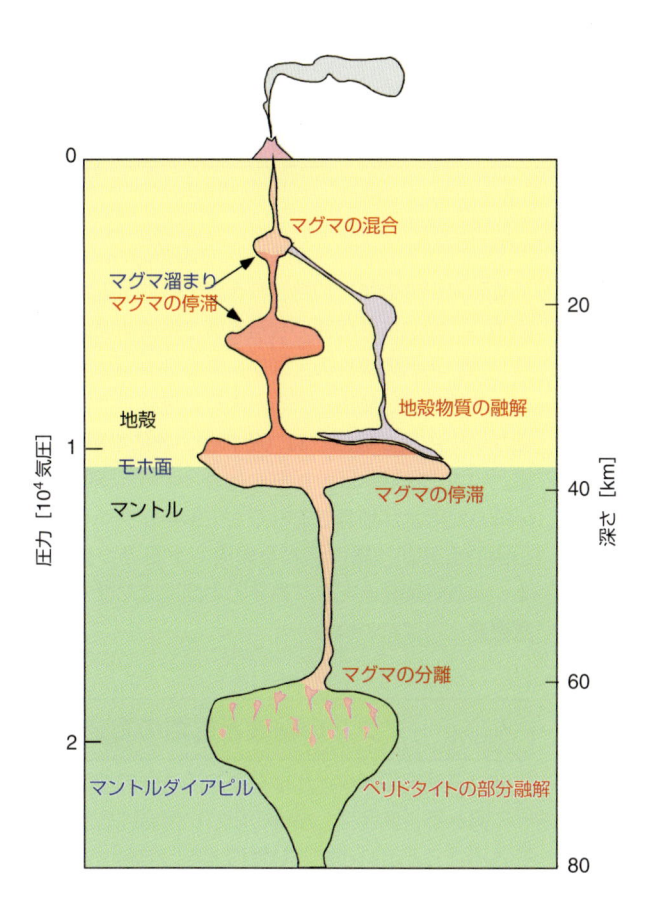

図3.11 マグマ発生から火山の形成までの模式図：高温のマントル物質がマントル内を上昇する際に減圧融解が起こり，マグマが生成される．このマグマはマントルと地殻の境界（モホ面付近）での密度ギャップのため，いったんマグマ溜まりを形成する．この熱により地殻の一部が融解し，デイサイトなどのマグマがつくられる．ここでの分化のあと，上昇を始めたマグマは，地殻中部での密度の釣り合いのため再びマグマ溜まりをつくる．ここでの結晶化などによりマグマ中に揮発性成分が濃集して軽くなったマグマは再び上昇して噴火することになるが，途中で地殻の融解で作られた別種のマグマとの混合などが起こり，さらに化学組成が変化することもある．

　このような地殻の岩石はマントルに比べると低い温度で融解を始める．つまり，地殻の岩石の融解温度はマントルのペリドタイトの融解温度よりも低い（図3.10）．地殻の岩石の部分融解で生成されるマグマは比較的シリカに富む化学組成となる．マントルから移動してきた高温の玄武岩マグマの熱によって地殻の一部が融解してできるマグマは，デイサイトや流紋岩の組成をもつ．もちろん，固結した玄武岩が再び全部融ければ玄武岩マグマができることになるが，熱源が玄武岩マグマである限り，固結した玄武岩がすべて再融解することはあり得ないので，地殻の岩石の再融解によってつくられるマグマはシリカに富むマグマとなる．

　シリカに富むマグマは，このような地殻の再融解以外にも，玄武岩マグマが冷え固まる過程でもできる．玄武岩マグマの温度が徐々に下がっていくと，比較的高温では，かんらん石，斜長石という鉱物がマグマから結晶する．これらの鉱物の化学組成は玄武岩マグマとは大きく異なり，特にシリカに乏しいので，残りの液体部分の化学組成はもとの組成に比べシリカに富むようになる．さらに低温になると輝石が結晶化するが，同時に斜長石やかんらん石も結晶化するため，残りの液体はさらにシリカに富む組成に変化する．

　このように，マグマから結晶が晶出して，残液の化学組成が変化することを**結晶分化作用**とよぶが，このプロセスでも，残液の組成は，安山岩マグマを経て，デイサイト，流紋岩マグマへと変化する．

　このように地殻の中でつくられるマグマは，マントルでつくられる初生マグマとは異なり，**流紋岩マグマ**，**デイサイトマグマ**である．これらのマグマがマントルから移動してきた玄武岩マグマと混合して，中間的化学組成の安山岩マグマをつくることもある．我が国の火山の多くは安山岩ないしデイサイトマグマからつくられているが，これらのマグマの形成には，複数のマグマの混合が主要なメカニズムであると考える研究者も多い．

　以上述べたマグマ発生から火山噴火に至る過程を模式的に表現したものが図3.11である．

■図表の出典

表3.3　日下部実，松葉谷治：火山，30（1986）pp.S267-S283を改編．

3.3 噴火のしくみとその規模

3.3.1 噴火の原因と種類

マグマは地下の10 kmから数km付近のマグマ溜まりでいったん蓄えられ，そこから地上に移動して**火山噴火（噴火）**を引き起こす．マグマ溜まりは長い年月を経て形成された一種のマグマの居住空間である．マグマがマグマ溜まりから地上に移動する原因は，マグマ溜まりに地下から新たにマグマが侵入してくることや，溜まり内部のマグマみずからが何らかの原因で泡立って膨張し，マグマ溜まりという容器におさまりきらなくなることである．

マグマが直接地上に放出される噴火のことを**マグマ噴火（マグマ爆発）**という．マグマ噴火には例えば次のようなものがある．ハワイのキラウエア火山やイタリアのエトナ山でよくみられるように，真っ赤な溶岩（マグマ）が噴水や上を向いたシャワーのように火口から勢いよく飛び出し，その周囲では着地した溶岩が集まって真っ赤な川となって流れ下る．また，桜島や諏訪之瀬島でみられるように，大音響の爆発に引き続いて，火山灰を含んだ真っ黒な煙が火口からモクモクと出現し，キノコ雲となって上空に向かって成長する．または，雲仙普賢岳の噴火でみられたように，火口のそばに盛り上がるようにできた溶岩の一部がくずれ，それに引き続いて火山灰の雲が山の斜面をはうように流れ下る現象がある．

このように，さまざまな噴火のスタイルがあるが，これらの噴火はマグマの粘性やその中に含まれる揮発性成分のふるまいによって生じる．これらの違いは，主に火口とマグマ溜まりをつなぐ通路（**火道**）の中で，マグマと気泡がどのようにふるまうのかによって決まっている．このしくみについてはあとで説明する．

噴火ではいつもマグマが火口から放出されるわけではない．マグマが放出されない噴火として**水蒸気爆発**がある．水蒸気爆発は比較的規模の小さいことが多いが，大きな噴火に先立って起こることが多い．水蒸気爆発は，地下水や湖水などが地下から接近してくるマグマの熱で加熱され水蒸気となって急激に膨張し，ついには周囲の岩石を噴き飛ばす噴火である．古い岩石の破片の土砂が，黒っぽいジェットとなって繰り返し放出される．水蒸気爆発では非常に細かい火山灰が放出され，それが山麓に堆積する．細かい火山灰は水はけが悪いため，水蒸気爆発直後に降った雨水が地表を流れて谷に集中しやすく，火山灰や土砂が一緒に流れる**泥流**や**土石流**が発生する．水蒸気爆発とマグマ爆発の中間型は**マグマ水蒸気爆発**とよばれている．

3.3.2 マグマの粘性と気泡のでき方

マグマ噴火のスタイルはマグマの粘性の違いによって異なる．例えば，粘性の小さい溶岩は緩斜面でもさらさらと流れるが，粘性の大きい溶岩はどろどろしており急斜面でもゆっくり移動し，斜面が急になりすぎるとちぎれて落ちてしまう．地下でもマグマの粘性によってマグマの中の気泡のでき方が異なり，先に述べたような，噴火のスタイルに違いを生じる．

マグマが浅い場所に急激に移動してくると，マグマが泡立って突然膨張し始める．泡の「もと」となるものは揮発性成分で，主に水分である．水は高温のマグマに数％から10％ほど溶け込むことができ，その量は圧力が高いほど（深い場所ほど）多いという特徴がある．このため，水を数％程度含んだマグマが上昇すると，低い圧力状態になるため，マグマにもはや溶け込めなくなった水分がガス（水蒸気）として分離し始める（図3.7参照）．水蒸気は水の数百倍から千倍体積が大きいため，泡立ったマグマは水蒸気の分だけもとのマグマより膨張する．この泡のでき方，成長の仕方，さらにはマグマの中の泡の移動の仕方が火山噴火のさまざまなスタイルを生む原因となる．

イタリアのストロンボリ火山でよく起こる噴火では，火口に溜まったマグマの表面で，下から集まってきたいくつもの泡が合体して巨大な泡となり，あ

る大きさを超えるとシャボン玉のようにはじけて爆発する．その際に，マグマのしぶきが火口のまわりにシャワーのように飛び散る．これは玄武岩や安山岩マグマなどによくみられる，粘性が小さいマグマの噴火例である．一方，軽石や火山灰を大量に成層圏（15 km以上）に噴き上げる噴火では，地下の通路を移動中の泡立ったマグマがくだけ，泡に閉じ込められていたガスがいっせいに膨張し，マグマの破片と火山ガスが，あたかも空気鉄砲のように，火口から勢いよく一緒に飛び出すものである．マグマの破片は軽石や火山灰である．前者の噴火例は泡がスムーズに成長し合体できたのに対し，後者の噴火例ではマグマの粘性が大きすぎて，それがスムーズに行われなかったのである．そこでは，マグマが地上付近に接近（圧力の減少）しても，粘性の大きいマグマの中で気泡が高圧のガスを含んだまま十分に成長できず，泡を取り囲むマグマ部分がもろくなり，こなごなに破壊したと考えられている．

教科書にはしばしば，揮発性成分を多く含むマグマほど爆発的な噴火を起こすと書いてあることがあるが，これは正確ではない．また，粘性の大きいマグマの方が爆発的な噴火をすると書かれている場合もあるが，これも厳密には正しくはない．例えば，伊豆大島の1986年の噴火では粘性の低い玄武岩マグマであっても噴煙柱が10 kmも上昇し，三宅島の2000年の噴火も玄武岩マグマの噴火であったが，マグマ水蒸気爆発であったため噴煙が成層圏まで達した．これらの噴火は1991～1995年の雲仙普賢岳噴火や有珠山の2000年の噴火に比べてより激しいものであった．

3.3.3 噴火の規模

噴火（爆発）の規模は一度の爆発に費やされるエネルギーで表すことができる．このエネルギーのほとんどが熱エネルギーであり，爆発で放出されるマグマの量に比例する．爆発によってできる火山灰を含む**きのこ雲（噴煙の柱）**の高さも熱エネルギーに比例しているため，たくさんのマグマが火口から放出されるほど噴煙の柱は空高くまで達する．そのため噴煙の柱の高さは噴火の規模を知るめやすとなる．規模の大きな噴火では，数km^3のマグマが地下から一気に地上や空中にもたらされるため，マグマ溜まりが一時的に空っぽになり，支えがなくなった天井部が溜まりの中に陥没する．このとき地上に現れた凹地が陥没カルデラである．今から約9万年前の阿蘇山では数百km^3のマグマが噴火で一度に放出され，その後に今の阿蘇カルデラの原型ができた．

Newhallらによって，地震のマグニチュードと同じように，噴火の規模を9段階に分けて表現する方法が提案されている（図3.12）．これは1回の噴火（爆発）の噴出量と噴煙の高度を基準にしたもので，**火山爆発指数**（VEI : volcano explosivity index）とよばれ0～8まで存在する．爆発指数8はアメリカ大陸のイエローストーンカルデラをつくった噴火が例であり，その噴出量は数千km^3にも達する．爆発指数8の噴火が起こると地球全体の生命に深刻な影響が生じる可能性があるとして，**超巨大噴火やスーパーボルケーノの噴火**などとテレビ番組では紹介されている．1回の噴火で$10^8 m^3$以上（爆発指数4以上）の噴出量をもつものが大規模噴火である．一方，$10^6 m^3$以下（爆発指数1以下）が小規模噴火である．これらの中間のもの（爆発指数2～3）を中規模噴火とよんでいる．カルデラをつくるような巨大（非常に大規模）噴火は$10^9 m^3$（$1 km^3$）（爆発指数5）を超えることが多い．新聞でしばしば目にする大噴火という見出しは社会的印象の度合いであり，この爆発指数のルールには則っていない．それぞれの規模の噴火の頻度を地球規模で比べるときれいな規則性がみられる（図3.13）．地震の発生頻度とマグニチュードの関係によく似ている．大きい噴

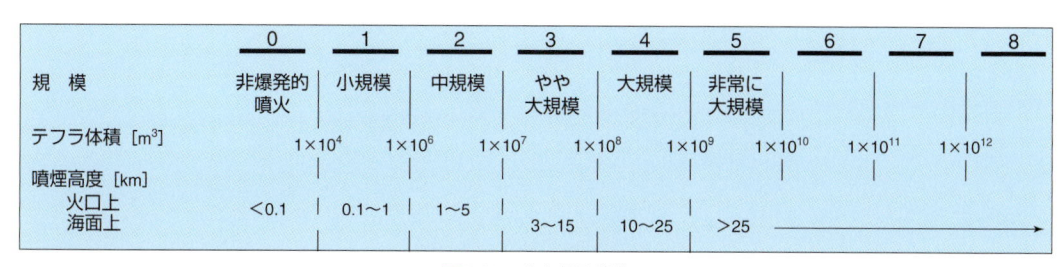

規模	0	1	2	3	4	5	6	7	8
	非爆発的噴火	小規模	中規模	やや大規模	大規模	非常に大規模			
テフラ体積 [m^3]		1×10^4	1×10^6	1×10^7	1×10^8	1×10^9	1×10^{10}	1×10^{11}	1×10^{12}
噴煙高度 [km] 火口上	<0.1	0.1～1	1～5						
海面上				3～15	10～25	>25			

図3.12 火山爆発指数

図3.13 火山爆発指数と発生頻度の関係：発生頻度は過去の噴火データをもとに計算されている．地球上で1,000年間に起こる噴火の回数を指数ごとに示してある．爆発指数8のものが直線から外れているが，これは噴火の頻度がきわめて低いために，浸食や新しい火山噴出物に覆われてしまったために，きちんとデータがみつからないためであると考えられる．

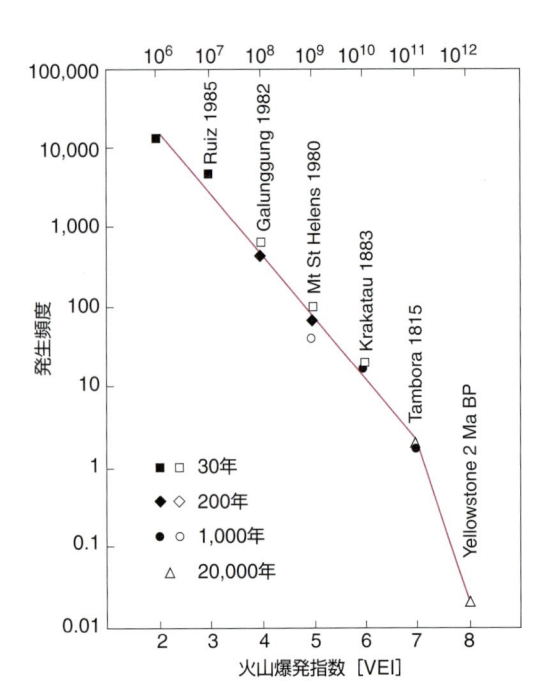

火ほど頻度が少ないことがわかる．

日本の噴火で爆発指数が7とされるものが今から約7,500年前に鹿児島の南の海中で発生し，火砕流が九州南部に達し，火山灰は北海道まで降り積もった．また，富士山で1707年に起きた宝永噴火は爆発指数が5である．

爆発指数は目撃記録のない過去の噴火ではどの堆積物が1回の噴火に相当するのか決めることが難しく，堆積物から見積もられた噴煙高度もモデルに依存して異なる値を示す．このため，総噴出量をkgで表し，その常用対数から7を減じた値を**噴火マグニチュード**（M）とする簡単な方法も提案されている．この表現によっても噴火の規模に大差は生じない．この方法は爆発を伴わずに，溶岩流のみを噴出する噴火にも適用できる．

■図表の出典

図3.12　Newhall, C.G. and Self, S.: *J. Geophys. Res.*, **87** (1982) pp.1231–1238 による．

図3.13　Simkin, T. and Siebert, L.: Volcanoes of the world, 2nd ed.（1993）p.349.

図3.C3　国立天文台編：理科年表 平成20年版，丸善（2007）p.688.

図3.C4　町田 洋，新井房夫：新編 火山灰アトラス，東京大学出版会（2003）p.60.

図3.C5　安田 敦（東京大学地震研究所）撮影．

column 日本の主な広域火山灰層

日本では，国土の大部分に火山灰の降下をもたらすような，噴火マグニチュードが6程度以上の爆発的噴火は数千年から1万数千年の間隔で，平均的には6,000年に1回程度の頻度で発生する．このような頻度はごく最近のみではなく，過去数十万年のデータにもとづいている．

このような巨大噴火の噴煙は成層圏にまで達する．日本の緯度では成層圏近くまで火山灰を吹き上げた場合，西風が卓越するため，火山灰は火山の東方に堆積することになる．例えば九州地方で噴火が起きた場合，火山灰が西日本から関東・東北までの広い範囲に分布することから，広域火山灰とよばれる．また，朝鮮半島の北部にある白頭山の噴火による火山灰が日本海を越えて東北地方や北海道に堆積したこともある．このような広域に分布する火山灰のいくつかは顕著な化学組成を示したり，特徴的な鉱物を含んでいたりするために，各地で同定が可能である．主な広域火山灰（テフラ）の分布域を図 3.C3 に示したが，ある地域の火山の活動時期や，遺跡などの時代の同定に有効なものさしとして活用されている．広域火山灰を放出するような噴火活動はせいぜい数時間から数日程度であり，遠方でも数日以内に堆積してしまうことから，広範な地域における等時間マーカーとなるからである．

図 3.C4 には広域火山灰のうち約25,000年前に現在の鹿児島湾付近で大噴火を起こした姶良Tn火山灰の厚さ分布を示した．関東でも10 cmを超す堆積厚さとなるので，現代に発生すれば大被害が生じる．このような巨大噴火は約7,300年前の鬼界カルデラの噴火を最後に発生していない． ［藤井敏嗣］

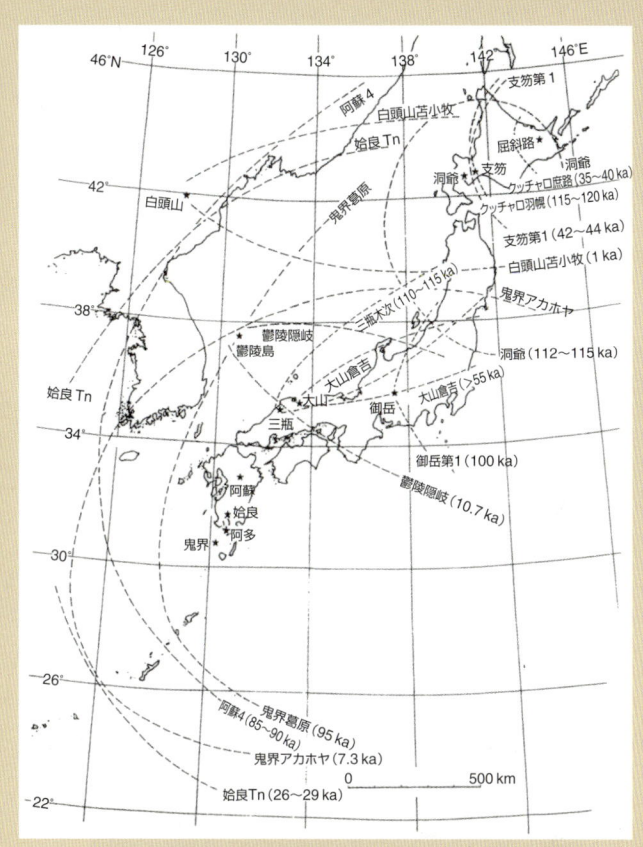

図 3.C3 日本列島およびその周辺地域の第四紀後期広域テフラ：肉眼で認定できる分布のおよその外縁を破線で示す．かっこの数字は噴出年代を示す（ka：1,000年前）．

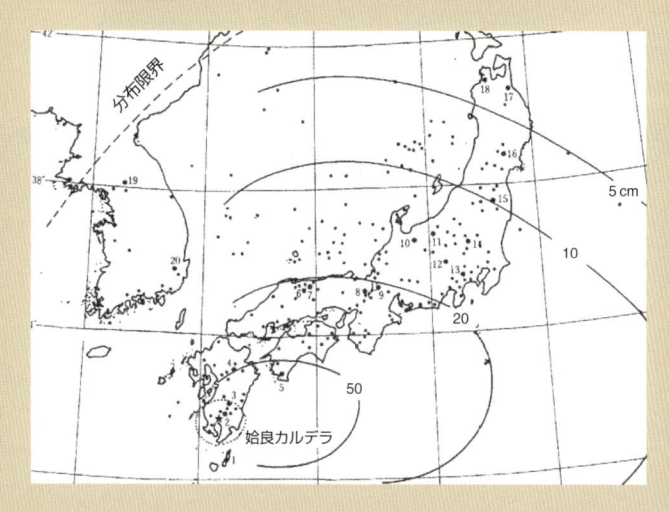

図 3.C4 姶良Tn火山灰（AT）の等層厚線．点線内は入戸火砕流の分布範囲を示す．

column　ポンペイとエルコラーノ

イタリア，ナポリ湾の近くにあるベスビオ火山は直径20 km，高さ1,000 m程度の比較的小さな火山である．その活動は数万年前から始まったとされているが，先史，歴史時代を通じて，何度かの激しい噴火を起こしている．紀元前3世紀のアヴェリーノ噴火は最大規模で，イタリア先住民の多くの住居がこの火山灰によって埋没したことがノーラなどの遺跡の発掘でわかっている．この噴火のあと，数百年間噴火が発生しなかったことから紀元79年の噴火の発生まで，ベスビオ火山周辺に生活していたローマ帝国の国民にはこの山が活火山であるという認識はなかったようである．噴火に先立つ10年前には直下で地震が発生し，建築物に被害が生じたがこの現象を火山噴火と結び付けて考えることはなかった．

79年の噴火は突然の噴煙柱の発生とそれに続く大量の軽石の降下で始まった．南麓にあったポンペイでは大量の軽石によって町が埋設され，途中何度かの火砕サージが発生して，避難できなかった住民は死亡し，その後も降り続いた軽石に埋められてしまった．

西麓にあったエルコラーノの町では降りしきる火山灰から避難しようと海岸に集まった住民を大規模な火砕流が襲い，船着場を含めて火砕流によって埋め立てられた．噴火の主要なフェーズは2日間で終了したが，これらの埋設された町のことは忘れ去られ，18世紀になって発掘が行われるまで歴史から消えることになった．

ポンペイは現在に至るまで発掘が続けられているが，短時間に埋設されてしまったために，紀元1世紀のローマ帝国時代の生活をそのまま記録している遺跡として，考古学上重要な位置を占めている．エルコラーノの遺跡はその存在が忘れられたまま，そのうえに新たな市街地が形成されていたが，18世紀のマンション建設の途中で地下に市街地が埋もれていることがわかって，発掘が開始された．

なお，この噴火は当時のナポリ提督であったプリニウスが難民の救済途中に火山ガスの有毒成分のために死亡したことでも知られ，また世界で始めて噴火の様子がプリニウスの甥（小プリニウス）によって記述された点でも有名である．この噴火のように成層圏にまで噴煙を噴き上げる大噴火を小プリニウスの名にちなんでプリニー式噴火という．噴火の様式はハワイ式やストロンボリ式など，火山の名前にちなんでつけられることが大部分であるが，プリニー式だけは最初の火山噴火記述を行った人名にもとづいている．

〔藤井敏嗣〕

図3.C5
ポンペイの遺跡とベスビオ火山

3.4 火山噴火に伴う諸現象

　火山噴火はある体積をもった高温のマグマが地表に近づいて引き起こされる現象である．このため，地上ではさまざまな変化となってその**前兆現象**が認められる．例えば，マグマが移動するスペースをつくるために岩盤が割られる必要があり，そこでは地震が起こる．地震は，岩盤を割るだけでなく，マグマが通路にある地下水と接触することでも，マグマ自身が泡立つことでも生じる．また，移動してきたマグマの体積分だけ火山体が膨らみ，山の斜面も傾く．マグマはふつう周囲の岩石とは密度が異なるため，マグマの接近によって地上付近では重力などの変化が起こる．さらには，マグマの熱で地下水が暖められ，地下水の循環経路や流量に変化が起きたり，地下の全体の電気の通りやすさや磁力が変化することがある．このほか，噴火の前に，井戸水の水位や水温が急激に変化することが古くから言い伝えられている．もちろん，火口から突然火山ガスの放出が始まったり，それまでに火口から出ていた火山ガスのにおいや色が変わったりすることもある．このように噴火現象に先立って多くの諸変化が起こり得る．

　マグマが次第に地表に接近することによって，上記の諸変化は一般的により激しく顕著になるため，噴火の時期の到来をある程度推定することができる．一方，ひとたび噴火が始まり火口が開いてしまうと，マグマの放出による浅い地震が発生するようになり，これまで観測された地下深部の地震の発生の仕方も変わってくる（図3.14）．また，マグマの地上への脱出によって，それまでマグマの蓄積で認められた地形の変動は解消されるようになる．

　これらの変化を観測し，火山活動の状態を総合的に診断することによって，噴火の開始やその経緯を前もって予想し，住民避難や交通路の規制など防災に役立てることができる．

3.4.1 地震活動

　火山性地震とは火山体の内部やその周辺ごく近傍で発生する地震を指す．火山で発生する地震には，震源の深さや波形特性を基準にA型，B型，微動，爆発地震などとよばれている．A型地震はP波とS

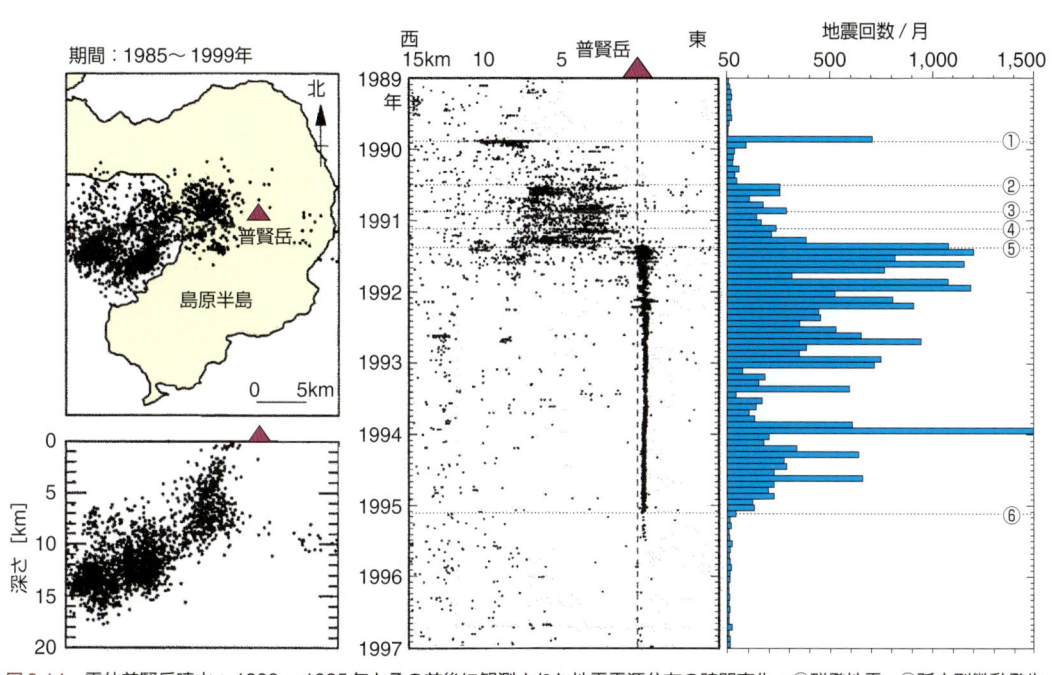

図3.14　雲仙普賢岳噴火：1990〜1995年とその前後に観測された地震震源分布の時間変化：①群発地震，②孤立型微動発生，③最初の噴火，④再噴火，⑤溶岩ドーム出現，⑥噴火の終了．

波が明瞭に区別でき深部で発生することが多い．B型はP波が不明瞭で浅いものが多い．微動は数十秒以上継続するものを指し，単発的に起こるものを**孤立型微動**，継続時間が特に長いものを**連続微動**，火山灰などの放出に伴う微動を噴火微動とよんでいる．微動は周波数（1秒間に振動する回数）特性からはB型に近い．火山性地震や微動の発生機構から考えると，断層地震と同じダブルカップル型の火山構造性地震か，それ以外の非ダブルカップル型に分けることができる．後者は，爆発に伴うような力が等方的に働いて起こるものと，板状の割れ目やパイプの柱の中で流体が共鳴や振動することによって発生するものが含まれる．最近では，波形の周波数にもとづいて**低周波地震**と**高周波地震**（あるいは長周期地震，短周期地震）とを5Hz前後で区別することが提案されている．浅間山では古くから，火口の地下4kmより深い場所で起こるA型地震とそれよりも浅い場所で起こるB型地震とを区別し活動の評価を行った．A型，B型地震はそれぞれ高周波，低周波地震に相当する．

一般に噴火活動に先行して火山構造性地震が群発し，いったん，発生頻度がピークを超え減少し始める一方で低周波地震数が増加しはじめ，ついには噴火に至る．例えば，有珠山の2000年噴火では3月

column 深部低周波地震

構造性の地震は一般に高周波数の地震であり，低周波の地震は流体が関与する地震である．マグマの移動や地下水とマグマが接触して励起される震動は一般に低周波であり，噴火の直前や噴火に伴って火山の地下浅所で発生することが多い．しかし，地下深部で発生することもあり，そのような地震は深部低周波地震とよばれている．例えば，2002年末から富士山の地下15kmで発生したものもこれである．また，噴火中や噴火に先立ってモホロビチッチ不連続面付近で発生するものも知られている．1991年のピナツボ火山の噴火に先立ってピナツボ火山の地下約30kmで低周波地震が起こった．

一方，火山と直接関係のない場所でありながら，日本列島の広い範囲（長野県南部〜豊後水道）で深部低周波地震が起こっているのがみつかった．これは防災技術研究所が全国約600カ所に展開した高感度地震観測網（Hi-net）により発見されたものである．この低周波地震は，いったん起こると2〜3週間継続したり，大きな地震の直後に発生したり，1日に10kmほど移動することなどが特徴である．発生している深さは約30kmであり，沈み込みに関連して発生した流体が関与していると考えられているがまだ詳細は明らかになっていない． ［中田節也］

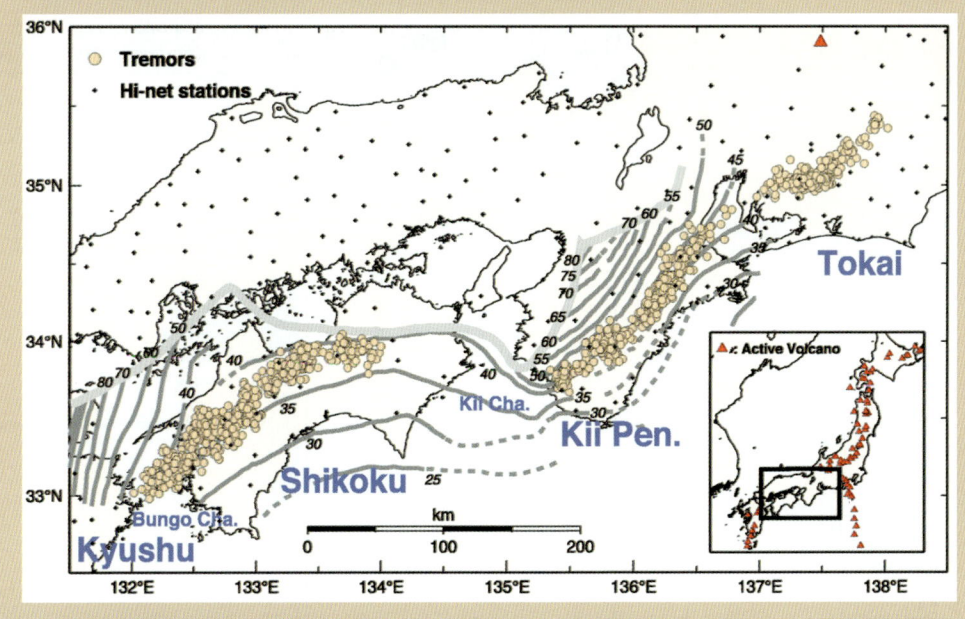

図3.C6 日本列島の地下35〜45km付近（沈み込む海洋プレートと地殻の境界付近）で発生している深部低周波地震（微動）の分布図：1時間ごとに求められた深部低周波地震の震源の中心位置を示す（2001年1年間分）．

27日に火山構造性地震が観測され始め30日にピークを迎えた．その後急激に減少したが，29日からは低周波地震が観測され始め31日に噴火が発生した．いくつかの噴火では，モホ面付近で低周波地震（深部低周波地震）が浅部地震活動に先行して発生した例がある．例えば，1991年6月中旬に大噴火したフィリピンのピナツボ火山では，1991年6月6日から起きた浅部の火山構造性地震の群発に先行して5月26日から地下35～28km付近で低周波地震が起きていた（図3.15，図3.16）．このことからモホ面付近から玄武岩マグマあるいはガスなどが浅部のマグマ溜まりへ移動したことによっ

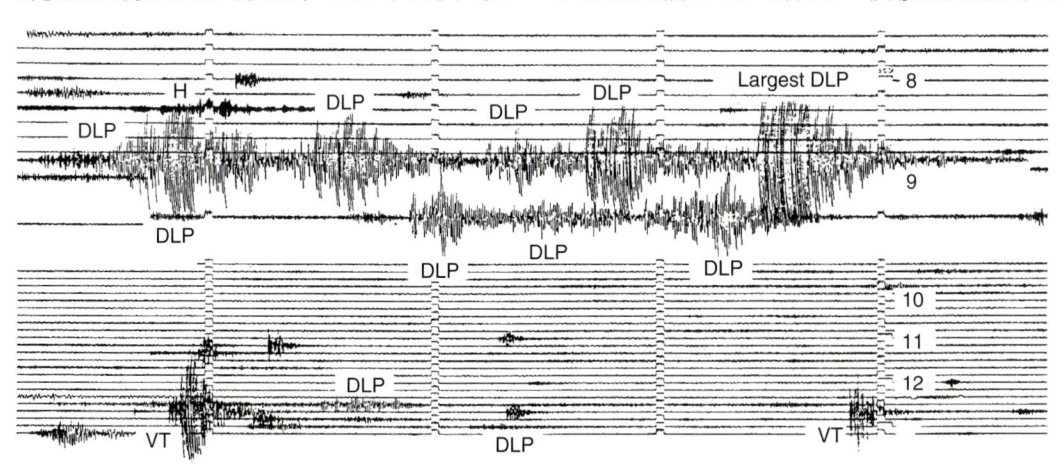

図3.15 フィリピンピナツボ火山の1991年6月4日に観測された地震波形：DLP，SLP，VTはそれぞれ深部低周波地震，浅部低周波地震，火山構造性地震．横幅は約5分．

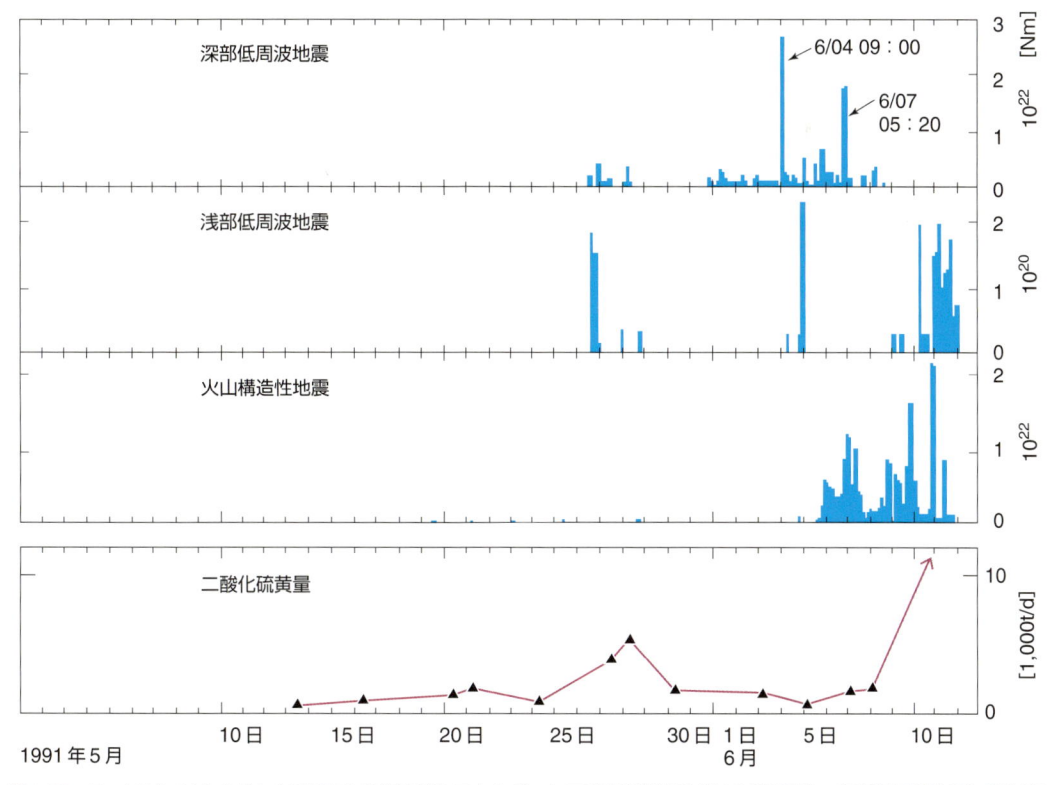

図3.16 フィリピンピナツボ火山で起きた地震の発生エネルギーと二酸化硫黄放出ガスの時間変化：深部低周波地震に引き続いて，火山構造性地震が群発，それに引き続き浅部低周波地震が増加後，12日に最初の大噴火が起こった．二酸化硫黄は約2週間前にピークを迎えていた．地震のエネルギーは4時間あたりの値．

て噴火が引き起こされたというモデルが提案されている．

マグマ中を地震波はゆっくり伝わるため，地下をさまざまな方向から通過する多くの地震波を広域的に解析することによって，地下の地震波速度の3次元分布を調べることができる．このような探査では，マグマ溜まりのある場所は遅い地震波速度をもつ空間として表現される．また，そのような場所は高温であるので破壊が起こりにくく，地震の発生しにくい場所ともなっている．

3.4.2 地殻変動

火山活動の進行に伴って生じる地形変化を**地殻変動**とよび，地殻変動観測をすることによって，地下のどこにマグマが分け入ったのか，あるいは移動していったのかを知ることができる．すなわち，地表面での観測値が多いほど，岩盤のどこが割れ目状（板状），あるいは，球状に膨張あるいは収縮したのかを精度よく算出することができる．地殻変動を検出する方法には，水準測量，光波測量，傾斜計，ひずみ計などの古くからある観測法がある．水準測量は変動の少ないと思われる遠方の基準点から高さ変化を目的のルートにそって測量するもので，異なる時期間の高度変化を観測する．光波測量は，遠方に設置された反射鏡へのレーザー光の往復時間から距離を求め異なる期間の距離変化を観測する．傾斜計および，ひずみ計は一般に地中に埋設して用いられ，地殻変動によって受ける傾斜の方位・角度，および，応力状態の変化をそれぞれ観測するものである．1990年代以降はGPS（汎地球測位システム）やSAR（合成開口レーダ）などの宇宙技術を背景とした測量技術の実用化によって観測の精度が向上してきている（図3.17）．**GPS観測**は複数の衛星を用いて観測点の相対的位置を調べるもので，その連続観測によっては観測点間の変動をcm以下の精度でとらえることもできる（**1.2.5項**参照）．また，マイクロ波を用いたSARでは，噴煙や雲を透過して信号が跳ね返ってくるため，噴火状態や天候に左右されずに，広範囲の変動情報を3次元的に把握することができる．

火山の地殻変動を解析するモデルとしては**茂木モ**

---

column　茂木モデル

マグマの動きによる地盤の隆起・沈降や水平変動のパターンは，火山活動の活発な地域を中心にほぼ同心円状にみられる．すなわち，噴火に先立ち隆起し，噴火後もとに戻ろうと沈降する．そのため，地上の多数点で観測された地殻変動量から，地下のある圧力変動源で球状の体積変化がどのように起こったのかを見積もることができる．この手法は，いくつかの火山噴火に適用しマグマの蓄積・移動を説明した茂木清夫氏にちなんで茂木モデルとよばれる．それによると，圧力源が浅いほど変動の範囲が狭く，深いほど広くなる．垂直変動は圧力源上で最大である．一方，水平変動量は圧力源上でゼロであり，そこからやや遠ざかった場所で最大となる．図3.C7は桜島の大正噴火の前と後に測定された鹿児島湾周辺の水準測量の結果である．鹿児島湾のほぼ中央の地下約10 kmを圧力の中心として収縮したとすれば垂直変動量は説明できる．

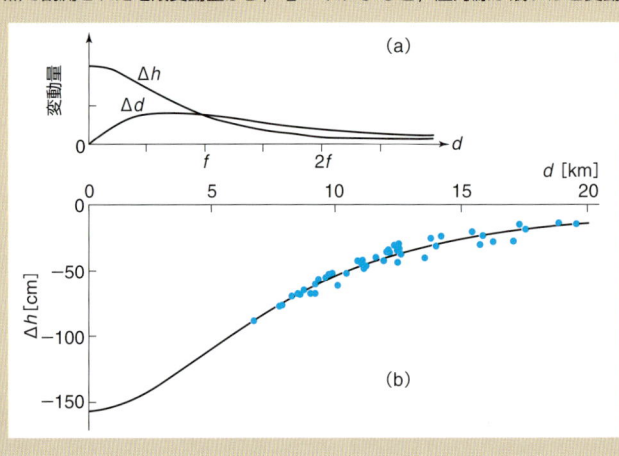

[中田節也]

図3.C7
(a) 点圧力源モデル（茂木モデル）で地表に起こる地殻変動量：深さ（f）に圧力源がある．ΔhとΔdは垂直と水平変動量．dは点源の直上（原点）からの距離．
(b) 桜島の大正噴火前後（1914年と1905年）に行われた鹿児島湾周辺水準点の垂直変動量．鹿児島湾のほぼ中央直下約10 kmに球状の圧力源を置くと垂直変動量が説明できる．横軸は仮定された変動源直上の地表点からの距離．

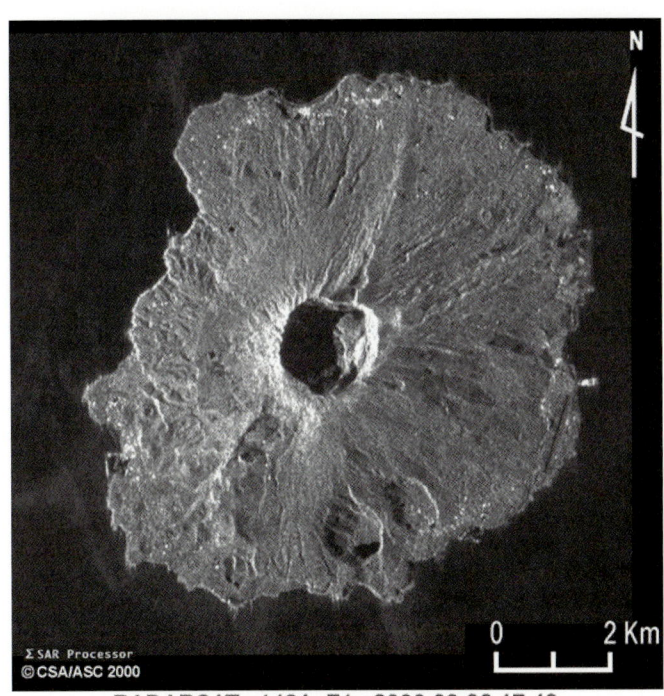

図3.17
三宅島の2000年噴火で山頂に現れたカルデラとその内部の構造を示す合成開口レーダ（SAR）画像：衛星から斜めに放射されるマイクロ波を用いて解析しているため，カルデラの底の画像が衛星と反対側に偏って表現される．

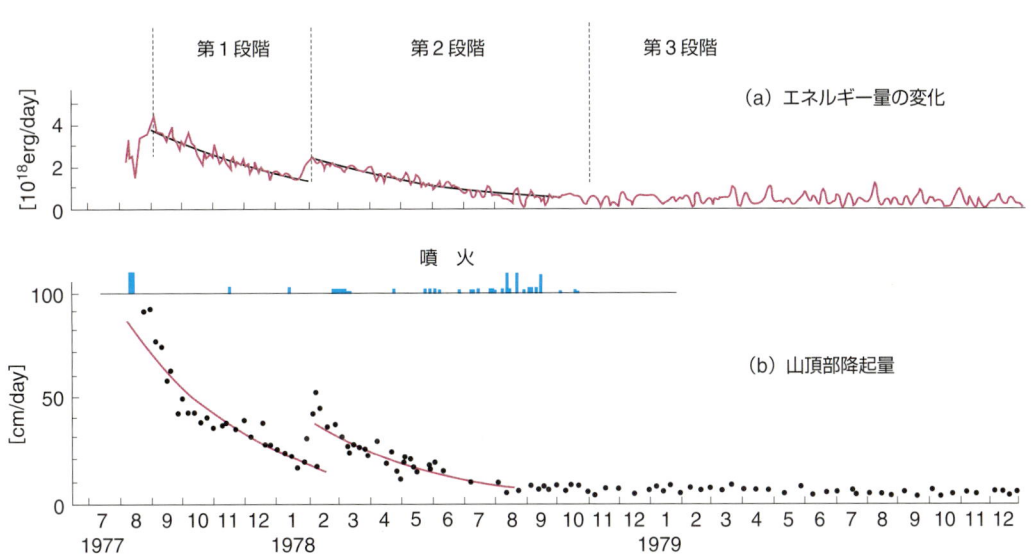

図3.18 有珠山1977〜1978年噴火で観測された山頂おがり山の隆起速度と地震から算出されたエネルギーの時間変化

デルがある．マグマの蓄積や現象の位置を点と見なして，観測された地形変化の変動源の位置・体積の時間変化をとらえるものであり世界中で使用された（コラム「茂木モデル」参照）．最近では地形効果を考えたモデルや板状の円柱状の圧力源も使われ，より現実に適合させようとするモデルが使われている．図3.18は有珠山の1977〜1978年噴火で地下にマグマが入ったために隆起した山頂部の隆起量と地震から算出されるエネルギー量の変化を示している．マグマの貫入による山体の隆起量と地震活動の連動が明瞭にわかる．

3.4.3 地磁気変化と電気抵抗変化

火山を構成する岩石は磁気をもった微小な鉱物を多く含んでおり，地球磁場の方向に磁化している．

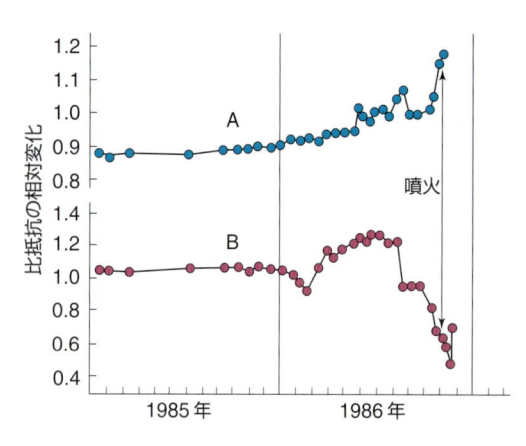

図3.19 伊豆大島の1986年噴火の前後に観測された比抵抗変化：噴火の数ヶ月前から比抵抗値が大きく変化していることがわかる．A, Bは同一火口を挟む異なる標高測線．

け込むことによって減少し，電気が流れやすくなる．このような性質を使って電気伝導度の分布から地下の流体の状態を推定することができる．また，マグマ自身も周囲の岩石に比べてよい電気伝導体であるために，マグマの地表への接近によって，火口近傍の岩盤での電気状態に変化が起こる．伊豆大島の1986年噴火では三原山の山頂火口を東西に挟む2地点間で電気抵抗を測定していたが，噴火の数ヶ月前から急激に減少した（図3.19）．これは，電気伝導のよいマグマが接近したためと解釈された．

磁力はその物質に加わる温度や力が変わると変化する．また，水やマグマなどの流体が分布状態が変化することによって岩盤の電気状態や，電気の通りやすさ（電気伝導度や抵抗値）が変化する．このような変化をとらえるのが**電磁気観測**である．例えば，火山岩に多く含まれる磁鉄鉱という鉱物は加熱していくと約600℃程度で完全に磁力を失ってしまう．これは熱によって磁力が失われたためである．いったん，加熱した磁鉄鉱を冷ますと再び磁力をもつようになる．高温のマグマが接近すると地下の岩石が暖められ，地上で観測される磁力の値（全磁力）が変化する．南北の極性をもった磁石の効果であるため，熱源の南側では磁力が減少し北側では逆に増加する．また，電気伝導度は，物質の隙間が水で満たされたり，その水にマグマから放出されるガスが溶

3.4.4 重力変化

重力は物質間の引力と地球の遠心力の合わさった力である．そのため地下のある部分が異なる密度の物質で置き換えられたり，地形の隆起や沈降が起きると**重力変化**が生じる．マグマは一般に火山体を構成する堆積物よりは密度が大きい．また，マグマの上昇によって生じる地下水の移動によっても堆積物の密度が変化するため重力が変化する．例えば，三宅島の2000年噴火では山頂部の陥没が起こる前に山頂部で強い負の重力異常が観測された．これは地下のマグマが移動してマグマ溜まりに空洞ができ，天井部が崩壊したために空洞が地下浅所に移動してきていたためであると考えられている．また，すでに火道空間ができあがっている火山においては，火道をマグマが火口に向かって上昇したり，下降したりすると，山体全体の密度が変化し，重力の増減が観測される．浅間山の2004年の噴火では，マグマの上昇で観測点に近づいたり遠ざかったりす

---

column　ダイナモ理論とピエゾ磁気効果

方位磁石（コンパス）が南北を指すのは地球が磁石であるからであるが，なぜ地球が磁石なのかは明確ではない．それを説明する有力な理論がダイナモ理論である．すなわち，主に鉄からできている地球の核は良電導体の流体であるため，核が地球の磁場中で運動すると電磁誘導によって電流が流れ，磁場が発生する．最初にある程度の大きさの磁場が与えられれば，地球の磁場は永久に維持されることになるというものである．

磁気を帯びた（磁化した）岩石が応力を受けたとき，その磁気の大きさや方向が変化することをピエゾ磁気効果という．岩石の磁化の方向に対して，平行な方向から圧縮応力を作用させると岩石の磁力は減少し，岩石の磁化の方向に対して垂直な方向から圧縮応力を作用させると，岩石の磁力は増加する．引張り応力の場合は逆に働く．つまり，地中の応力が地震や地殻変動，火山活動で変化すると，地下の岩石磁力が変化し，地上で地磁気の変化として観測される．

火山噴火に際してはマグマの熱による熱磁気効果もある．この場合は熱伝導の拡散時間に依存するため，ピエゾ磁気効果に比べてゆっくり進行する．噴火に伴う瞬間的なピエゾ効果の場合には，磁力がもとの状態に戻るのが特徴であるといえる．

［中田節也］

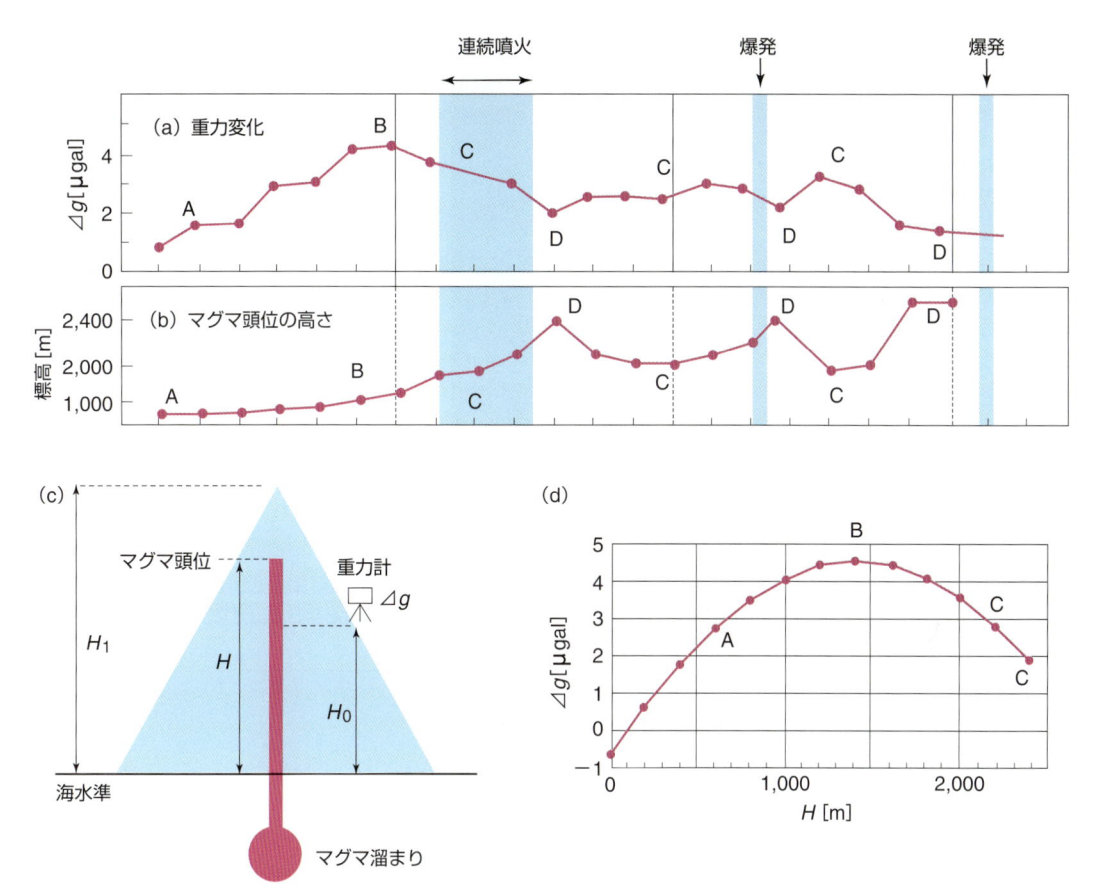

図 3.20 浅間山 2004 年噴火で認められた絶対重力値の時間変化 (a) とそれを説明するモデル (b), 絶対重力計は浅間山の中腹に置いてあり (c), マグマの頭位が上昇してくるとマグマと観測点の距離が短くなるため重力が増加する (d). マグマが観測点より高い位置に上昇するとマグマの頭位との距離が増すために重力は減少し, その後火口にマグマが溢れて噴火に至る. H はマグマの頭位, H_1 は山頂の高さ, H_0 は観測点の高さ, Δg は重力.

るマグマの動きを見事にとらえることができた (図3.20).

　数十年前に, 日本の多くのカルデラ火山で広域的な重力測定がなされ, カルデラの中心に向かってほぼ等間隔の同心円状の負の重力異常が認められた. このため, 日本のカルデラの多くは地下断面がじょうご型であるというモデルが提案された. じょうご型部分に破砕された岩盤や噴出物, すなわち周囲より軽い物質が詰まっているというものである. 実際に北海道の濁川カルデラでは地熱開発の掘削の際に, そのようなじょうご型の地下構造が確認された. しかし, じょうご型の1つとされた阿蘇カルデラで行われた掘削結果からは, 単純なピストン状の陥没でできたカルデラとしか説明できない地質構造が見つかっており, じょうご型カルデラの真相はまだ不明である.

3.4.5　火山ガスおよび地下水の変化

　火山ガス中で最も多い成分が水であり, 次いで二酸化炭素, 二酸化硫黄ガス, 硫化水素ガスが占める. 火山ガスの組成は火山の活動度や火山ごとにも異なる. 火山ガスの多くはもともとマグマに融けていた成分であり, マグマの上昇につれて圧力が減少するため, マグマ中にはもはや溶け込めなくなって, 気体としてマグマから分離したものである. また, 地下に多くの水が地下水として存在しており, マグマから脱出した火山ガスはしばしば地下水に溶解したり, 地下水自身がマグマの熱で気化して, 地上に火山ガスとしてもたらされることが多い. このため, 火山活動が活発化すると, 放出される火山ガスの組成が, 次第に, マグマから直接放出されるガスの成分 (二酸化炭素や二酸化硫黄) に富むようになる. 特に, 二酸化硫黄は遠隔探査で測定できるため, 火

3 火山

図3.21 三宅島2000年噴火で山頂火口からは多量の二酸化硫黄を含む火山ガスが関東までガスが流れた．

2000年6〜7月

火山ガスフィルターの役目
帯水層（熱水系）
火山ガス
横移動
玄武岩質安山岩マグマ
浅いマグマ溜まり（数百年以上存在）
玄武岩マグマ
深所マグマ溜り

2000年8月中旬以降

大量二酸化硫黄の放出
帯水層破壊
火山ガス
浅所マグマ溜まりの破壊

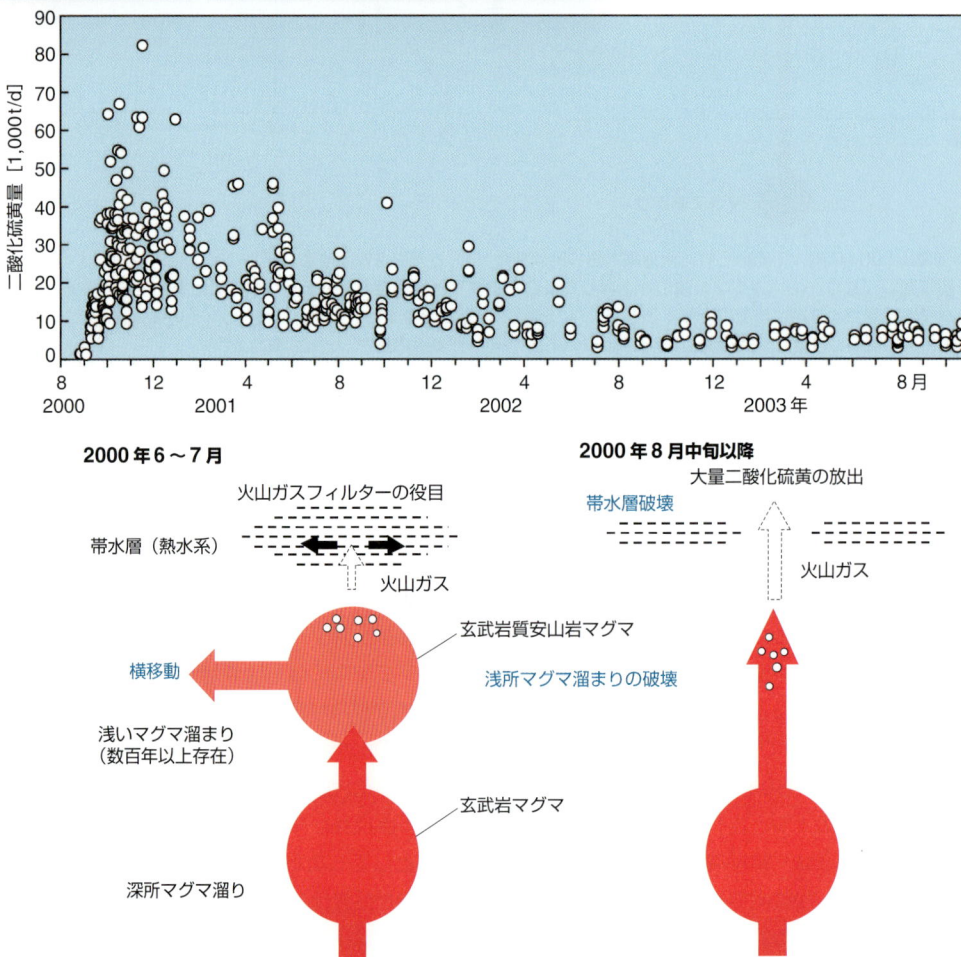

図3.22 三宅島で2000年8月以降に放出された二酸化硫黄量の時間変化（気象庁資料による）と大量二酸化硫黄放出のモデル：マグマが地下で移動したため山頂の陥没が起こり，それによって地下水層が消滅した．

山活動の状態を調べる重要な成分として用いられている．

ピナツボ火山の1991年の大噴火においては噴火の2週間前に二酸化硫黄放出量の最大値が認められた（図3.16参照）．また，西インド諸島のスフリエールヒルズ火山では，溶岩噴出停止後，1年以上にわたって高い二酸化硫黄の放出が継続し，しばらくして溶岩噴出が再開した（3.8節参照）．三宅島の2000年噴火では，主要な山頂噴火のあとから大量の二酸化硫黄が数年以上にわたって放出され続けた（図3.21，図3.22）．大量の二酸化硫黄が長期間放出され続けたのは，世界でも稀な現象である．これは噴火によって地下水の流れが遮断されたために，火山ガスが地下水に溶解されることなく放出されたためと考えられている．

火山ガス組成と同じように，地下水や温泉水の組成変化を化学的にあるいは電気的に調べることや，地下水位や温度の変化を調べることも，マグマ成分の寄与の程度を調べる上で重要である．例えば，北海道十勝岳の1989年噴火の際には，山麓の温泉で温度が上昇し，塩化物イオンやナトリウムイオンの濃度が顕著に増加した．

■図表の出典
図3.14 Nakada, S. *et al.*: *J. Volcanol. Geotherm. Res.*, **89** (1999) pp.1–22.
図3.15 White *et al.* : FireandMud, eruptions and lahars of Mount Pinatubo, Philippines. In Newhall & Punongbayan Eds. PHIVOLCS/USGS. Washington (1996) p310, Fig.2を改変.
図3.16 White *et al.* : *ibit.*, p.310, Fig.8を一部改変.
図3.17 国土地理院による．
図3.18 Yokoyama, I. *et al.*: *J. Volcanol. Geotherm. Res.*, **9** (1981) pp.335–358.
図3.19 Yukutake, T. *et al.*: *J.Geomag. Geocelc.*, **42** (1981) pp.151–168.
図3.20 大久保修平：火山, 50特別号 (2005) pp.S49–S58.
図3.C6 Obara : *Science*, **296** (2002) 1679–1681.
図3.C7 Mogi, K.: *Bull. Earthq. Res. Inst.*, *Univ. Tokyo*, **36** (1958) pp.99–134.
図3.C8 Goff, F. and Janik, C.J.: In Encyclopedia of Volcanoes, Academic Press (2000) p.829.

column 火山ガスの同位体組成

火山ガスの主成分は水蒸気であり，その同位体組成から水蒸気の起源や地下水の混入割合などを推定することができる．地表水や地下水の酸素同位体組成は，水の気相と液相の間の同位体分別によって，海水に比べて重い同位体（酸素18（^{18}O）と重水素（^{2}H））に乏しくなっており，$\delta D = 8\delta^{18}O + C$の関係がある（図3.C8）．$C$は10～18程度である．ここで$\delta D$と$\delta^{18}O$は標準平均海水（SMOW）に対する試料の^{2}H（あるいはD）/^{1}H（重水素/水素比）比と^{18}O/^{16}O比のずれを千分率（‰）で表したものである．これに対してマグマに由来する水やガス（マグマ水）の同位体組成はより高い$\delta^{18}O$をもつ．このためマグマに由来する水やガスを含む温泉水や火山ガスは地表水とマグマ水を結んだ線分上にプロットされる． ［中田節也］

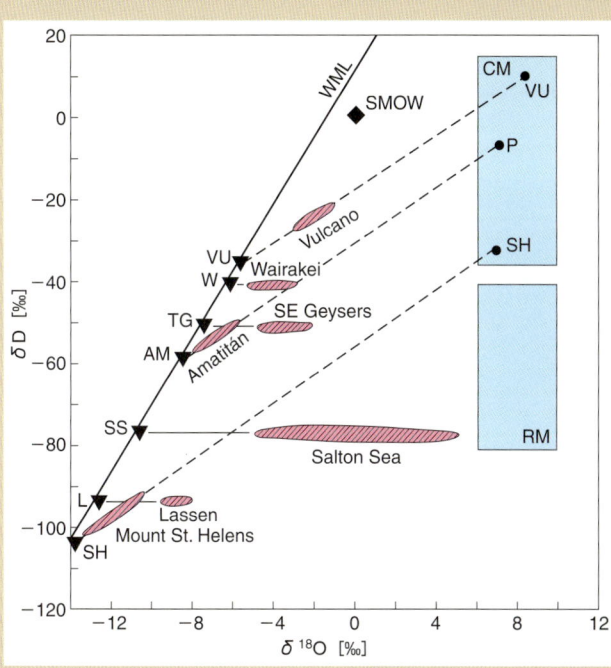

図3.C8
地表水と地熱流体の重水素と酸素18の関係：逆三角形は火山地帯の地表水でWMLは世界の地表水の直線を示す．CMは島弧のマグマ水．RMは貫入岩の残留水．それぞれの火山での地熱水（斜線部）は地表水にマグマ水が混ざっている．火山ガスも同様に地表水よりやや酸素18が富んでいる．

3.5 火山噴出物と噴火現象

火山噴出物には大きく2つの形態があり，火口から粉々になった状態で放出される**火山砕屑物（火砕物）**と，液体状態のマグマがそのまま火口から流れ出してきて溜まる**溶岩流**がある．古い溶岩片や火山堆積物が火口から飛び出す場合や，火山体の一部が崩れて流れる**岩屑なだれ**も火山砕屑物である．火山砕屑物は大きさで**火山岩塊**（64mm以上），**火山礫**（2～64mm），**火山灰**（2mm以下）とよばれる．火砕物のうち，気泡が多く白っぽい砕屑物を軽石，黒っぽいものを**スコリア**とよぶ．安山岩質のマグマでは気泡の量により軽石にもスコリアにもなる．また，火山弾は火口から飛び出した融けた状態の溶岩片で，飛来中に変形してできる紡錘形，着地時に変形してできる牛糞状，着地後に膨らんでできるパン皮状などの形状を示す．火山砕屑物には空から降ってきて堆積する場合（**降下火山灰**）と，斜面を流れ下ってきて堆積するもの（**火砕流**）がある．それぞれの堆積物は，堆積場所や範囲，および火山灰粒子の大きさ分布が異なる．空中を落ちる火山灰は似た粒径のものが一斉に降り積もるのに対し，斜面を乱流状態で流れてきたものは粒径が不揃いである．

火口から上空に噴き上げられた**噴煙**（火山灰とガス）は，周囲の空気を巻き込み，その空気を火山灰の熱で暖めるので，周囲より軽くそのまま上昇を続ける．この空気をいっぱい取り込んだ噴煙は次第に冷え，周囲の大気と密度が釣り合った高さで上昇を

column　マグマの破片

泡立ったマグマの破片が火山灰である．これは顕微鏡でみると小さな気泡を含んだ小さな軽石状にみえる（図3.C9）．いったん開始した噴火がどのように展開していくのかを知る材料のひとつは，その噴火がマグマ噴火か単なる水蒸気爆発なのかを見極めることである．マグマ噴火であればマグマが地表まで接近していることを示し，噴火活動が本格化する公算がより強くなる．雲仙普賢岳で1990年11月に約200年ぶりに起きた噴火は弱い水蒸気爆発で始まった．翌年2月に活発化した噴火の噴出物からは図に示すような径数十μmの新鮮な発泡ガラス片が認められた．このような小さなガラス片でも，微小部分分析をすることによって，地下に存在するマグマの物理化学条件についての情報を得ることができ，噴火シナリオの解釈に役立てることができる．

ただし，ガラス片は過去の噴出物にも普遍的に含まれる可能性があり，噴火によって再度火口から放出されたリサイクル物質でないことを確認する必要がある．1976年にカリブ海グアダループ島にあるスフリエール火山では，水蒸気爆発の火山灰中に見つかったガラス片をマグマ物質と判断し，火山の周囲の住民に避難命令が出された．しかし噴火は起こらず，避難生活が長期化したため大きな経済的損失を生じた．普賢岳噴火の場合も，このガラス片が本物のマグマかどうかの議論が熱心になされた．そのガラス片の大きさと量は5月まで次第に増加し，火口付近の大きな地殻変動を伴って，5月下旬には，ついに溶岩が火口に出現した．

［中田節也］

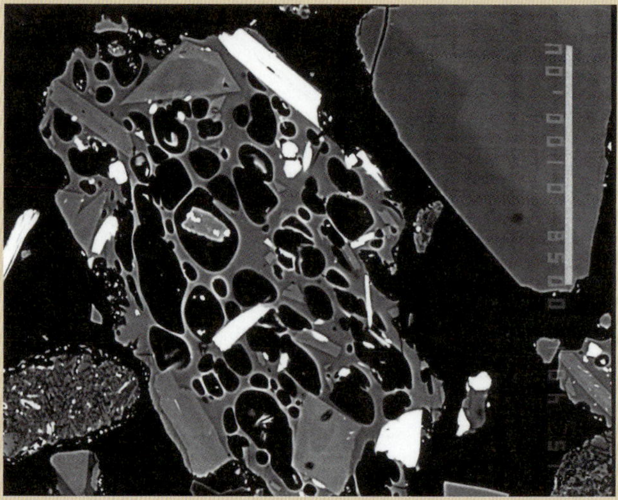

図3.C9
普賢岳噴火で出現した発泡したガラス質火山灰のX線マイクロプローブ画像（1991年4月30日の噴出物中）：ガラスは気泡（丸い穴）と結晶（明るい長柱状のもの）を含んでいる．白いスケールは100μm．

止め，傘が開くように横方向に広がる．火山灰はこの傘部分から落ち始めるので，火山灰の堆積物は火口を中心に丸い分布を示すことになる．噴煙自身や，落下途中の火山灰は風に流されるため，堆積物は風下方向に厚くなる特徴がある．このような降下火山灰は，谷や丘の地形でも似たような厚さで雪のように堆積する．しかも，噴煙の柱中を上昇や移動できなかった大きめの粒子が火口付近に落下するため，噴煙は火口から遠ざかるほど希薄になり，遠方で堆積する火山灰は細かく，堆積物は薄いものとなる．このように堆積した火山灰層の厚さを面的に調べて体積を算出し，噴火の規模を知ることができる．また，このような火山灰の厚さ分布と，堆積物の最大粒子径の分布を併用することによって，噴火当時の噴煙の高度を経験的に推定することもできる．

これに対して火砕流は，地形的に低いところを選んで流れるために，谷を埋め立てて堆積する．これには，火口から放出された火砕物が重くて噴煙として上空まで上がりきらず，そのまま崩れて火口から溢れるように四方に流れ下る火砕流や，溶岩ドームが部分的に壊れて発生する火砕流などがある．火砕流は，高温の溶岩片や火山灰，火山ガスが一団となって流れ下ってくるために，流路にある立ち木や建物を根こそぎなぎ倒し，元の地面を浸食するなどの破壊力がある．また，移動する火砕流上部の雲（噴煙）にあたる部分は高温の火山灰とガスからなり，しばしば火砕流本体から分離して**火砕サージ**となる．これは地形的な障壁も乗り越えて高速で流れ，高温であるため構造物や植物が着火することがある．これまでの噴火による災害では，火砕流よりも火砕サージによる犠牲者が多い．岩屑なだれも火砕流と同様に地形的に低い所を流れる．これらの火砕物の流れる距離は，その「流れ」全体の質量と流れた高度差に関係がある．流れた高度差を水平距離で割った値が見かけの摩擦係数となり，質量が大きいほどその係数が小さくなる特徴がある．すなわち遠方まで達する．

溶岩流ももちろん流れの現象である．ただし，粘り気の高い溶岩は，流れずに火口付近でうず高く溜まって溶岩ドームをつくる．溶岩ドームは不安定になると崩れて火砕流が発生することが多い．溶岩ドームの中には地上にはほとんど顔を出さずに，地表を盛り上げて地下で固まってしまう潜在ドームがある．昭和新山は有珠山の麓で生じた潜在ドームの一部が地表に顔を出したものである．

火口付近で高温の火砕物が冷える間もなく連続的に堆積すると，接した火砕物の境界が消えて，全体が液体のように流れ出すことがある．玄武岩や安山岩マグマの噴火ではそのようにしてできた**二次溶岩流**がしばしばみられる．

3.6 火山噴火と環境

火山噴火によって私たちを取り巻く地球環境にも変化が生じる．噴火の規模が大きいと火山灰や火山ガスなどの噴出物が成層圏にまで運ばれて，地球全域に広がり，太陽光をさえぎるなどして気候変動をもたらす．植物の葉に付着した火山灰は植物を枯死させて環境変化をもたらす．火山活動は地球誕生以来続いているので，地球環境に及ぼした影響は大きい．

3.6.1 火山活動と環境変動

北極や南極のような極域では積雪が溶けることなく万年氷として蓄積していくことから，時々刻々の大気中の粉塵などを層序にしたがって記録していくことになる．また雪が結晶化する際に大気中のエアロゾルを核に成長し，積雪した氷の間にはその時々の大気を氷間に取り込むことにもなる．このため，過去の大気組成の変化や世界的規模での火山活動の変遷を調べる目的で，極域の氷床のボーリング調査が盛んに行われている．

このような例として，旧ソ連時代から行われた南極ボストーク基地での**アイスコア**やグリーンランドの**氷床ボーリング**が有名である．最近では日本による南極での**ドームふじ**での長尺コアの回収が有名で，過去の気候変動の解析のための有力なデータソースとなっている．

ボストーク基地のアイスコアは3,623 mの深さで，最も時代の古い部分は42万年前である．欧州連合のドームCのアイスコアは深さ3,270 mで80万年前の最古記録である．ドームふじは3,030 mを掘削し，最終的には100万年前のアイスコアを回収予定であったが，氷床下部がいったん融解していたため，古い時代の環境を記録したコアは得られなかった．これらのアイスコアの酸素同位体などの解析から氷がつくられた時代の温度を推定した結果，最近では10万年周期で氷河期が到来しているが，60万から80万年前の期間には約4万年周期であったことなどがわかっている．また，これらのコアから過去の火山活動の変遷も知ることができる．

過去の火山活動を知るための最も有力な手法はア

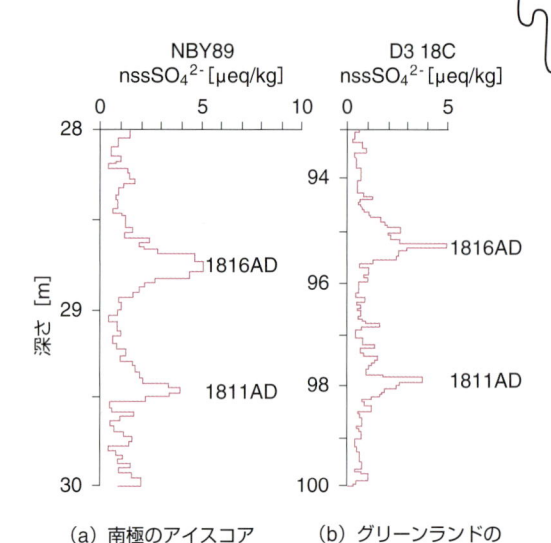

図3.23 アイスコア中の硫酸イオン濃度変化：1815年のタンボラ火山の噴火によるピークと1809年の同定できていない噴火によるピークが認められる．欧州連合のドームCやドームふじの解析が進めば，さらに詳細な噴火史や気候変動が明らかになることが期待される．

イスコアの硫黄濃度や酸性度の異常値を解析する方法である．大噴火で噴煙とともに成層圏に運ばれた二酸化硫黄は硫酸エアロゾルとして滞留するが，これらが雪にトラップされて極域に降り積もるため，大噴火があった時期のアイスコアには硫黄濃度や酸性度の異常値として記録されることになる（図3.23）．ときに，火山灰がアイスコア中に薄層として発見されることもある．このような硫黄濃度，酸性度の異常値や火山灰層を**火山活動のマーカー**とよぶ．

アイスコアにみられる温度変化には長周期の変化のほかに，火山活動のマーカーの近くにパルス的に温度低下が認められることがあり，火山噴火に対応した気候変動を示していると考えられる．同様に，年輪密度から推定される温度の異常値と火山噴火との対応も指摘されている．

3.6.2 歴史時代・現代の大噴火と気候変動

火山噴火が顕著な**気候変動**を起こした例として，アイスランドのラーキ1783年噴火が有名である．

数十 km の割れ目から激しいマグマのしぶきを噴き上げ，さらに 50 km を超える長さの溶岩流が流出した噴火では大量の二酸化硫黄ガスも放出された．この噴火によってヨーロッパ北部では大気中に大量のミストが発生し，牧草が枯れ，冷夏が訪れた（図3.24）．このため，北ヨーロッパでは食糧危機が起こり，フランス革命の遠因になったともいわれている．同じ年に日本でも浅間山の天明噴火が発生した．天明の飢饉の原因が浅間山の噴火だといわれることもあるが，噴火規模としては浅間噴火はラーキの噴火よりも2桁低いので，おそらくはラーキの噴火による汎地球的な気温変化によるものと思われる．地球規模での気温変化が観測により明確にとらえられたのは，メキシコ，エルチチョン火山の1982年噴火である．

1982年，数週間の地震活動のあと，3月28日になって，メキシコ南部のエルチチョン火山は史上初めての噴火を開始した．噴火開始の40分後には噴煙は16.5 km の高さにまで達し，噴煙の傘部分の直径は100 km に及んだ．

周辺の地域には大量の降灰があり，北東に20 km 離れたピチュカルコ（Pichucalco）では15 cm の降灰が，北東70 km の人口10万人のビジャエルモーサ（Villahermosa）では5 cm の降灰が記録された．成層圏にもたらされた二酸化硫黄のエアロゾルは長らく漂い，太陽光の入射を妨げ，数年間にわたって全地球の平均気温を低下させる原因となった．

さらに大きな気温変化をもたらした噴火は20世紀最大といわれるフィリピン，ピナツボ山1991年噴火（3.8節参照）である．この噴火後，数年間にわたって北半球の平均気温は約1℃低下するなど，世界的な温度異常が観測された（図3.25）．

3.6.3　噴火と大気汚染

火山噴火によってマグマ中に溶解していた揮発性成分が**火山ガス**として大気中に解放される．一般に火口から固体粒子が放出されることを噴火とよぶが，固体粒子は放出しなくともマグマ中の揮発性成分が火山ガスとして火山体から放出されることもある．これらの火山ガスの大部分は水蒸気と二酸化炭素であるが，ときには二酸化硫黄や硫化水素などの大気汚染物質も放出されることがある．

例えば2000年6月末に始まった三宅島噴火では比較的規模の大きい同年8月18日の噴火後から大量の二酸化硫黄を含む火山ガスが放出されるようになった（図3.22参照）．太陽光の紫外線吸収を利用した測定が開始された9月始めころには，日量10万t近くの二酸化硫黄が放出され，その後数年間にわたり途切れることなく，日量5,000 t 以上の二酸

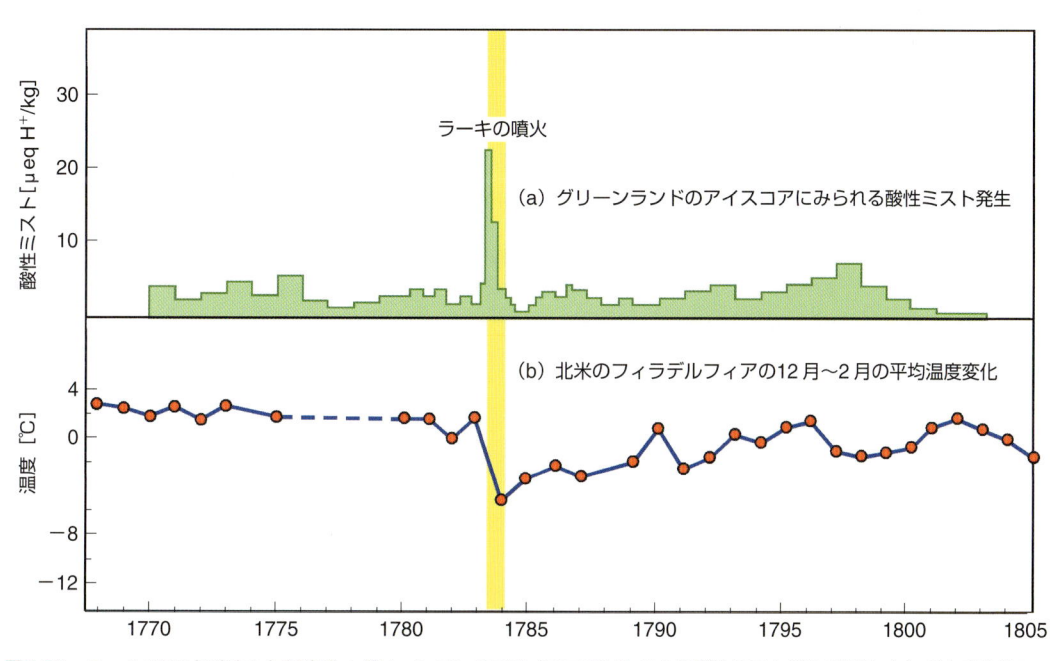

図3.24　ラーキ1783年噴火と気候変動：グリーンランドのアイスコアにみられる酸性ミスト発生の記録（a）および北米フィラデルフィアの平均温度変化（b）．噴火後数年にわたり平均気温が数度低下したことがわかる．

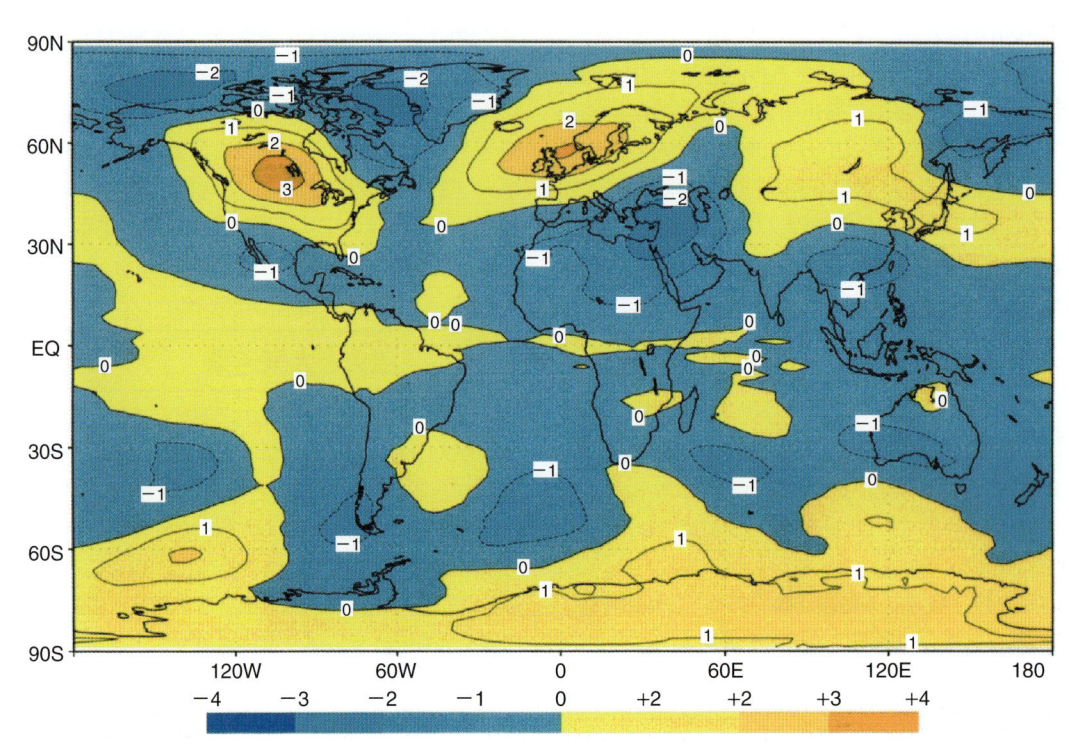

図3.25 ピナツボ火山噴火と下部対流圏の温度異常：1991年6月のピナツボ火山噴火後の冬季温度異常（1991年12月～1992年2月）が高緯度地域でも認められる．赤道域での大規模な火山噴火が世界的な気候変動をもたらした一例である．

化硫黄を放出し続けた．この量は2005年2月の時点でも3,000t以上であり，測定開始から放出された総量は2,000万tに達した．この総量はかつて四日市ぜんそくの名前で有名になった四日市市の工場から放出された総量をはるかに超えるものである．

大量の二酸化硫黄を含む火山ガスが火口から放出され続けたため，三宅島の海岸周辺の住宅地では大気中濃度が居住に不適なほど高濃度になることが多く，2005年2月まで島内への立ち入り禁止措置がとられた．2005年2月に立ち入り禁止措置が解除された後も，一部の地域では高濃度になる時間数が一定時間以上となるために，居住禁止措置がとられている．また，火口に近い場所は依然として立ち入り禁止地域に指定されている．

このように三宅島では大量の二酸化硫黄が放出され，大気汚染が問題となったが，同じように長期間にわたって二酸化硫黄が放出され続けているのが，イタリア，シシリー島のエトナ火山である．エトナ火山でも二酸化硫黄の放出は噴火時に日量数万tに達し，噴火がない時期でも日量数千tの二酸化硫黄放出が少なくとも数十年間継続している．詳しくは，国立天文台編『理科年表　環境編　第2版』（丸善）を参照するとよい．

■図表の出典

図3.23　Langway, et al. (1995) による．
図3.24　Sigurdsson, H. (1982) による．
図3.25　Robock, A. and Oppenheimer, C. ed.: Volcanism and the Earth's Atomosphere, AGU (2003).

3.7 火山活動による災害

火山活動によって山の形が変わったり，溶岩や火山灰などの噴出によって街並みが変わったり，田畑が埋められたりするという事態が生じることがある．噴火活動が終わり，噴出物による直接の危険性がなくなった後でも，降り積もった火砕物が雨に洗い流されることにより土石流が発生し新たな災害となる．火山活動による災害は噴火している間だけでなく数年から数十年といった長期間にわたり災害をもたらすという他の自然災害にはない特徴をもっている．

また，火山周辺での都市化による人口の増加や観光地として開発されるといった状況の変化により火山活動の影響を受ける度合いも変化していく．火山活動による災害の危険性は時代とともに変わっていくことも**火山災害**を考える上で重要な要素のひとつである．

さらに，規模の大きな噴火では噴き上げられた火山灰が上空の風に運ばれ遠方まで広い範囲に散らばり，火山から遠く離れた場所でも電気・水道や交通など社会機能を麻痺させ，地球全体の気温を下げるなど気候にも影響を及ぼして，火山の周辺の地域だけの災害にとどまらず，国家規模～地球規模の災害ともなり得る．

一方，火山活動は有用な鉱物資源やミネラル成分を供給する．人類が火山という，災害の原因となる場所の周辺にあえて暮らしているのも，肥沃な土地，温泉，熱源，鉱物など火山が与えてくれるさまざまな恩恵を受けることができるからである．火山との共存・共棲は火山国の住民にとって避けることのできない課題であり，だからこそ，火山活動やそれによりもたらされる災害の特性を十分に理解しておく必要がある．

3.7.1 火山災害の要因と被害の様相

火山活動に伴う現象が多様であることは，3.4節でも述べたが，それぞれの現象が災害をもたらす要因となるため，災害の様相も多様である．これらは噴出物の衝撃・重量や地盤の上下動や地割れによる物理的な作用，腐食や汚染をもたらす化学的な作用，熱的や電磁気的な作用により，単独あるいは複合して周辺の環境に影響を及ぼす．これらの要因によってもたらされる被害の程度や形態はさまざまであるが，ここでは**災害要因**として火山活動に伴う現象を鍵として，① 噴出物から直接受ける災害，② 噴出物の堆積・滞留が原因となって生じる災害，③ 噴出に伴う現象による災害，④ 地下の状態の変化による災害に区分する．それぞれの要因による災害の程度については表3.4に整理した．

(1) 噴出物から直接受ける災害

噴火の際には大小さまざまな火砕物や火山ガスが火口から放出され，火砕流，火砕サージ，降下火砕物（噴石，火山灰），溶岩流として周辺に広がっていき，直接建物を壊したり，燃やしたり，埋設することによって被害を引き起こす．また，火山ガスは周囲の住民に健康被害を起こすほか，金属腐食による被害をもたらす．

a. 火砕物による災害

火砕流や火砕サージは，火口から100 km以上の範囲まで埋めつくす規模のものから数km程度の範囲を流下するものまでさまざまである．いずれも100 km/hに達する速度で流下することもあり，流れ下った範囲にある建物や森林を破壊する．また，高温（600℃以上）であるため火災が生じることもある．さらに流れ下って堆積した大量の火砕物は雨が降った場合の土石流など二次的な災害の原因ともなる．

火砕流・火砕サージは高温で有害な火山ガスを含み，しかも移動速度が速いため，現象が発生してからでは間に合わないので，事前に避難する必要がある．このため，想定される噴火口の位置や火山周辺の地形から火砕流・火砕サージの流下域をあらかじめ想定し，噴火したあとは，活動の状況に応じて臨機応変に避難区域の設定を行う必要がある．このような目的でつくられるものが，**火山防災マップやリアルタイムハザードマップ**である．

火砕流や火砕サージのような激しい現象が起こらないまでも，噴火の際にはさまざまなサイズの噴出物が火口から放出される．火口の形状や噴出時の速度にもよるが，数十cm大の岩石は空気抵抗の影響

表3.4 火山災害の要因となる現象とその作用

現象	要因	因子	励起現象	作用			猶予時間	物的損害	身体への影響
				物理的	化学的・電気的	熱			
火山噴火	噴出物	火山ガス		−	大気・水質汚染, 絶縁不良, 電波障害	−	数分〜数時間	小	大
		降下火砕物	火山灰 噴石	埋没, 付着, 破壊, 埋没	大気・水質汚染 −	○ 火災	数分〜数時間 数秒	小〜中 大	低〜中 大
		火砕流火砕サージ		破壊, 埋没	絶縁不良, 電波障害	火災	数秒	甚大	甚大
		溶岩流		破壊, 埋没	−	火災	数時間〜数日	甚大	小
	噴出物の堆積・滞留	堆積物の流失 滞留・浮遊	土石流 日射量減少	破壊, 埋没 遮蔽	− −	− −	数分〜数時間 数日〜数年	甚大 小	甚大 大
	噴出に伴う現象	空振		破壊	−		数秒〜数分	小	小
		雷			電波障害		−	小	小
		山体崩壊	岩屑なだれ 津波 土石流	破壊, 埋没 破壊, 埋没, 浸水 破壊, 埋没, 浸水	− − −	火災 − ○	数秒 数秒〜数時間 数分〜数時間	甚大 甚大 甚大	甚大 甚大 甚大
		噴出物	融雪泥流	破壊, 埋没, 浸水	−	○	数分〜数時間	甚大	甚大
マグマの陥入流体の移動	地下の状態の変化	火山性地震	強震動	破壊	−	−	数秒	大	大
		山体の変形	地盤の隆起・沈降 地割れ 地表・地下水系変化 泥流	破壊, 浸水 破壊 浸水 破壊, 埋没, 浸水	− − − −	− − − −	数時間〜数週間 数時間〜数週間 数日〜数週間 数分〜数時間	大 大 中 甚大	小 小 小 甚大
		地熱変化	地温上昇 地下水温変化 水質変化	− − −	− − 水質汚染	乾燥 ○ −	数日〜数週間 数日〜数週間 数日〜数週間	小 小 小	小 小 小

が小さいので，火口から4km程度までは弾道軌道を描いて飛来する．火口の近傍には10tを超える噴石が降下することもあり，その場合には堅牢なシェルターでも破壊される（図3.26）．したがって噴火が活発な時には，火口から4km以内の地点に立ち入るのは危険である．また，直撃を受けると身体に危険が及ぶ10cm程度の噴石は火山上空の風により10km程度風下まで流されることがある．このため，火山から離れた場所でも風下では警戒が必要である．

さらに細かな火山灰は風に流されるため，風下側の広い範囲に降灰が飛散する．それほど大規模な噴火でなくても，場合により100km以上風下の地域に農作物などの被害をもたらすことがある．火山の近くでは，大量に降り積もった火山灰の重さで家屋が倒壊することもある．特に屋根に降り積もった火

図3.26
2004年の浅間山の噴火の際の噴石による被害：山頂付近に設置されたシェルターの陥没の様子が噴石の衝撃を端的に物語っている．

山灰が降雨によって水を含むと重量が増すため倒壊しやすくなる．降灰の最中は視界不良となるほか，自動車エンジンの目詰まりなどが発生して交通機関が影響を受ける．火山灰がコンピュータなどIT機器に入り込むと絶縁不良のため動作不良を起こし，送電線のショートによる電力の供給停止など都市機能を麻痺させるおそれもある．また，微量な降灰でも大気や水源を汚染し，飲料水や農作物，水産養殖に影響を与える．火山灰により即座に人命が損なわれることはないが，喘息の発作の原因となるほか，長年にわたり火山灰を吸い続けた場合には硅肺（けいはい）をわずらうおそれもある．

b．溶岩流による災害

溶岩流は，きわめて高温（700～1,200℃）であるが，一般に玄武岩のような粘性の低い流れやすいものでも移動速度は遅く（20 km/h 程度以下），避難することは比較的容易であり，人命を損なうことはまれである．しかし，流下域では構造物が焼失したり埋没する．いったん埋没すると火山灰による埋没とは異なり除去は困難である．このため，溶岩流の流出が頻繁に起こるイタリア，シシリー島のエトナ火山などでは，人工的に堤防をつくったり，溶岩流そのものを海水で冷やして固め，固結部分を堤防にして溶岩流の流下する方向を制御して，災害を防ぐ努力が試みられている．我が国でも，1983年の三宅島噴火（図3.27）や1986年の伊豆大島噴火で溶岩流に大量の海水をかけて冷却させ，その前進を止める試みが行われた．

c．火山ガスによる災害

火山ガスの成分である二酸化硫黄，二酸化炭素，硫化水素はいずれも人体や環境にとって危険な気体である．硫化水素は**毒性**が強く，また二酸化炭素は窒息により死に至らしめる．二酸化硫黄は水と反応することにより硫酸となり，腐食性をもつ．これらのガス成分は火口付近だけでなく噴気地帯や温泉でも噴出しており，噴火していない火山でも注意が必要である．

火山ガスは一般に空気よりも重いため，くぼ地な

図3.27 溶岩流に埋もれた校舎：1983（昭和58年）三宅島噴火の際流出した溶岩流が小・中学校を襲った．

column　噴石

火山学では火口からの噴出物は大きさに応じて火山岩塊（64 mm以上）や火山礫（2～64 mm），火山灰（2 mm以下）と区分される．これらのうち，火山灰の名称以外は一般にはなじみがない．気象庁は火山の噴火に伴って放出される岩石片のうち比較的大きめのものを噴石とよんできた．この用語はマスコミや一般にも受け入れられているが，明確な定義がないため混乱をまねくことがある．気象庁でも，風に流されることなく火口から弾道軌道を描いて飛ぶ噴出物を噴石と限定的に使用したこともあったし，風に流されて落下したものでも，こぶし大以上のものは噴石とよぶなど混乱があった．噴出物が人体を直撃すると怪我をする場合もあるので，人の体に直接あたって怪我をするような大きさのものを，弾道軌道を飛ぶか，風に流されるかにかかわらず噴石とよんで，防災上注意を喚起することが適当である．

［土井恵治］

ど空気がよどむような場所では濃度が高くなりやすい．また，容易に風に流されるため風下の地域でも注意が必要である．

濃度が低い場合でもガスの刺激によりぜんそくや気管支炎の引き金になるため，呼吸器系が弱い人が火山地域に入る場合には注意が必要である．

大量の二酸化硫黄は空気中の水蒸気や紫外線を受けて反応し，**酸性雨**や**酸性霧**をつくる．このような酸性の降水は金属を溶かし，住宅，自動車，船舶，橋など金属製の構造物にダメージを与える．また，ガスが直接溶け込んだ水や住居などの金属を溶かした水が水源を汚染する場合には飲料水として利用できなくなることもある．

ハワイ島のキラウエア火山では火口からの火山ガスにより **VOG**（volcanic fog）が生じ，海中に溶岩が流れ込むと海水と反応して **LAZE**（lava haze）が生じる．いずれも強酸性で霧状であるため，住民や観光客への影響が大きい．また，三宅島では2000年の噴火以来放出を続けている二酸化硫黄ガスのため，住民の避難指示解除（帰島）後も風下など火山ガスの濃度が高くなりやすい場所への立ち入りを制限している（図3.28）．

火山ガスによる災害の例として，アフリカ中西部のカメルーンのニオス湖で起きた事件が有名である．湖底から主として二酸化炭素が大量に噴出したため，付近の住民のうち1,700人以上が酸欠で死亡し，7,000頭近くの家畜も被害を受けた．我が国では草津白根山でスキーヤーや登山客が硫化水素ガ

図3.28
2000（平成12）年三宅島噴火に伴い多量の火山ガスが噴出し，樹木を枯死させた．

図3.29
噴火活動がほぼ終息した1995年7月の雲仙普賢岳：土石流に覆われた安中地区と，土石流で運ばれてきた巨大な岩．荒涼とした風景で記念写真を撮れるような台が設けられていた．

スのため死亡した例などがある．

(2) 噴出物の堆積・滞留が原因となって生じる災害

火山周辺に降り積もった火砕物は雨で流されて土石流を発生する原因となる．大気中に浮遊する火山灰は視界をさえぎって交通障害を起こしたり，航空機災害を引き起こすことさえある．

a．土石流災害

土石流は大雨などにより大量の水が岩石や土砂とともに斜面を流れ下る現象である（図3.29）．火山地帯以外の地域でも発生するが，特に噴火時に火砕流や降灰などにより火砕物が堆積した山体斜面では，降水の浸透が妨げられるため，少量の雨でも土石流が発生しやすくなる．土石流には土砂だけでなく大きな岩石や流木も含まれ，流速も40km/hを超えることがあり，大きな破壊力をもっている（図3.30）．堆積した火砕物は長期間にわたり土石流の原因となるため，噴火活動が終息したあとでも**導流堤**や**遊砂地**を建設するなどして土砂の移動を制御する必要がある．

b．火山灰被害

濃密な火山灰は太陽光をさえぎるだけでなく，太陽光も遮断し，日中でも暗くなるため，路面に堆積した火山灰とあいまって車の走行は困難になる（図3.31）．火山灰のために車中に閉じ込められ，酸欠状態で死亡した例もある．

細かな火山灰は大気中に長期間（〜1週間）ただようことがある．ジェット機が航行中に火山灰に遭遇すると，ジェットエンジンに吸い込まれた火山灰がタービンの中で融解・固結し，エンジン停止を招く．これまでに火山灰に遭遇した航空機のうちジェ

図3.30
雲仙岳の土石流

図3.31
降灰により市街地での生活にも支障をきたす：桜島の火山灰をロードスイーパーで除去．

3・7 火山活動による災害

column　航空機事故

本文でも述べたように，航空機は火山灰に弱い．火山灰がエンジンに吸い込まれた場合，燃焼室内で簡単に融解し，冷却孔付近に付着・固結する．付着状況によってはエンジンの失速が起こったり，エンジン機能停止が起こることもある．本文でも述べたように，三宅島 2000 年噴火の際にも 8 月 18 日の噴火の際に高度 16 km にまで達した噴煙にジェット航空機が遭遇した例は目新しい．そのほかの主な航空機事故としてはガルングン火山（インドネシア）1982 年噴火の際の英国航空のボーイング 747 型機の例がある．エンジンが 4 基とも停止し約 10,000 m の高度から 3,000 m 付近まで降下したとき，一部のエンジンが再始動したため不時着に成功した．リダウト火山（米国，アラスカ）1989 年噴火の際にはオランダの KLM 航空 B747-400 型機が，高度 8,000 m 付近で火山灰に遭遇した．全エンジンが停止して 5,000 m まで降下したものの，一部のエンジンが再始動し墜落を免れた．

エンジンが止まらないまでも，火山灰粒子が操縦室の風防ガラスに衝突してガラス表面をヤスリがけのような状態にし，操縦室の前方視野が失われることもある．

高空をただよう火山灰はジェット機からでは通常の雲と区別することが難しい．このような火山灰による事故を未然に防ぐために，国際的な協力のもとに航空路火山灰情報センター（VAAC：Volcanic Ash Advisory Centre）が火山活動や浮遊火山灰に関する情報を迅速に航空関係者に提供している．この航空路火山灰情報センターは国際民間航空機関（ICAO）の提唱によって設立されたもので，世界の気象機関（我が国では気象庁）が火山観測機関，航空交通機関と協力して運営している．現在世界に 9 つのセンターがある．

［土井恵治］

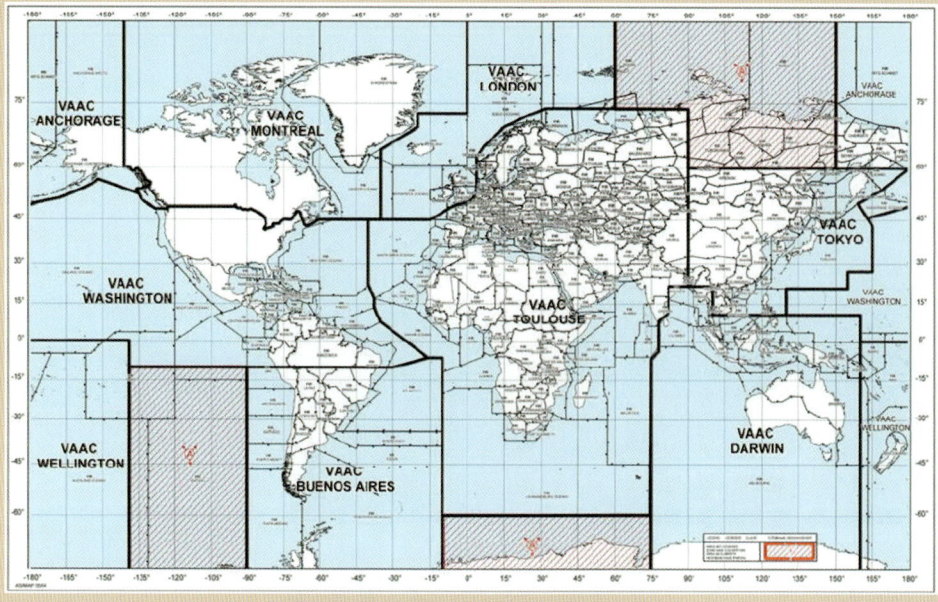

図 3.C10　9 つの VAAC がそれぞれ受けもつ責任領域

ットエンジンの一部あるいはすべてが停止した例が 1980 年以降 9 例あったが，幸いにも低高度まで滑空した後再始動したり，残ったエンジンで航行を続けることができたりしたため，この現象による墜落例はない．

(3) 噴出に伴う現象による災害

火砕流や溶岩など高温の火山噴出物が積雪や氷河を大量に融かすと，**融雪泥流**が発生し，渓流や河川を流れ下る（図 3.32）．融雪泥流は通常の土石流に比べて水の割合が大きいため，流れやすく移動速度が大きくなり，流下距離も長くなる．流下域では家屋や耕作地の破壊・浸水など大きな災害となる．

火山爆発の規模が大きい場合には山体そのものが破壊することもある．破壊されて生じた岩塊は**岩屑なだれ**となって斜面を流下し，流れの先にある建物を破壊し，田畑を埋めつくす．山体のごく一部が崩壊して火口湖の湖岸を破壊するような場合には，湖水が流れ出して土石流が発生する．また，岩屑なだ

column　土石流，泥流，ラハール

火山地帯で発生する土砂を含む洪水をインドネシアの言葉でラハールといい，世界各国で使用されている．日本語では土砂や岩石の割合の多い順に土石流，泥流，洪水という言葉で置き換えることが多いが，定義は必ずしも明確でない．しかし，溶岩や火砕流が積雪を融かすことにより発生する流れも泥流（融雪泥流）とよぶことから，本書ではラハールに対する日本語は土石流で統一した．

[土井恵治]

図 3.32　1988（昭和63）年の十勝岳噴火：積雪の上に熱い火山灰や噴石が降下すると雪が一気に融けて流下する．

れが運んだ土砂が川をいったん堰き止めたあと決壊し，土石流を発生させることがある．

火山活動に伴って**津波**が発生し，大きな災害が発生することがある．津波の発生原因は主に2つある．1つ目は火山体崩壊（斜面崩壊）による岩屑なだれや火砕流などが海へ流入したり，海底地すべりが起こることによるものである．大量に土砂が移動して，津波を生じる．北海道駒ケ岳の16世紀の噴火や，渡島大島，雲仙岳の17世紀の活動による津波被害が知られているほか，最近ではストロンボリ火山の急斜面を流下した溶岩塊が海中に突入し津波被害を起こした．2つ目は噴火による山体の急激な隆起・沈降が津波を引き起こす場合である．19世紀のクラカトア（インドネシア），20世紀のハワイ（米国）の噴火で津波が発生している．

また，噴火の際に発生する空気の振動（空振）は**衝撃波**となり被害をもたらすことがある．火口に近いところでは樹木をなぎ倒すことがあるが，火口から離れた場所ではガラス窓の破損などの被害に留まり，それほど大きなものにはならない．

図 3.33　線路の変形（有珠山2000年噴火）：マグマの陥入にともなって山麓の地盤が変形し，鉄軌道が湾曲した．

(4) 地下の状態の変化による災害

マグマの上昇，貫入，噴出によって，地下で大量の物質の移動が起こると，地盤の隆起，沈降，亀裂など大きな変位が現れる（図3.33）．このような現象による災害は活動火口に近い場所だけに限られるものではなく，4～5km離れた場所でも現れることがある．

また，マグマや熱水が地表に近接すると，地表温度が上昇して，植物の枯死など付近の生態系に変化をもたらす．

一般に火山活動中に発生する地震は規模がそれほど大きくなく，大多数は体に感じないか，震度1～3程度である．しかしながら，マグマの貫入などにより，まれに規模の大きな地震が発生することがある．その場合には震度5弱を超える強い震動により建物などへの被害や斜面や山体の崩壊が発生することがある．

3.7.2 火山災害対策

(1) 火山災害への対応

火山災害は噴火に伴う火山現象だけでなく，噴火の結果，堆積した火砕物が原因となって発生することもある．巨大噴火でなくても，火山災害の及ぶ範囲は火山の周辺だけでなく数十km以上はなれた場所にも及ぶことがある．さらに，火山周辺の都市化や観光開発により，火山災害の危険性が年々高まっているところもある．安心で安全な生活を営むためには，火山活動による現象を予測し，災害の要因を減らしたり回避したりする必要がある．具体的には以下の4つの対応がある．

① 現象・災害の予測・予知：噴火や土石流など，災害の原因となる現象の発生を事前に予測あるいは察知する．またハザードマップの作成など，災害発生の危険性のある地域を事前に予測する．
② 予防的事前対策：災害の原因となる現象を制御する導流堤・シェルターなどの施設を整備する．
③ 応急対策：災害の原因となる現象が発生した場合に避難区域の設定，除灰など，緊急的対応を行う．
④ 教育・普及：防災マップ，災害経験の伝承，火山博物館の活動などを通じて，火山災害の特徴などについての教育，防災意識の普及・啓発を行う．

これらの対策はお互いに密接に関連しており，どれかひとつだけを重点的に進めても不十分である．また，火山の活動状況に応じて対策を見直すことも必要である（図3.34）．

このような火山防災対策が効果的に機能した例として，有珠山の2000年噴火災害があげられる．噴火直後には1万人を超える住民が一時的に避難をしたものの，噴火による犠牲者は1人も出なかった．この理由として以下の5点が考えられる．

① 有珠山の火山活動の特徴を十分に調べ，噴火直前に現れる現象や，噴火した際に発生する災害が想定されていたこと．
② それらの事柄をまとめた防災マップを地元の住民に配布し，折に触れて住民に対する啓発活動を繰返し行ったこと．

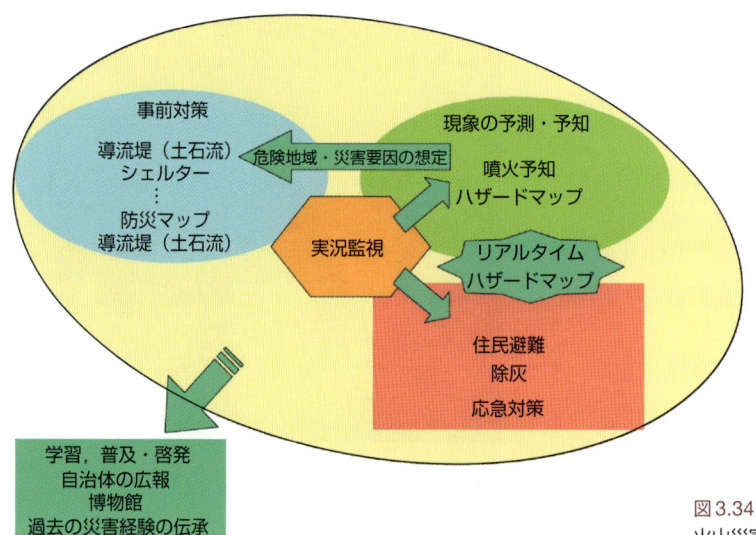

図3.34
火山災害の軽減に向けた諸対策の関係図

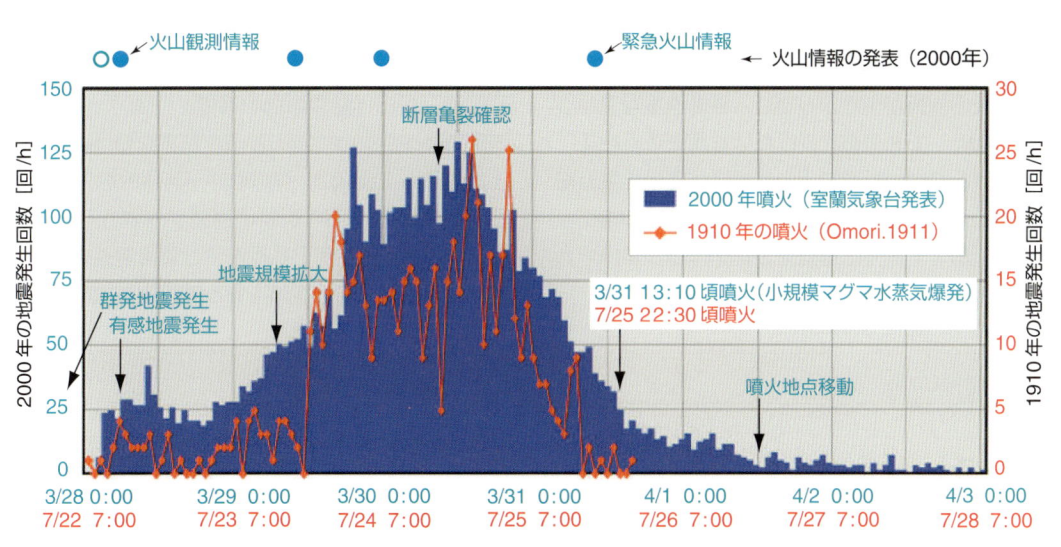

図 3.35　有珠山 2000 年噴火と 1910 年噴火の地震発生回数：2000 年は青字，1910 年は赤字.

③ 砂防対策が施されており土石流が居住区域などに流入しなかったこと．
④ 噴火の 3 日前から多発した地震活動を噴火の前兆と捉え，噴火前から噴火に備えた対応が行えたこと（図 3.35）．
⑤ 噴火直前から噴火活動が終息するまでの間，行政機関と専門家が協力して火山活動の推移を予測し，災害発生の危険性についてきめ細かく評価したこと．

ただし，有珠山の 2000 年噴火はこれまで有珠山が繰り返してきた噴火活動に類似し，想定の範囲内の活動だったために，このような対応が可能であった．一方，同年の三宅島の噴火のように，山頂の陥没（小カルデラの形成）や大量の火山ガスの噴出といった，これまで 2,500 年以上起こらなかった現象が発生し，対応が困難だった例もある．

事前に被害を想定し，噴火など危機的な状況になった際にどのように対応すべきかについて準備をすることは，火山災害に限らず，全ての災害に共通して必要なスタンスである．一般に噴火の時期も含め噴火活動は予測が難しいため，火山に起こり得るすべての現象や噴火の場所・規模を場合分けし，それぞれの現象の起こりやすさ（確率）を考慮して，火山活動について想定できる限りのシナリオを検討するという試みが取られている（**イベントツリー**）．このような起こりうる現象のシナリオにもとづき災害を想定した上でどのような対策をとるべきかについて検討が可能となる．

一般に自然災害から身体や生命を守るためには，早期に安全な地域に避難することにつきる．しかしながら，発生した現象の種類や規模の大きさにより，避難先や避難の期間が大きく左右される．例えば火砕流が頻繁に発生する状況にあっても，その規模が小さく，特定の谷筋に限定的にしか流れないのであれば，その谷筋の住民を避難させるだけで十分であるが，規模が大きい場合は火山から数十 km も離れ

表 3.5　被害対象からみた災害要因

被害対象	災害要因
身体への影響	火山ガスによる中毒，火山ガス・火山灰の刺激（ぜんそく，気管支炎），噴石の落下，降灰（怪我，火傷），土石流・泥流（流失）
住宅被害	溶岩流・噴石（焼失），噴石の落下，火山灰の堆積，土石流・泥流（破壊），火山ガス（腐食）
都市機能	溶岩流・噴石（焼失），噴石の落下，火山灰の堆積，土石流・泥流（破壊），降灰の静電気や微粒子（電子機器の損傷，絶縁不良），火山ガス（腐食），地殻変動，地震（電気・ガス・水道の供給路・施設の損傷・変形・破壊），火山ガス・火山灰（水源の汚染）
交通機関	火山灰（吸引によるエンジン停止機），地殻変動（道路・鉄軌道の損傷・変形）
農林水産業	火山灰・火山ガス・地熱（汚染・枯死）

3 火山

た地域の住民まで避難させる必要がでてくる．また，住宅や土木構造物など移動させられないものは，たとえ現象の規模が小さかったり，移動速度が遅かったりしたとしても直撃を受ければ被害をこうむることは避けられない．逆に火山灰が降っていたり，噴石が放出されている状況では，頑丈な建物の中にとどまり，あえて戸外に避難をしないほうがよい場合もある．

したがって，影響を受ける人がどのような状況にあるかにより，考慮すべき現象（対処すべき災害）や対策（対応行動や事前の準備）が異なってくる．前項で述べた火山災害の要因を被害を受ける対象ごとに整理してみると（表3.5），具体的な対策を講じる際にどのような現象に警戒すべきか明確になる．また，火山災害の影響を受ける可能性のある人は，各自が常に防災意識をもって火山現象による被

---

column 噴火警報と噴火警戒レベル

気象庁は2007年（平成19年）12月1日より，噴火警報・噴火予報を開始するとともに噴火警戒レベルを導入した．噴火警戒レベルとは，火山活動の状況を噴火時等の危険範囲や必要な防災対応を踏まえて5段階に区分したものである．住民や登山者・入山者等に必要な防災対応が分かりやすいように，各レベルにそれぞれ「避難」「避難準備」「入山規制」「火口周辺規制」「平常」のキーワードをつけて警戒を呼びかけるものである．噴火警戒レベルは噴火警報・噴火予報で発表する．

2007年12月現在，16火山において，噴火警戒レベルを設定しているが，他の火山についても，地元防災機関と調整を進め，避難計画など所要の準備が整い次第導入していく予定である．

［土井恵治］

表3.C1 噴火警戒レベル

噴火警戒レベルは，火山活動の状況について，噴火時等にとるべき防災対応を踏まえて区分したもので，この活用にあたっては，以下の点に留意する必要がある．
・火山の状況によっては，異常が観測されずに噴火する場合もあり，レベルの発表が必ずしも段階を追って順番通りになるとは限らない（下がるときも同様）．
・各レベルで想定する火山活動の状況及び噴火時等お防災対応に係る対象地域や具体的な対応方法は，地域により異なる．
・降雨時の土石流等レベル表の対象外の現象についても注意が必要であり，その場合には大雨情報等他の情報にも注意する必要がある．

予報警報	対象範囲	レベル（キーワード）	説明		
			火山活動の状況	住民等の行動*1	登山者・入山者等への対応*1
噴火警報	居住地域及びそれより火口側	レベル5（避難）	居住地域に重大な被害を及ぼす噴火が発生，あるいは切迫している状態にある．	危険な居住地域*2からの避難等が必要（状況に応じて対象地域や方法等を判断）	
		レベル4（避難準備）	居住地域に重大な被害を及ぼす噴火が発生すると予想される（可能性が高まってきている）．	警戒が必要な居住地域*2での避難の準備，災害時要援護者の避難等が必要（状況に応じて対象地域を判断）	
火口周辺警報	火口から居住地域近くまで	レベル3（入山規制）	居住地域の近くまで重大な被害を及ぼす（この範囲に入った場合には生命に危険が及ぶ）噴火が発生，あるいは発生すると予想される．	通常の生活（今後の火山活動の推移に注意・入山規制）．状況に応じて災害時要援護者の避難等	登山・入山規制等危険な地域への立入規制等（状況に応じて規制範囲を判断）
	火口周辺	レベル2（火口周辺規制）	火口周辺に影響を及ぼす（この範囲に入った場合には生命に危険が及ぶ）噴火が発生，あるいは発生すると予想される．	通常の生活	火口周辺への立入規制等（状況に応じて火口周辺の規制範囲を判断）
噴火予報	火口内等	レベル1（平常）	火山活動は静穏．火山活動の状態によって，火口内で火山灰の噴出等が見られる（この範囲に入った場合には生命に危険が及ぶ）．		特になし（状況に応じて火口内への立入規制等）

*1：住民等の主な行動と登山者・入山者への対応には，代表的なものを記載．
*2：避難または避難準備の対象として地域防災計画等に定められた地域．ただし，火山活動の状況によって具体的な対象地域はあらかじめ定められた地域とは異なることがある．
注：表で記載している「火口」は，噴火が想定される火口あるいはそれらが出現しうる領域（火口出現領域）を意味する．伊豆東部火山群のように，あらかじめ噴火場所（地域）を特定できないものは，地震活動域を火口領域と想定して対応．

害を最小限にするよう努力するべきである．

(2) 火山噴火予知

火山噴火を予知できれば，噴火の様態に応じて周辺の住民や観光客を安全に避難させることができ，少なくとも人的な損害をなくすことが可能である．短期的な（直前の）噴火の予知を行うためには，過去の噴火活動や平常時の様子など火山の活動の特徴を十分に知り，その上で噴火に至るまでの様々な地下の活動（状態の変化＝噴火に至るプロセス）を理解した上で，常に監視し，その状態に変化が認められる都度，診断を行う必要がある．その結果はわかりやすい情報として住民などに伝えられなければならない．

図 3.36 は火山活動のプロセスを模式化したもので，特定の火山について適用されるものではないが，おおよそ次の4つのステージに区分できる．
① マグマ溜まりにマグマが充填するマグマ蓄積期
② マグマ溜まりからマグマが火道を上昇するマグマ上昇期
③ マグマ放出期（噴火）
④ マグマの放出後の補償として山体が収縮するなど前回の噴火活動後の回復期．

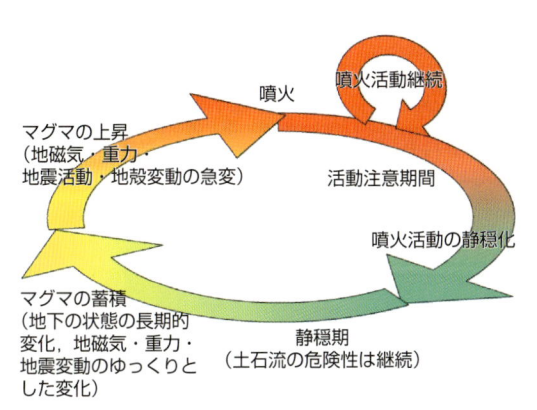

図 3.36　火山活動のサイクル（模式図）：マグマの上昇や噴出は急激で劇的な現象であるため異常の判定が比較的容易である一方で，マグマの衰退（噴火活動の衰退）はゆっくりとした変化であるため，噴火活動の停止（危険性の有無）の判断は困難である．

このプロセスがひとめぐりする時間やそれぞれのステージごとの時間は火山ごとに異なり，同じ火山でも活動ごとに異なるが，注目している火山がどのステージにあるかを把握することは事前の対策を検討する上で重要である．このためには，モデル（仮説）を設定し，火山の地下でマグマや熱水の活動が変化した場合に観測データにどのような変化が現れるかを想定し，それをとらえるための観測種目を適切に設定することが必要である．直接地下の様子を観察することが困難ではあるものの，火山の地下の状態を観測データにもとづいて推定し，活動の推移や噴火の切迫性についてある程度判断することが可能となる．

火山がどのような状況にあるかを評価するためには，複数の観測種目で火山の活動状況を観察することが必要である．ちょうど人間の病状を診断する際にX線写真や超音波検査，血液検査，心電図といったさまざまな検査を行うのと同様に，火山の活動状態は多種目の精度の高い観測項目により総合的に診断しなければならない．しかし，火山活動の診断のために必要なデータやモデルは現時点ではまだ十分ではなく，これからも蓄積されていくデータを用いてモデルを改良する必要がある．噴火予知の技術は現在もなお発展途上である．

a. 長期的噴火予知

活火山は過去1万年以内に噴火した火山もしくは現在噴気活動が活発な火山と定義されているが，どの火山も同じように活動的であるわけではない．日常的に噴火している桜島や諏訪之瀬島，キラウエア（ハワイ）やエトナ（イタリア）のような火山がある一方で，噴火の間隔が数十年〜数百年となる火山もある．したがって次の噴火の時期について予測することは一般には難しい．しかし，ある火山では長期的な噴出率が一定であるとみなせる場合がある．このような場合，前回の噴火の規模（噴出量）が小さければ，次の噴火までの時間が短くなり，また前回からの経過時間が長ければ，次の噴火時の噴出量は大きくなるという考え方にもとづき，次回の噴火時期について予想することがある（**階段ダイヤグラム**＝長期的な予測）．過去繰返し起こった噴火活動で噴出したマグマの量と活動（休止）期間を詳しく調べることにより，前回の噴火からどの程度時間が経過し，次回の噴火までにどの程度時間がかかるのかが推測できる．長期的な見通しを立てる際には有効であるが，同一の火山でもマグマの供給の割合が必ずしも一定とは限らないので，あくまでも目安である．

b. 中期的噴火予知

通常，噴火終息後間もなくの時期から，火山の地下数km〜20km程度の深さまでにあると考えられ

ているマグマ溜まりに再びマグマが充填される．このようなマグマの集積によって，山体を取り巻く地域で地殻変動が生じ，重力や磁力の分布が変化する．この変化をとらえることができれば火山活動の中期的な見通しを立てることができる．このためには3.4節の火山噴火に伴う諸現象で述べたように，火山の形状や重力・磁力の値を定期的に測定し，変化をとらえる必要がある．ただし，マグマの蓄積する場所が地下深いところだと，地表での測定データに変化が生じないこともある．

c．短期的噴火予知

地下でのマグマの集積がある程度進み，マグマが上昇を始めて地表に近接すると，マグマやマグマで加熱された水（熱水），蒸気の影響により地下や火山体表面でさまざまな変化が現れる．

マグマの貫入に伴う物理的な現象として，火山性地震・火山性微動が発生し，山体の変形が進展する．マグマが火山体の浅部まで上昇し，噴火が起こる直前には，マグマが地下深くでの蓄積する過程とは違い，山体のふくらみが鈍ることがあるので，地殻変動を連続的に観測することが，地下の状態の変化（転機）をとらえる手がかりになる．また，マグマの上昇に伴う重力変化も期待される．重力変化は降水や地形変化などの影響も受けるので，これらの評価が重要である．

マグマや熱水の上昇に伴って熱的・化学的変化も起こるので，磁力異常の分布の変化や電気抵抗の変化を観測することが重要である．さらに，地下水（温泉）の温度・成分の変化が生じたり，火山ガスの温度・成分の変化も起こることがあるので，頻繁

---

column　桜島の爆発予測

桜島の爆発の直前に地盤の傾斜が変化することが観測される場合がある．これはマグマが急激に発泡（マグマに溶け込んでいた火山ガスが周囲の圧力の低下により気化すること）した場合に体積が膨張することにより山体が膨らむことをとらえていると考えられている．桜島は定常的に同じメカニズムで爆発を繰り返していること，傾斜観測を行う適地（火道に近いこと，変化をとらえやすいこと）があることから爆発が直前に予測できる．他の火山で同様に予測可能であるとは限らない．

［土井恵治］

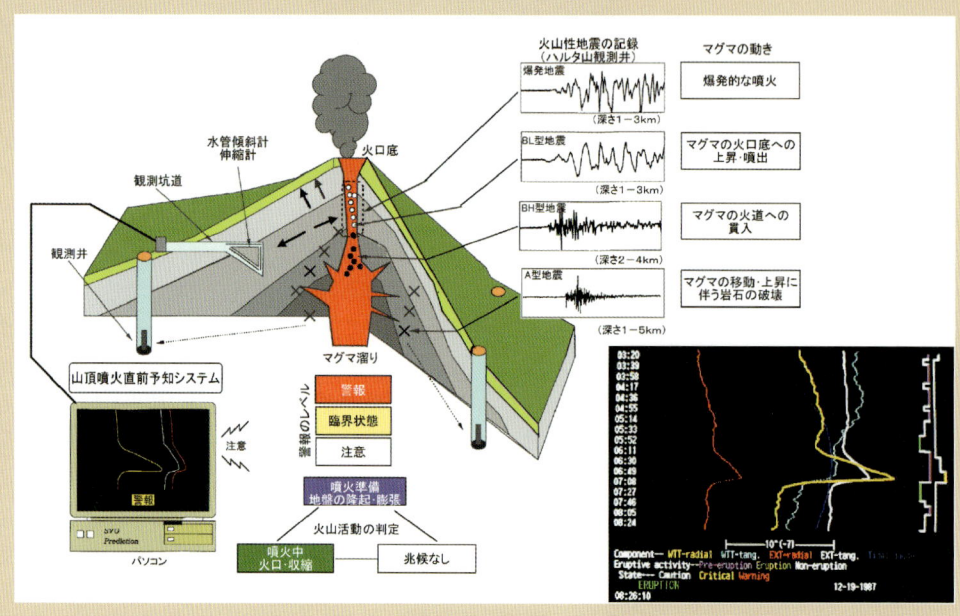

図 3.C11　桜島の傾斜観測と爆発予測

な観測が有効な場合がある．火山ガスの成分である二酸化硫黄，硫化水素，塩化水素，二酸化炭素の割合が噴火に先立って変化することがあるが，マグマ中の溶解度の違いが原因とはいえ，実際に地下でどのような変化が起こっているかを説明するモデルはまだ，十分ではない．

火山体の表面，特に火口周辺の温度が地下のマグマの動きにより変化することがある．ただし，温度上昇の傾向からだけでは噴火の切迫性を判断することは難しい．なお，直接火口の温度を測定することは危険であるため，通常離れたところで熱赤外線を測定して温度を推定する方法がとられる．測定器としては携帯可能なカメラタイプのものから航空機や人工衛星に搭載するものまでさまざまにある．

d. 直前の噴火予知

桜島の爆発的噴火の直前には山体が急激に膨張する様子が傾斜計の観測でとらえられる．浅間山2004年噴火の期間中にも，爆発的噴火の数時間前に，中腹に設置した傾斜計が山体の膨張を示すことがあった．また，噴火直前に短周期の地震が増加したのち，長周期の地震が多発することがある．これらの特徴的な現象は噴火を何度か繰り返して得られる経験則として，比較的短い時間の中で地下の状態が大きくは変化していない場合には次の噴火を予測する有効な手がかりとなり得る．阿蘇中岳第1火口では火口底の湯溜まりの有無で地熱の状況を推測し，噴火の切迫性の判断材料の1つとしている．

e. 噴火活動推移の予測

火山噴火は数時間あるいは数日程度の活動で終息することもあるが，長期にわたり継続することがある．このような場合，噴火様式が途中で変化することもまれではない．したがって，噴火発生時期の予測もさることながら，噴火活動の推移や終息について予測・判断し，さらにはその時々の火山活動状況に応じて臨機に対応することが，火山周辺の一般の生活や社会活動を安心かつ安全に再開する上できわめて重要である．このため地下のマグマの状態の推移に関する判断と，それに伴う噴火活動の推移の見通しが不可欠であるが，噴火の直前の変化に比べて，活動の終息に向けての変化は非常にゆるやかなことが多く，終息に至るまでの予測は非常に困難である．

(3) 災害要因の制御：砂防事業

火山災害の中でも岩屑なだれや土石流は大量の土砂が住宅地や農耕地を洗い流し，広い範囲に被害を及ぼす．しかしながら，渓谷や河川の流路に沿って流下することが多いことから，ある程度の制御が可能である．このように土砂災害を予測・制御して災害を未然に防ぐことを**砂防**とよぶ．ちなみに，国際的にもSABOという名称で通用する日本語である．

火山地域で行う砂防を火山砂防というが，火山砂防には，土石流対策，火砕流対策，溶岩流対策，融雪泥流対策，岩屑なだれ対策が含まれる．

a. 土石流対策・融雪泥流対策

火山灰など火山砕屑物が厚く堆積している状況では降雨により土石流・泥流が発生しやすい．また，堆積物が存在する限り土砂災害の危険性はなくならない．土砂災害を軽減するためにはその予測や制御が必要であり，これまでさまざまな対策が講じられている（図3.37）．

---

column　火山噴火予知連絡会

我が国の火山噴火予知の流れは1973年に「火山噴火予知計画」が測地学審議会（当時）から関係各省庁に建議されたことに始まる．以降現在まで5年ごとに計画の進捗を点検し，新たな計画を策定してきた．噴火予知に向けて個々の研究機関，研究者の独創的な発想による研究の実施も重要であるが，研究の実施状況について情報を相互に交換し，適切な観測態勢の整備について協議することもまた，噴火予知研究のさらなる発展にとって重要である．特に噴火活動など顕著な火山現象が発生した場合には火山活動の見通しなどの評価，調査観測の方針や分担などについて関係者の緊密な連絡が不可欠となる．このため，噴火予知計画の当初から火山噴火予知関係者間の連絡体制の確立の必要性がうたわれて，大学，関係行政機関の代表者からなる「火山噴火予知連絡会」が1974年に設立され，気象庁が事務局を務めている．火山噴火予知連絡会は年3回の定期的な会合に加え，顕著な火山活動があれば随時活動を評価し，その結果は気象庁から国民に公表されている．　　［土井恵治］

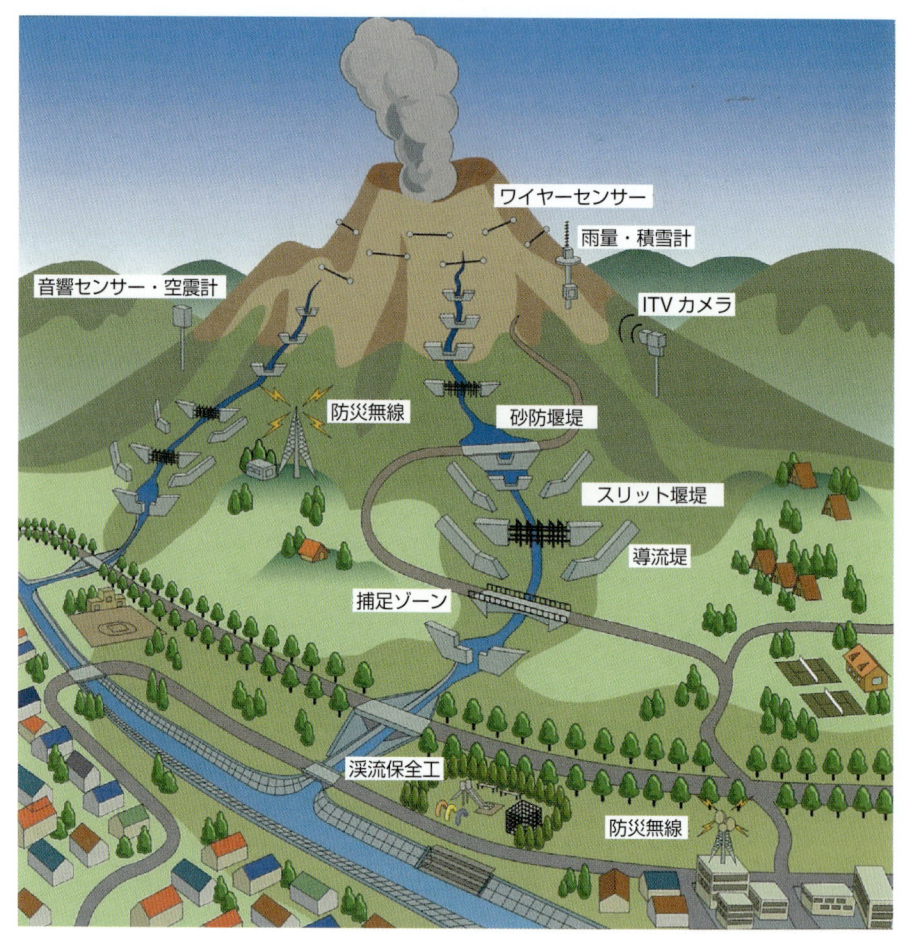

図3.37 砂防事業の概要

　土石流発生の監視のためには，発生が予想される急傾斜の斜面にワイヤーを張っておく．ワイヤーが切断されることで土石流の発生を検知するので，**ワイヤーセンサー**とよばれる．また，土石流が流下する渓流に監視カメラ，マイクロフォン，地震計などを設置し目視や振動・音により土石流の流下の様子を把握する．土石流のきっかけはまとまった量の降雨であることから，火山周辺での雨量の観測は土石流の危険予測に不可欠の種目である．

　このような観測により，土石流の発生が検知された場合，山麓の住民に土石流の発生をすばやく伝達し，避難などの対策を講じるための手段として防災無線の整備は効果的である．

　発生した土石流を山麓まで流れ下る間に制御して被害を軽減するための装置として，土石流が発生しやすい河川に**砂防堰堤**（ダム）をつくり，土砂を貯める．スリット堰堤はサイズの大きな岩石のみを貯めるものである．また，流下してきた土石流を**遊砂地**とよばれる傾斜のゆるい空間に導入して土石流の流速を抑え，下流に流さないようにできる．

　さらに，渓流沿いに**導流堤**とよばれる堤防を築き，土石流が流下する範囲を限定し，氾濫しないようにする方法もある（図3.38）．

(4) ハザードマップ

　火山ハザードマップは将来発生する火山現象により火山災害の危険が及ぶ区域を示したものである．このために過去の火山活動を古文書や地質学的な資料から調査し，科学的な分析により想定された火山活動のシナリオにもとづき，発生が予想される現象ごとに生じる被害を想定する．この火山ハザードマップに立入り規制区域，避難経路，避難施設，緊急時の連絡先など災害回避行動に必要な情報を加えたものを通常，**火山防災マップ**とよぶ．日本国内では32の火山について火山防災マップ（火山ハザード

図3.38 水無川（長崎県）での導流堤：雲仙岳の火砕流堆積物が雨により土石流となった場合でも居住区域に土砂が流れ込まないようにするもの．

マップ）が作成・公表されている．

　これらの資料を日ごろから十分に理解しておくことが，実際に火山活動が活発になったり，噴火が始まったりして避難行動が必要となる場合の安全確保につながる．さらに多くの場合，火山周辺が観光地であることを考慮して，旅行者向けの簡便なガイドマップを作成することが望ましい．

　ハザードマップを作成する際に想定する現象は，従来その火山で考えられる最大規模の活動が中心であった．しかし，規模の大きな噴火活動は頻繁に起こるわけではないため，実用的なものとするためにはより頻繁に発生する中小規模の活動による災害も想定しなければならない．

　一方で噴火などの火山活動はそのたびごとに様相が異なり，過去に発生した現象と同じ現象が繰り返し発生することもある一方，全く異なる現象となることがある．したがって，ハザードマップやそれをもとにした防災マップには考えられる限りの火山活動の想定を盛り込む必要がある．しかしながら内容が膨大になりすぎては実用的ではない．特に噴火口の位置，降灰の量や分布範囲はその時々の状況により無数のバリエーションが想定できるため，被害が予想される範囲は広範になってしまい，実際の火山活動では避難の必要のない地域まで避難対象となってしまうおそれがある．このような事態に対応するため，数多くの想定のうち実際に発生した現象に近いものを参照したり，実際の火山活動状況をその都度取り込んで引き続く時間内でどのような被害が起こり得るのかを計算する**リアルタイムハザードマップ**を作成したりするなど，いくつかの工夫が検討されている．

(5) 火山との共棲

　これまでみたように，活発な火山活動は時として，社会にさまざまな災害を与え，そのゆえに日ごろからの十分な対策を立てる必要がある．また場合によっては避難を余儀なくされる．しかしながら，同時に私たちは火山活動により多くの恩恵を享受し，火山が形つくった環境を利用している．

　溶岩などの火山噴出物で形成された多孔質でミネラル分に富む地層は良質の地下水を生み出し，また

図3.39 火山地帯の地熱を利用して発電する（東北電力・柳津西山地熱発電所）．

3 火山

column　富士山の被害想定

　富士山は最近1,300年間に10回の噴火を繰り返している我が国最大の火山である．1707（宝永4）年の噴火以降は噴火を起こしておらず，静穏を保ってきていた．将来にわたり現在の状態が続くかどうか，また，再び噴火するならその時期はいつなのかについては現時点ではわからない．しかしながら，ひとたび宝永噴火と同様の噴火活動が始まれば周辺の住民の生活や企業活動に重大な支障を与えるのみならず，交通の要所である東海道を分断することも予想されるので，適切な防災対策が講じられることが重要である．このため2001（平成13）年から2004（平成16）年にかけて，火山研究者，国県市町村の担当者からなる検討会を設置し，富士山で将来発生すると考えられるさまざまな現象による災害の形態と対応策について検討し，その結果を「富士山ハザードマップ」「富士山防災マップ」に取りまとめた．この作業と平行して，富士山周辺の行政機関をメンバーとする富士山火山防災協議会が設置された．　　[土井恵治]

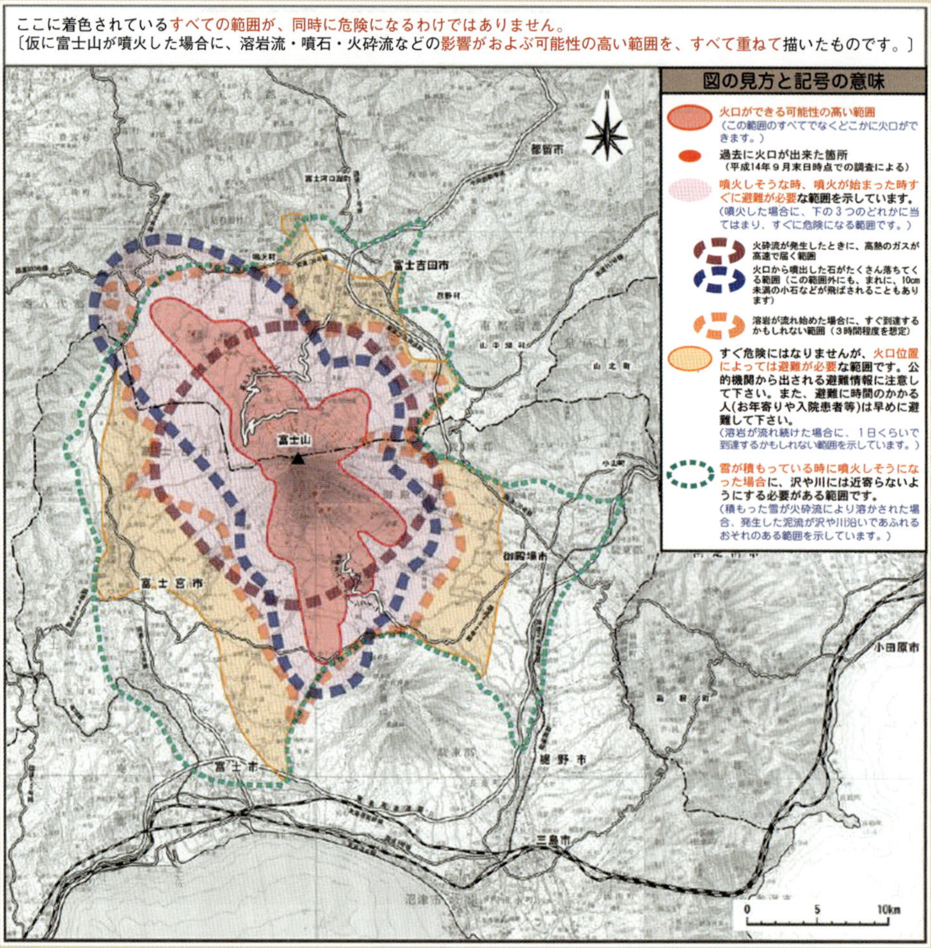

図3.C12　富士山火山防災マップ（広域）：火山対策を行うため，さまざまな火山現象とそれに伴う被害を想定して対応策をあらかじめ計画しておくための地図．

新たな耕作地として活用可能である．火山地域の地熱をエネルギー源として発電などに利用することもできる（図3.39）．また火山周辺に湧き出る温泉は湯治や癒しの効果があり，私たちの生活にゆとりと潤いを与える．さらには火山活動によって形成された地形（山体，湖，滝）は風光明媚な景観をつくりだし，温泉とともに観光資源として利用できる．

火山活動そのものには危険因子が多く含まれていることはもちろんであるが，火山活動がもたらす恩恵を十分理解した上で，いかに火山と共存・共棲していくかを考えていく必要がある．そのためにも火山周辺の住民や関係者が火山の活動特性や想定される被害の特徴を十分に把握し，火山活動の高まりとともにどのように対応行動をとるべきかを熟知する必要がある．

■図表の出典

図3.26	小山悦郎（東京大学地震研究所）撮影．
図3.27	中川和之（時事通信社「防災リスクマネジメントweb」編集長）写真提供．
図3.28	東京都ホームページ：http://www.soumu.metro.tokyo.jp/14miyake/miyakehp/sangyouka/hunkasaigai.html
図3.29	中川和之（時事通信社「防災リスクマネジメントweb」編集長）写真提供．
図3.30	国土交通省九州地方整備局雲仙復興事務所ホームページ：http://www.qsr.mlit.go.jp/unzen/sabo/sub1/sub1.html
図3.31	鹿児島市ホームページ：http://www.city.kagoshima.lg.jp/wwwkago.nsf/ccf84b04a2835fb 849256cb1003b13c3/a9dbe00221188a4949256f2c001b98c6?OpenDocument
図3.32	気象庁．
図3.33	JR北海道：有珠山噴火　鉄道輸送の挑戦．
図3.37	秋田県砂防課．
図3.38	国土交通省九州地方整備局雲仙復興事務所ホームページ：http://www.qsr.mlit.go.jp/unzen/sabo/sub3/sub1/sub11/sub113/sub113.html
図3.39	東北電力ホームページ：http://www.tohoku-epco.co.jp/oshirase/newene/02/index.html
図3.C10	Handbook on the International Always Volcano Watch（IAWN）Operational Procedures and Contact List Second Edition in 2004：http://www.icao.int/icaonet/dcs/9766/9766_cons_en.pdf
図3.C11	国立大学法人京都大学防災研究所附属火山活動研究センターホームページ：http://www.dpri.kyoto-u.ac.jp/~kazan/yoti.html
図3.C12	富士山火山防災協議会：http://www.bousai.go.jp/fujisan-kyougikai/index.html
図3.C13	気象庁ホームページ：（火山活動解説資料 平成15年2月）http://www.seisvol.kishou.go.jp/tokyo/STOCK/monthly_vact_doc/tokyo/314_03m02.pdf
表3.C1	気象庁報道発表資料（平成19年11月30日）より．

column　富士山の活動と低周波地震

2000年11月から2001年5月にかけて，富士山の北東側の深さ15〜20 kmのところで低周波地震が頻発した．富士山直下で観測される低周波地震は通常，年間十数回程度であるが，この期間に関しては1カ月に100回を超えることもあり，1980年代からの観測史上初めてであった．このような深部低周波地震はマグマあるいは火山性のガスの活動と関連深いと考えられているが，まだよくわかっていない．この現象自体は富士山が活火山であることの表れであるものの，ただちに噴火する兆候とは考えられていない．しかし，この地震の発生を契機に，富士山周辺の自治体が協議会を結成し，内閣府主導のもとに防災マップがつくられたり，地震や地殻変動の観測強化が行われ，富士山に関する火山防災対策が一気に進んだといっても過言ではない．　　　　［土井恵治］

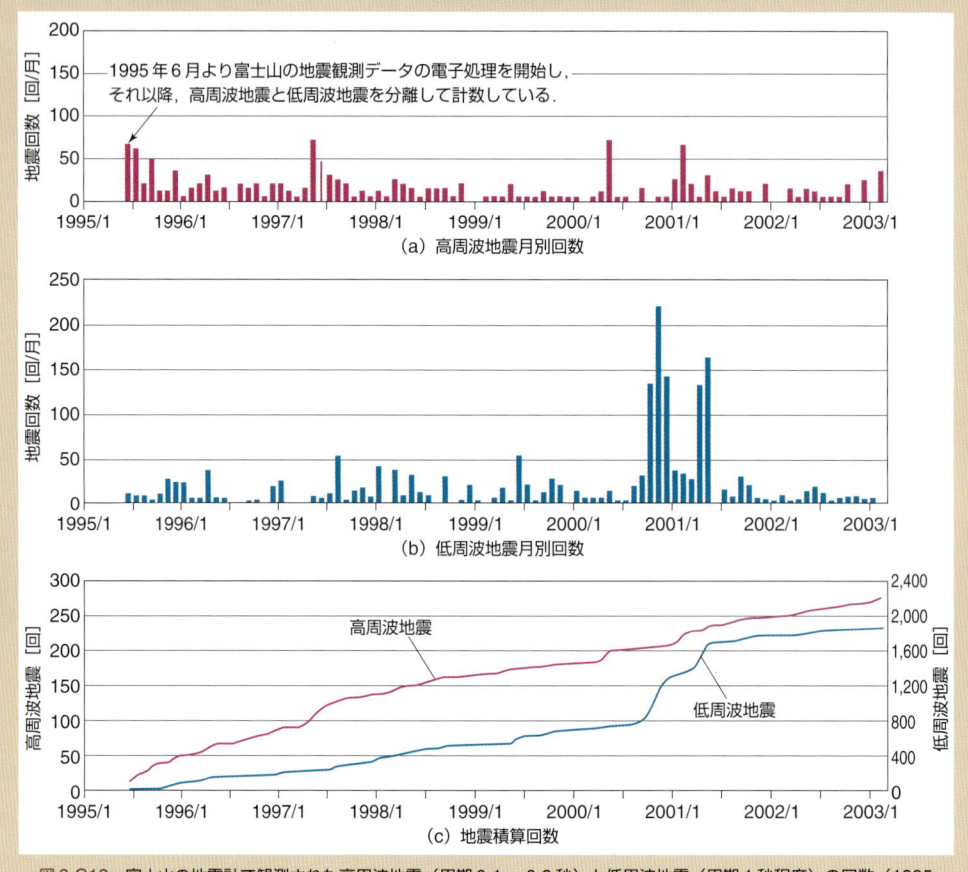

図3.C13　富士山の地震計で観測された高周波地震（周期0.1〜0.2秒）と低周波地震（周期1秒程度）の回数（1995年6月〜2003年2月）

3.8 過去の主な噴火

3.8.1 有珠山

　北海道洞爺湖の南岸に位置する有珠山では、寛文3（1663）年から今日まで少なくとも8回の噴火が記録されており、我が国における代表的な活動的火山である。最近では明治新山（1910年）、昭和新山（1943〜1945年）、有珠新山（1977〜1978年）、西山新山（2000年）というように、噴火のたびに粘性の高いシリカに富んだマグマが地表付近まで上昇してきてドーム状の地形をつくった。昭和新山は、その成長過程が当時の郵便局長であった三松正夫氏によって記録されたことで、世界的にも有名な溶岩ドームとなっている。ただし、昭和新山は地表に溶岩が顔をのぞかせた状態で成長を停止したドームであり、**潜在ドーム**とよばれる。

　1977〜1978年噴火では、火山灰噴煙が上空10km以上に達し、多量の軽石・火山灰が火山の周囲に降り積もった。また、それに続く泥流の発生や、さらには有珠新山の隆起などの地殻変動が起こった。これに対して2000年噴火は比較的穏やかな活動であった。2000年3月27日から有感地震を含んで地震活動が活発化し、時間あたりの地震回数がピークを過ぎた3月31日に有珠山の北西麓（西山火口）で**マグマ水蒸気爆発**が発生し、噴火活動が開始した。これに先立ち、3月29日には緊急火山情報が気象庁から出されていた。この情報を受けて周辺の3市町では1万人あまりの避難を実施した。3月31日のマグマ水蒸気爆発は翌日にはマグマを含まない水蒸気爆発に移行し、活動を弱めながら同年夏頃まで継続した。この活動によって、有珠山の北西麓一帯には50を上回る火口（西山・金比羅山火口群）が形成された。西山火口域一帯は地下浅所にマグマが注入してきたため60m以上隆起した（図3.40）。

3.8.2 三宅島

　東京都内から180km南に位置する三宅島では、

図3.40
有珠山の2000年噴火で観察された水蒸気爆発の写真：ほうきを逆さにしたような噴煙が洞爺湖温泉街の裏山、金比羅山火口から勢いよくあがっている。手前の、複数の火口から水蒸気噴煙をあげる場所では、地下にマグマが侵入したために地面が隆起して多くの断層ができた。

3 火山

ここ約300年間に，ほぼ20年おきに噴火活動が起こっている．まれに20年の倍数である約40年や約60年の噴火間隙の時期もある．この規則性がくずれるのは，記録に残らなかった海底噴火やマグマが上昇したものの，地表までは到達しなかったためと考えられる．2000年の噴火を除き，山頂噴火を伴うか否かの違いはあるが，ほとんどの場合が山腹での割れ目噴火であった．マグマが割れ目火口から噴き出し，スコリアが火口の周囲に堆積するとともに，溶岩流として流出した．噴火の継続時間は短くて数時間，長くて1ヶ月程度であった．

一方，2000年噴火では6月下旬に地震活動が活発化し，翌日には三宅島の西方で海底噴火が起こった．この噴火に先立って緊急火山情報が発せられ，島の南部の住民は，噴火の可能性の低い島の北部に避難した．しかし，海底噴火後，地震活動は三宅島の北西，神津島-新島間において活発になり，それに伴って三宅島の地下が収縮し，神津島-新島間の距離が増加するという地殻変動が起こった．

島内では7月初旬から再び地震活動が活発化し，7月8日には山頂で水蒸気爆発が発生するとともに山頂部の陥没が観測された（図3.41）．その後陥没の範囲と深度は次第に増加し，途中何回かのマグマ水蒸気爆発を引き起こした．8月18日には噴煙の高度が約16kmに達するマグマ水蒸気爆発が起こり，火山灰が島全体を覆いつくした．上空を航行中のジャンボジェット機がこの噴煙に突入し大きな被害を受けたが，幸い犠牲者はなかった．さらに8月29日には火砕流の一種である低温の火砕サージが発生した（図3.42）．山頂の陥没穴は直径1.7km深さ約0.5kmのカルデラとよべる大きさにまでなった．三宅島北西方で起きた地震・地殻変動の活動は8月中旬まで継続した．その後，二酸化硫黄を含む大量の火山ガスが山頂火口から放出され続けた．8月29日の火砕サージ発生を契機に島外に避難した全島民はこのため2005年1月まで帰島できなかった．

2000年噴火は，三宅島のマグマが造構的な理由で北西方向に吸い寄せられたために，マグマ溜まりに空洞が生じ，その上部の火山体が空洞に落ち込ん

図3.41 三宅島で2000年7月9日に上空から撮影した山頂の陥没穴の写真：直径約1kmにわたって山頂部がそっくり沈下したのがわかる．

図 3.42
三宅島で 2000 年 8 月 29 日早朝に発生した低温の火砕サージの写真

3·8 過去の主な噴火

column 神津新島の地震活動と地殻変動

　2000年に起きた三宅島噴火の開始直後，6月末から8月中旬にかけて三宅島，神津島，新島間で活発な地震活動が発生した．神津島，新島などでは有感地震が繰り返した．海底地震計をヘリコプターなどから投下して，詳しい地震の震源を求めてみると，地震は北西-南東方向に直線上に伸びる狭い範囲で発生し，その震源は板状に分布することが明らかになった（図3.C14）．地震は三宅島方向から北西方向にパルス状に何度も移動した．国土地理院のGPSの観測データでは，神津島-新島間の距離がこの期間次第に長くなっていた．これは三宅島の地下にあったマグマが，北西方向に30km以上も離れた場所に移動し，板状（岩脈状）に貫入したためであると考えられている．このようなマグマの地下大移動はハワイのキラウエア火山やカムチャツカのトルバチク火山などで知られているが，実際にマグマの貫入する面がきちんと観測されたのは初めてである．地殻変動量から計算したマグマで充填されたと思われる開口量（岩脈の体積）は，三宅島の収縮量から計算されるマグマ移動の体積よりも大きく，三宅島からだけではなく岩脈の真下からもマグマが供給されたものと考えられている．　　　　　　　　　　[中田節也]

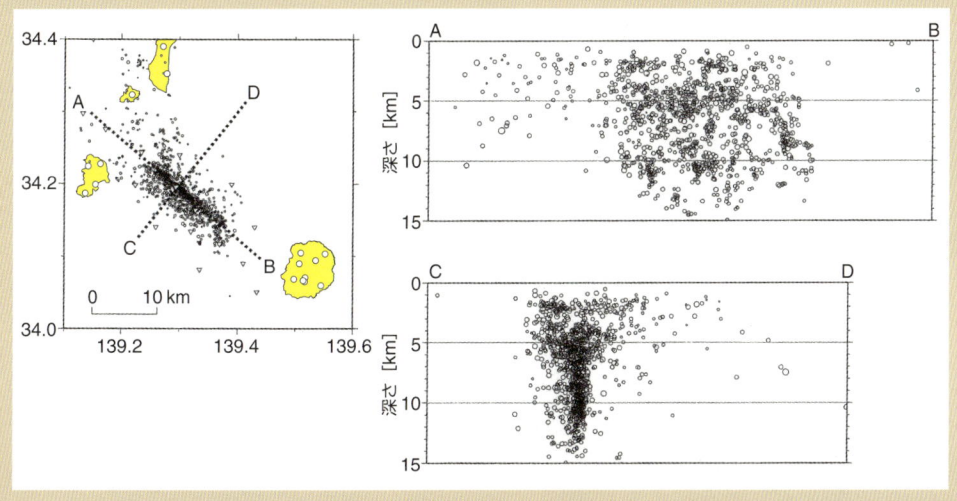

図3.C14　2000年7月から8月にかけて神津島，新島近海で起こった震源分布図：右側は断面図．約7kmより深い場所では幅2kmの薄い板状に分布する．

で生じた噴火活動であると考えられている．三宅島では約2,500年前に，2000年噴火と同じような場所にカルデラを作る活動が起こっていたことが地質学的に調べられていた．

3.8.3 雲仙普賢岳

雲仙岳は長崎県島原半島の中央を占める火山体であり，最近約10万年間の活動が普賢岳を中心に起きている．歴史時代の噴火では1663年と1792年に山頂と北東山腹からそれぞれ溶岩が流出した．1792年の噴火の際には，噴火活動が終了したあとも半島の東部にある現在の島原市の地下で活発な地震活動が継続し，古い溶岩ドームである眉山が大崩壊した．この時発生した岩屑なだれが有明海に流れ込み，有明海沿岸を襲う津波を引き起こした．対岸の肥後（現在の熊本県）と島原半島で合計約15,000名が犠牲になり，我が国最大の火山災害と

図3.43
雲仙普賢岳で1993年6月24日早朝に発生した火砕流：山頂の溶岩ドームが崩れて火砕流が発生し，島原市北西部，南千本木地区の住宅地を襲った．

図3.44　雲仙普賢岳で成長中の溶岩ドーム．

なった．「島原大変肥後迷惑」という言葉はこのことに由来している．

　1990年から始まった噴火活動では，11月19日に山頂部で規模の小さな水蒸気爆発が発生し，翌年2月からマグマ水蒸気爆発に移行した．5月には山頂の地獄跡火口内に溶岩が出現し，溶岩ドームとなって成長した．火口から溢れた溶岩ドームは部分的に崩れて粉々となり，火砕流となって普賢岳の南東斜面を島原市方向に流れ下った．1991年6月3日には，水無川沿いの高台で火砕流の映像を撮っていたフランスと米国の火山研究者やマスコミ，およびそれらの警戒にあたっていた警察や消防団など43名が火砕サージの犠牲になった．また，1993年5月からは山頂の北東方向にあたる島原市の千本木地域中尾川にも火砕流が流れ込み始め，自宅の被災状況を調べに行った住民1名が火砕サージの犠牲になった（図3.43）．これらの犠牲者はいずれも避難勧告地域で発生した．溶岩ドームは次第に大きくなり，広範囲に火砕流が流れ下るようになった．また，広範囲に堆積した火砕流堆積物のため，降雨により土石流が頻繁に発生し，水無川や中尾川の下流に多くの被害が出た．最大で約15,000人が避難生活を余儀なくされた．溶岩ドームは1995年2月まで成長し，長さ1.2km，幅0.8km，高さ0.25～0.4km

になり，元の普賢岳の山頂より120m高くなった．マグマの総噴出量は$0.21km^3$に達する（図3.44）．

　この噴火では火砕流がテレビ画面で放映されることにより，その現象と危険性が広く国民に認識されるようになった．また，多くの火山に存在する溶岩ドームと火砕流堆積物の成因的な関係についても火山学的な理解が進んだ．さらに，この噴火による災害によって国内の活火山についての火山防災マップの重要性が認識されるようになり，地方自治体や国レベルでの火山防災マップづくりが行われるようになった．

3.8.4　セントヘレンズ火山

　米国ワシントン州にあるセントヘレンズ火山は円錐形の火山であったが，1980年には山頂部が大きく崩壊し，引き続いて大噴火が起こった．ここでは，1980年3月下旬から水蒸気爆発が繰り返され，北斜面が次第に張り出していた．5月18日には地震が引き金となって山体の崩壊が起こり，その直後，高度20kmまで火山灰噴煙が達する大規模噴火が発生した（図3.45）．この崩壊は山体内部に分け入ったドーム状の溶岩のために山体が膨らみ，北斜面が不安定になって大崩壊したものである．崩壊は3

図3.45
セントヘレンズ火山1980年噴火で見られた噴煙の柱：上空約30kmまで達した．

回にわたって連続的に起きた．この岩屑なだれに先行して**爆風（ブラスト）**が発生し，約600 km²もの面積の木々をなぎ倒した．岩屑なだれは約30 km流れ下り，死者は約80名に達した．崩壊した跡には，磐梯山の山頂と同じように，山頂部をスプーンでえぐったようなU字型のカルデラ（**崩壊カルデラ**）が生じた．このため，もともと2,975 mの高さがあった山頂部は400 m以上低くなった．この噴火は1986年まで継続し，その間に崩壊カルデラの中央部に饅頭状の，直径約1 kmの溶岩ドームが形成された．崩壊した山体を含んで噴出物は約3 km³に達するが，噴火を起こしたマグマ量自身は約0.4 km³と推定されている．

この噴火から18年を経た2004年9月，1980年から1986年にできた溶岩ドームの脇で，水蒸気爆発に引き続いて，新たな溶岩ドームの成長が始まった．溶岩は先の噴火の溶岩とよく似た組成をもっており，ほとんど固まりかけた状態で地下から押し出されたために，溶岩ドームはクジラの背中のような形状をし，その表面には引っ掻き傷がみられた．また，周囲の氷河は解けずに残っていた（図3.46）．

3.8.5 ピナツボ火山

フィリピン，ルソン島のピナツボ火山では1991年に約460年ぶりに噴火が起こり，20世紀の噴火としては1912年のアラスカ・カトマイ火山の噴火に次ぐ，大規模のものであった（図3.47）．マグマの噴出量は約7 km³に達すると考えられる．火山爆発指数は6．1991年4月から山腹の各所で水蒸気爆発が発生し，6月9日から山頂部に溶岩ドームが形成され始めた．噴煙高度が約20 kmに達した12日の噴火に続き，15日には約30 kmに達した．噴火は数時間で終了したが，成層圏に広がる火山灰噴煙が太陽光をさえぎり，ピナツボ火山の周辺では昼でも真っ暗な状態が続いた．この噴火で火砕流が山の四方を流れ下った．山腹で厚くたまった火砕流堆積物は噴火後数年経っても高温を保っており，河川の水と反応して二次的な爆発（水蒸気爆発）が起きた．また，大雨時には泥流が頻繁に発生した．この噴火によって山頂部に直径2.5 kmのカルデラが形成され，もともと1,745 mの高さがあった山頂が260 m低くなった．

この噴火で山麓一帯に火山灰が厚く降り積もった

図3.46 セントヘレンズ火山で2004年秋に再び成長し始めた溶岩ドーム（2005年11月）：1980年の山頂部の大崩壊によって生じた馬蹄形カルデラの中に溶岩ドームが形成されている．手前の盛り上がりが1980～1986年に成長した溶岩ドーム．その奥にあるのが2004年から新しく成長し始めた溶岩ドーム．

3.8 過去の主な噴火

図 3.47
フィリピンのピナツボ火山で 1991 年 6 月 12 日の爆発で生じた大噴煙：クラーク米軍基地からの写真．3 日後の 6 月 15 日に最大級の噴火が起きた．

図 3.48
西インド諸島モンセラート島スフリエールヒルズ火山で起きたブルカノ式噴火とそれによって発生した火砕流

ため，東麓にあった米軍のクラーク空軍基地と西麓にあったスービック海軍基地はともに廃止に追い込まれた．噴火による犠牲者は約800人に達するが，多くが厚く溜まった火山灰の重みで崩壊した家屋の下敷きになったか，土石流によるものである．噴火の直接の被害者が少なかったのは，観測にもとづく警報が的中し，避難が効率的に行われたためである．

3.8.6　スフリエールヒルズ火山

カリブ海モンセラート島（英国の海外県）の南部にあるスフリエールヒルズ火山で1995年7月に約300年ぶりに水蒸気爆発が起こった．同年末からは溶岩ドームが山頂部で成長し始め，成長する溶岩ドームの一部が崩壊を繰り返して火砕流が頻繁に発生した（図3.48）．火砕流は，当初東へ流れ下り，海岸線から海にも入り込んで新たなデルタが形成した．しばしば，溶岩ドームの岩塊を噴き飛ばす爆発的な噴火が起こり，火山灰の噴煙が約10kmの高さに達した．また，溶岩ドームが何度か大きく崩壊し，そのつど岩屑なだれがカリブ海に流れ込んで津波を起こした．1998年と2003年に2年程度の休止期間を挟んだが現在も噴火は継続中である．

1997年に発生した火砕流では住民が10数名犠牲になった．州都プリマスはスフリエールヒルズ火山の西麓にあったが噴火の初期に全滅し，住民は島のより北部に移動した．12,000名いた島民の多くが本国や近隣の島に移住し，2005年末で約5,000名が居住している．

■図表の出典
図3.45　米国地質調査所（USGS）による．
図3.46　米国地質調査所（USGS）による．
図3.47　日本火山学会口絵から引用．
図3.48　モンセラート火山観測所提供．
図3.C14　酒井慎一ほか：地学雑誌，**110**（2001）pp.145-155による．

3.9 地球外の火山

未知の惑星に接近し，初めてその姿を目のあたりにしたときに私たちはまず何に着目するだろうか？それが固体の表面をもつ天体であるとしたならば，科学者は火山や火成活動の痕跡をまず最初に探すのではなかろうか．惑星や衛星の表面にみられる火山活動はその天体の内部の活動を探る貴重な情報源であり，惑星探査において最初に注目をするターゲットである．この天体は未だ活きて活動しているのか，遠い昔にその活動を閉じてしまったのか，火山の存在はその判定の重要な証拠となる．1979年春に米国・NASAの外惑星探査機，ボイジャー（Voyager）が木星の衛星イオから**噴煙プルーム**があがっている場面を撮影したものが地球外ではじめて火山噴火現象を見つけた例であった．この発見から4半世紀が経過し，太陽系の惑星・衛星についての私たちの知識は飛躍的に増加し，火山活動は固体表面を持つ天体ではきわめて一般的な現象である事が明らかになった．「マグマ」としてとらえられるものは，ケイ酸塩岩石の溶けたものにだけではない．マグマを天体構成物質の融解物と解釈すれば，外惑星系の氷衛星において内部で融解した水もマグマとらえることができる．氷衛星での水噴出現象には **cryovolcanism**（低温火山活動とでも訳したらよいだろうか）という新たな名称が与えられている．本節では太陽系内でみられるさまざまな火山活動の姿を紹介する．

火山とは天体の内部構成物質が融解し，なんらかの活動で表層部に噴出してできた地形ユニットである．惑星・衛星の表層環境や内部の熱的状態は地球と大きく異なり，かつ多様な様相を示しているために，火山活動も多様なスタイルをもっている．100気圧近い厚い大気を有する金星から，地球の100分の1程度の薄い大気の火星まで，表層の大気圧は火山のマグマの噴出スタイルを大きく変え，各天体に特徴的な火山形状をつくりだす．「天体の固有な環境が火山活動にどのような多様性を生むのか？」―この問いが比較惑星学の主要なテーマとなっている．同時に，この大きな多様性は地球の火山現象を考える上でも重要な視点を提供してくれる．

3.9.1 火山活動を引き起こす熱源

火山活動は天体内部物質の融解によって引き起こされるために，火山があるということは内部が構成物質の融点と比べて高温（岩石天体ではその融点は1,500 K程度，氷天体では250～300 K程度である）であることを示している．この高温を引き起こすための熱源として，①惑星・衛星の形成当時の集積エネルギーの解放による熱，②放射性元素の壊変による熱，③他天体との重力相互作用による潮汐変形の摩擦熱の3つがある．比較的大きなサイズの天体では①と②が主体であり，大きな中心天体のまわりに存在する外惑星系の衛星で③が重要である．また①と②の熱源は時間が経つにつれてその効果は弱まっ

---

column　風変わりな熱源・潮汐変形熱とは何か？

月と地球はお互いに引力を及ぼしあいながらまわっている．月の引力によって海の潮の満ち引きが引き起こされ，月の位置によって（満月－半月－新月）干満の大きさが決まる．この力を潮汐力とよぶ．月にも地球の潮汐力が作用し，月を大きく変形させ，そのひずみによって月の内部に地震（「月震」とよばれる）を周期的に引き起こしている．この潮汐力は中心天体が大きな質量をもつほど，また周回衛星が中心天体の近くをまわるほど大きな力となる．木星や土星といった巨大惑星のまわりの衛星の内で，内側をまわる衛星は大きな潮汐力を受けることになる．例えば木星の衛星のうちで近い所をまわるイオは，1.7日の公転の間に潮汐力により伸びたり縮んだりする．この周期的な変形により内部摩擦が起き，摩擦熱によって内部の温度は上昇していき融解が生じる．このような地球では考えられない風変わりな熱源によって火山活動が引き起こされているものには，イオ，土星の衛星エンセラダスなどがある．

[栗田　敬]

ていくために冷却が進行し，その効果が顕著な天体のうち月や火星などの小さな天体では形成初期には活発に火山活動を起こすが，時間が経過するにつれて活動は沈静化する．一方，③の場合では主天体に近いほど，また軌道が円軌道からはずれるほど大きな影響がでるために，時代的な制約はない．木星のイオ，エウロパ，土星のエンセラダスなどでは潮汐加熱によって内部の火成活動が引き起こされている．イオ，エンセラダスでは天体内部で融解した物質が表面から噴出している様子（噴火現象）が探査機によって撮影されている．

3.9.2 太陽系の火山

(1) 金 星

金星は地球とよく似た密度，サイズをもった姉妹惑星であり，地球と同等な内部活動度が期待される．しかし表面は厚い二酸化炭素の大気で覆われ，その上層部に存在する不透明な雲によって外部から地表面をのぞくことができない．そのため，地球に近い惑星でありながらその表面の姿は意外に知られていない．1990年代前半のマゼラン（Magellan）探査機（米国・NASA）は合成開口レーダーや高度計を搭載し，レーダーによって地形の様子を明らかにした．ソビエト連邦（当時）が送った金星探査機ヴェネラ（Venera）シリーズは金星への軟着陸を行い，2ヶ所の表面の岩石の化学分析値を報告している．いずれも地球上の海洋玄武岩と似ている化学組成を示している．

金星の表面は大きく分けて，高地，平原，火山・リフト・コロナの3種類の地形ユニットに区分される．全表面の85％程度が溶岩原などからなる平坦な平原であり，残り15％が平原よりも2～6km高い高地である．火山・リフト・コロナ地形は1％に満たない．金星はその表面の80％が平均半径から1km以内の範囲の位置にあり，地球や火星に比べて凹凸に乏しい．全球で1,000個弱のクレーターが確認されており，その数は地球よりも多く，火星，水星よりも少ない．隕石の衝突により形成されるクレーターはつくられてから時間がたっている表面ほど多く存在する．このことから，表層地殻の平均的な年代は地球より古く，火星や水星よりも新しいと考えられている．クレーター年代学に基づく解析により3～5億年前に大規模な，全球的な**地殻再生**（地表面が大規模に溶岩によって覆われた事件）があったことが明らかになっている．この全球的なマグマ活動は何を意味しているものなのか，地球に対応した現象が存在するのか，金星の進化史における最大のテーマである．隕石の多くが厚い大気との摩擦で燃えつきてしまい地表へ到達できないために小型のクレーターが少なく，地質構造推定の尺度となるクレーター年代学の手法を直接使えない点が金星研究の大きな壁となっている．厚い不透明な雲に阻まれて表面の定常的な観察が困難なために，現在も活動している火山があるのかどうかについての確証はない．電磁波で同定される雷が特定の時期・場所に集中すること（火山噴火に雷はつきものである），大気中の硫黄成分量の変動の観測（火山噴火によって二酸化硫黄ガスが大気中に放出される），近赤外での観測（波長帯によっては透視可能な大気の窓が

---

column　クレーター年代学

惑星科学では直接天体の表面に着陸してその物質を調べる機会はきわめてまれであり，研究対象の大部分は上空からのリモートセンシングによるデータしか得られていない．このような中で地表面の形成時期の推定に威力を発揮しているのがクレーター年代学である．惑星や衛星の表面には一定の割合で隕石が衝突し，クレーターが形成され続けている．したがって，形成されてから時間が経っている古い地表面にはクレーターが多く存在し，最近形成された地表面では少ない．実際には小さな隕石（小さなクレーター）ほど衝突してくる数は多いためにサイズ別の単位面積あたりの存在数を計り比較する．また月では持ち帰った岩石の形成年代が測定されているために，クレーターの数密度と年代の関係が明らかになっているためにそのスケールを使うことができる．衝突してくる隕石の数は35億年以上の古い時代にはきわめて多く，最近の20億年ではきわめて少ない．この時代とともに変化するクレーターの生成率も考慮されている．しかしながら火星や木星など太陽系の異なった場でのクレーターの生成率に月と同じスケールが当てはまるのか，大きなクレーターに伴ってできる二次クレーターの影響をどう取り除くのか，など問題点も残されている．　　　〔栗田　敬〕

ある．熱赤外により高温の噴出マグマをとらえることができるかもしれない）などによって火山活動を監視しようとする試みがなされている．

金星で観察される火山の形態は溶岩流によるものが主体であり，爆発的な噴火を示す明確な証拠はみつかっていない．90気圧以上にもなる高い大気の圧力はマグマの発泡を抑え，乾燥した高温の表層環境はマグマ中の低い水分量を示唆している．いずれも爆発的な噴火活動が金星では生じにくいことを示している．

a. 巨大なシールド火山（図3.49）

金星には大きさが100kmを超えるような巨大な火山体が存在する．セイパスモンス（Sapas Mons）は火山体基底部の広がりが400kmにも及ぶ巨大な火山である．山体表面には多数の溶岩流がみられ，長いものは300km以上にもなる．溶岩流の個々の幅は狭いにも関わらず細長く，遠距離まで到達するのが特徴である．中央部には2つの溶岩噴出源・カルデラ状の陥没地が存在する．山体の拡がりは火星の巨大火山体に匹敵するが大きな違いは山体の高さである．セイパスモンスの比高は1.5kmほどしかない．起伏に乏しい金星の地表面でのみ火山体として認識可能である．このような小さな傾斜にもかかわらず300km以上の長い溶岩流が存在することは，噴出するマグマがきわめて低い粘性をもった流動性の高いものである事を示している．ヴェネラ探査機のもたらした化学分析値とあわせて玄武岩溶岩と考えるがもっともらしい．

b. パンケーキ型ドーム状火山（図3.50）

巨大な盾状火山以外に金星には**パンケーキ**と称されている謎に満ちた火山体が存在する．形状は円形，基底部の傾斜が大きく，上部は穏やかな傾斜のドームを形成し，まさしくパンケーキである．サイズは代表的なもので直径25kmと小さく，比高も750m程度である．金星にみられる多くの溶岩流は小さな傾斜で長距離を流れるために，きわめて流動性に富んだ粘性の低い高温の玄武岩溶岩が主体と考えられている．パンケーキのようなドーム形状は構成マグマの粘性が高いことを示唆しており，巨大盾状火山にみられる溶岩流の形態とは大きく異なる．地球上ではドームの形成は分化の進んだシリカに富む組成の溶岩に一般的にみられる．雲仙普賢岳や昭和新山に代表されるようなドームは粘性の高いデイサイトや流紋岩からできている．金星のパンケーキも分化した粘性の高いマグマの存在を示唆しているのか，あるいは表層環境や噴出様式の違い（マグマ中の水の量の違いや大気圧の違いなど）を反映しているものなのか，未だ謎に包まれている．

(2) 火　星

火星はこの10年で飛躍的に私たちの理解は進

図3.49
金星の巨大盾状火山，Sapas Mons（8 N, 188 E）：画像は横幅が約650km．画像は波長12.6cm（周波数2.385GHz）の電波を使用したレーダーイメージであり，高い輝度の部分が高い反射率の部分に対応している．通常私たちが見慣れている地形の起伏を表した地形写真とは様相が異なる．中心部分には2ヶ所の火口が存在し，そこより多数の溶岩流が周辺部分に流れ出している．溶岩流の長さは200km以上にも達している．山体の高度差は1.5km程度と大きな傾斜はもっていないために，傾斜の小さな場を長距離流れる溶岩はきわめて高い流動性をもっていたと考えられる．粘性の小さな高温の玄武岩溶岩であると推測されている．

3 火山

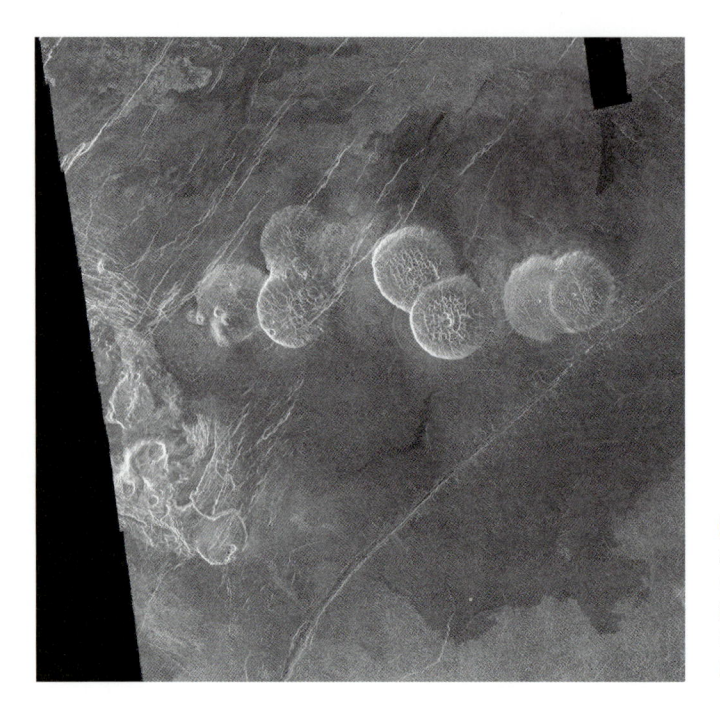

図3.50
Alpha Regioにみられるパンケーキ型火山（位置30 S,11.8 E）：個々のパンケーキは直径25km，高さ750 mの大きさをもっている．中央部は割れ目をもち，平坦で，周囲に行くほど傾斜が急になっている．

み，太陽系の中で最も情報が整備された天体である．従来，惑星科学の研究対象は情報量が少ないために，地球科学の研究にとってはあまり大きなインパクトはもっていなかった．しかし現在火星は地球の現象を理解する上でも重要な比較対象である．火山研究における基本となるデータはリモートセンシング画像データと着陸船による化学組成分析である．画像データの代表的なものは，バイキング（Viking）1号・2号のオービターによる可視画像，Mars Global Surveyor（MGS）による可視バンド画像（MOC images：広視野カメラ（解像度250m/pix）と狭視野カメラ（最大解像度4m/pix）からなる），赤外線画像（TES），マース・オデッセイ（Mars Odessey）による近赤外画像（THEMIS images：可視バンド（解像度18m/pix），近赤外バンド（解像度100m/pix）），欧州共同体のマースエキスプレス（Mars Express）による可視バンド画像（HRSC），赤外画像（OMEGA）などが代表例である．また2006年に稼働を始めたMars Reconnaisance Orbiter（米国NASA）ではさらに高解像度の可視

column　惑星探査によって明らかにされる惑星の表面

　通常望遠鏡を用いて惑星の表面を観察する時には，私たちは「可視光」というある波長の光を通して，表面の地形を観察している．しかし惑星探査ではさまざまな光・電磁波を用いたいろいろな「目」を使って惑星の表面の様子を観察している．

　金星探査では大気上層部に存在する不透明な雲・大気のために外部からその表面をのぞきみることができないという大きな問題がある．例えば地球から巨大な望遠鏡を駆使しても金星を眺めても，みえるものは大気上層の雲の様子のみである．

1990年から1994年にかけて探査を行った米国・NASAのマゼラン探査機では，波長12.6cmの電波を用いた合成開口レーダーによって地表面の様子を観察した．この波長の電波は雲を通過するために，外側からは全くうかがい知ることができなかった金星表面にもクレーターや火山，割れ目といったさまざまな地形が存在することが明らかにされた．私たちが通常地球で目にする地形は波長がずっと短い可視光が地形の凹凸により反射される様子をみている．マゼランがとらえたレーダー画像は電波の表面での反射特性を反映しており，可視光の場合とは異なっていることに注意が必要である．

　火星探査では可視光よりも波長の長い赤外線の目・カメラが表面の岩石の種類を特定するのに威力を発揮している．赤外線の波長帯域では岩石に含まれる鉱物は特定の波長の光を吸収し，「色」がついてみえるために，鉱物種が特定される．例えば，オリビン，輝石，マグネタイト，硫酸塩鉱物などが同定され，溶岩，堆積岩と推定され，その分布が明らかになってきた．　　　　　[栗田　敬]

画像の観測が行われている．

表面画像から認識される火星の火山活動は，巨大火山，小型火山，明確な火山体をもたない溶岩流に大別される．

a. 巨大火山（図3.51）

地球と較べて最も目を見張るものは巨大な山体をもつ火山群である．最大のオリンポス山では基底部の幅600 km，比高28 km，体積 2.4×10^6 km^3 に及ぶ．火星の全球地図においてその存在が認められることから火星のような小さな天体にとって身分不相応な火山体であるといえよう．地球におけるホットスポット火山とほぼ同等なものと考えられている．巨大な火山体は不活発なプレート運動のために表層部の位置が固定化されていることと，マグマ生成源が長い寿命をもっていることによって形成されたと考えられている．地球上のホットスポットも初期の洪水玄武岩の活動から定常的なホットスポットトラックに沿った火山群の形成までを考えると，マ

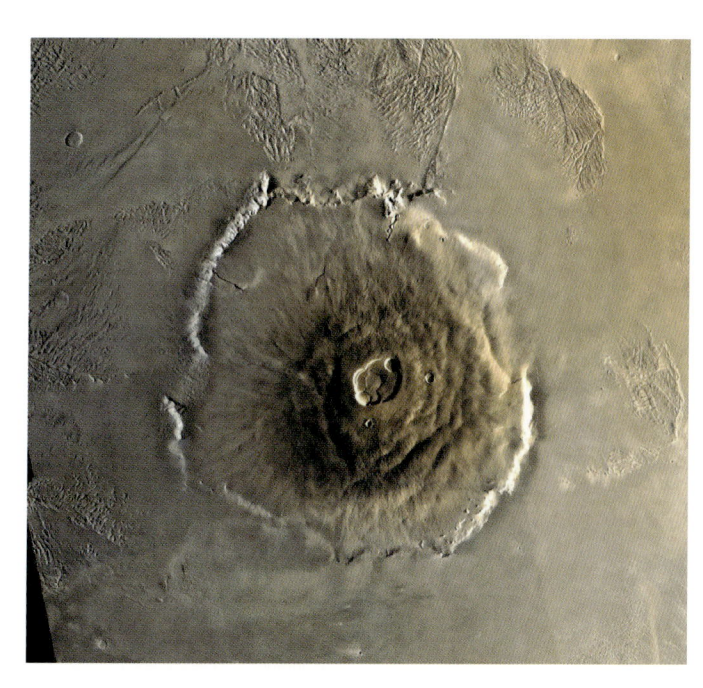

図3.51　オリンポス・モンス：Viking-1によるモザイック合成画像．オリンポス・モンスの山体基底部は840 km×640 kmにも及ぶ．基底部は比高5 km以上にも及ぶ急傾斜の崖によって取り囲まれている．この崖の成因は謎に包まれている．山体中央には何回かの活動の痕跡を残す複合カルデラ（91 km×72 km，深さ3 km）が存在している．

---

column　巨大なオリンポス・モンスの影響

地球の半分ほどの小さな火星に巨大な山体をもつオリンポス・モンスの出現は，火星の進化の歴史の中で大きな役割をはたしたと考えられている．地球は過去30億年以上にわたり表層環境は安定して推移してきたのに対し，火星の表層環境は大変不安定で，過去に大きな変動があった．この違いを引き起こした原因のひとつにオリンポス・モンスが考えられている．地球では想像もできないその役割とはなにか，紹介しよう．

「小さな天体に巨大な出っ張り」は火星の形状に少なからぬ影響を与えている．オリンポス・モンスの存在しているタルシス地域は他にも大型火山体が存在し，全体として巨大な高地を形成している．巨大な出っ張りは火星の形を回転楕円体の形状から3軸不等方体に大きくひずませる原因となっている．オリンポス・モンスやタルシスの出現以前には回転楕円体的形状であったことを考えると，巨大火山の出現によって火星の慣性能率が変化したことになる．地球のように，回転の角運動量のかなりの部分を分担する月をもたない火星（2つの小さな衛星は存在しているが，角運動量としては無視できる）では，慣性能率の変化は直接自転軸の変動や移動を引き起こすことになる．オリンポス・モンスやタルシスの出現によってこの地域を赤道にもってくるように自転軸が移動した，と考える研究者もいる．自転軸の移動や変動は太陽から受ける日射量の変化を引き起こすために大きな気候変動が生じたと考えられる．

火山体の成長によって慣性能率が変化し，自転軸の移動・変動が引き起こされ，大きな気候変動を引き起こした，このようなほかにみられない独特な「火星システム」を特徴づけているのが巨大火山である．

〔栗田　敬〕

グマ噴出総体積や活動タイムスケールは火星の巨大火山とほぼ同等である．地球上では，プレートの運動によって噴出物が分散しているために巨大な火山体が形成されなかったと考えられている．地球の火山がプレート境界に偏在しているとはいえ，地球表面のほぼ全域に分布しているのに対し（ホットスポットの分布に関しても特に規則性が見いだされていない），火星の巨大な火山群はタルシス高地，エリシウム地域，ヘラス盆地周辺の3カ所に偏在している．

これらの火山は山体の形状によって3種類の名前が付けられている．

① モンス（Mons）は高くそびえる巨大な山であるが，山体の傾斜は緩い場合が多く，盾状火山に類似している（例，オリンポス・モンス，アルシア・モンス）．

② トルス（Thorus）は大きさとしては中規模で，多くはモンスに比べて大きな傾斜を有する（例，ヘカテ・トルス，セラニウス・トルス）．

③ パテラ（Patera）は中央に高くそびえ立つ頂がなく，全体が高まりとして拡がっている（例，アルバ・パテラ）．

また多くの火山体では中央部に巨大なへこみ，カルデラが存在するのが特徴である．

セラウニウス・トルス（図3.52）

中規模の火山体（底辺直径100 km，高さ6,600 m）で，その形成年代はタルシス高地の巨大盾状火山よりは古い．山体下部は盾状火山の活動の一環のタルシス高地を広く覆う溶岩流によって埋められている．山体表面には溶岩流の痕跡が認められない．山体の平均傾斜が大きいこと（9°）と合わせて考えると，火砕物を噴出させる爆発的な噴火によって山体が形成されたのかもしれない．サイズは大きく異なるけれど地球上のスコリアコーン（身近な例では伊豆・大室山や阿蘇山の米塚など）と形状や山体傾斜はよく似ている．

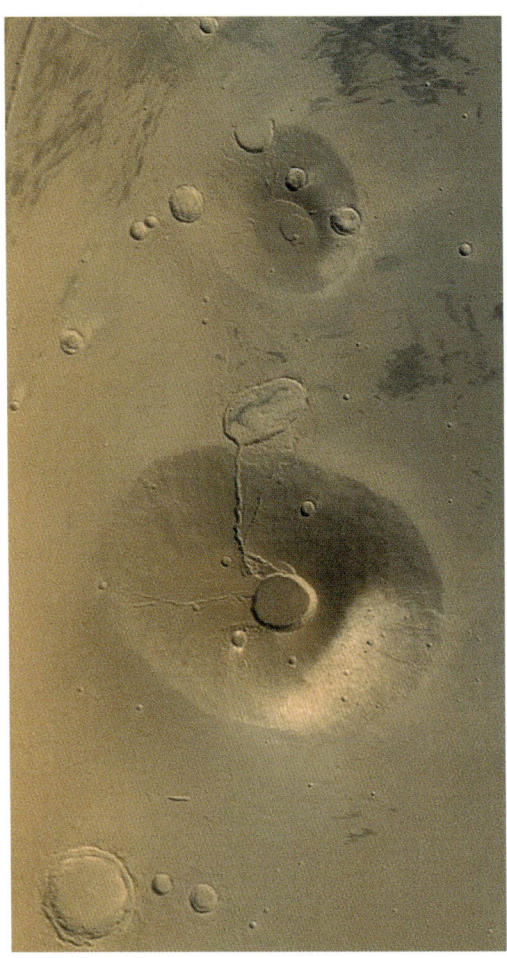

図3.52　セラウニウス・トルス：中央にセラウニウス・トルス，北側にウラニウス・トルスの火山．Mars Global Surveyorの広視野MOCカメラによる．セラウニウス・トルスの山体基底部は100 km×130 km，比高8 kmに及ぶ．

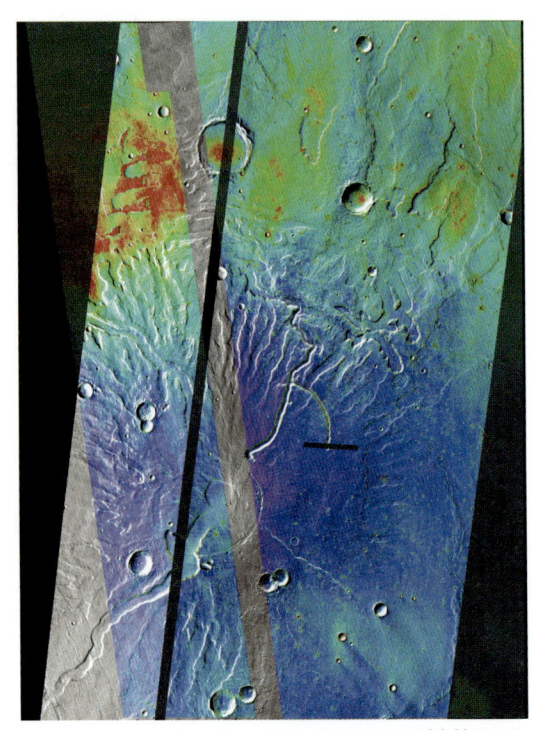

図3.53　ティレーナ・パテラ：MarsOdysseyの近赤外カメラTHEMISによるモザイク合成写真．色は夜間の表面温度に対応しており，暖色が高温，寒色が低温を示す．北部は高温，山体中央部は低温を示し，山体が細粒物質でできていることを示唆している．画像の幅は約500 kmである．

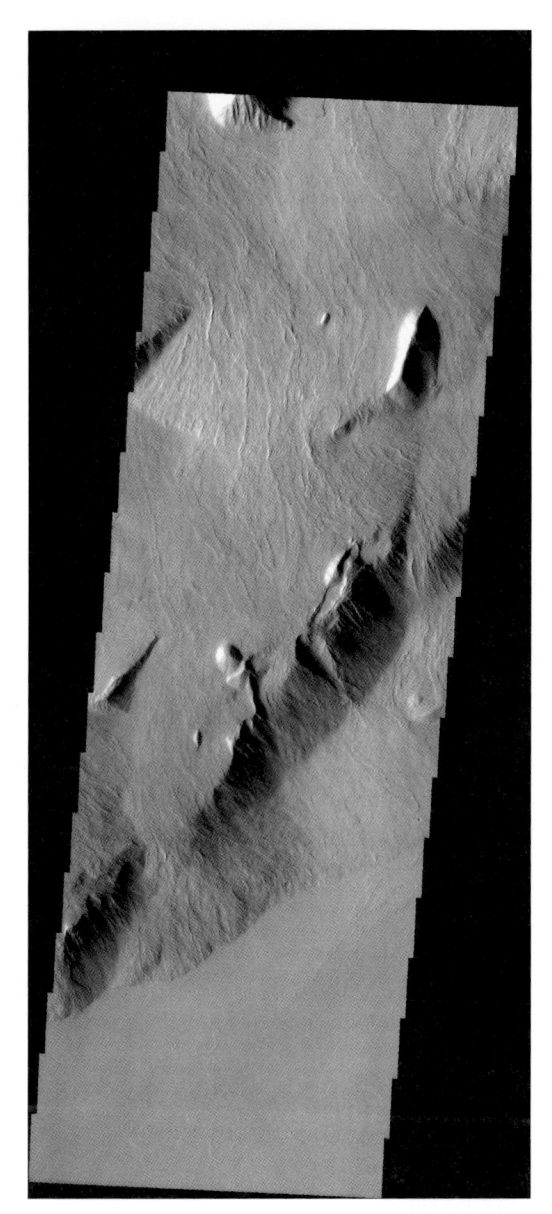

図3.54 Mars Odysseyの近赤外線カメラTHEMISによるオリンポス・モンスの溶岩流

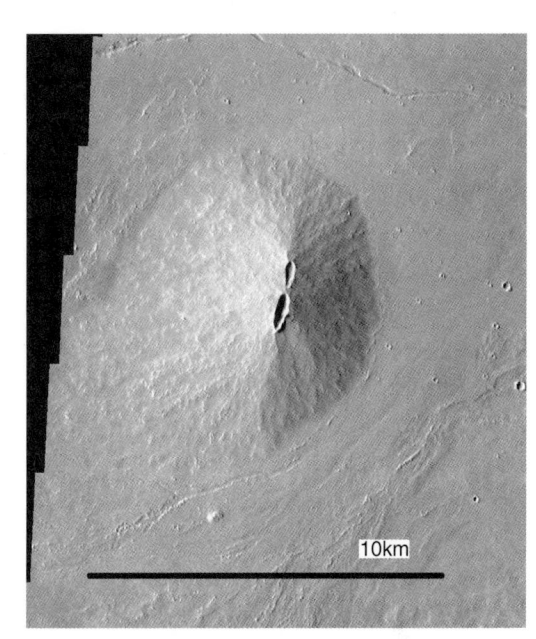

図3.55 Tharsis高地のAscreous Mons南側に位置する小形の火山体：Mars Odyssey THEMIS画像．比高は100～200m程度．小規模な溶岩流から成り立っている．この火山体が形成されてから周囲を新しい溶岩流が埋めつくしているために正確な比高，広がりはわからない．

オリンポス・モンスの山腹の溶岩流（図3.54）

巨大盾状火山の山体は無数の溶岩流によって覆われており，山体が溶岩流の積み重ねで形成されたことがわかる．また溶岩トンネルを示唆する線状のくぼみやピットの連なりも多数存在する．

b．小型の火山

火星では巨大な火山体が有名ではあるが，高解像度の画像が得られるにつれて，さまざまな様式の小型の火山の存在が明らかになりつつある．高解像度の画像は撮像地域が限られており，その全容が明らかになっている訳ではないために，ここではいくつかの画像を紹介するにとどめる．

アルシア・モンス南方の小型火山（図3.55）

タルシス高地には北東－南西方向に四個の火山体が並んでいるが，その線上にも小形の火山が多数存在しており，活動帯を形成している．比高は数百m，多数の溶岩流が中央部から流出している．

ルートレス・コーン（図3.56）

溶岩が流出する途中で水源と遭遇すると二次爆発を引き起こし，小規模な火砕丘をつくる例がアイスランドなどで知られ，**ルートレス・コーン（根なし火山）**とよばれている．写真は火星北半球の低地で

ティレーナ・パテラ（図3.53）

オリンポス・モンスやセラウニウス・トルスよりもさらに古い時代の火山．比高は2,000m程度と低く，小さな傾斜の山である．火山体を無数の谷が切り刻み，山体にはクレーターが多数存在していることから，形成されてから長い時間がたっていることがわかる．山体中央部には直径40kmほどのカルデラが存在し，谷の形状からは山体が侵食されやすい物質から成り立っていることがわかる．火砕流を主体とする火山ではないかと推定されている．

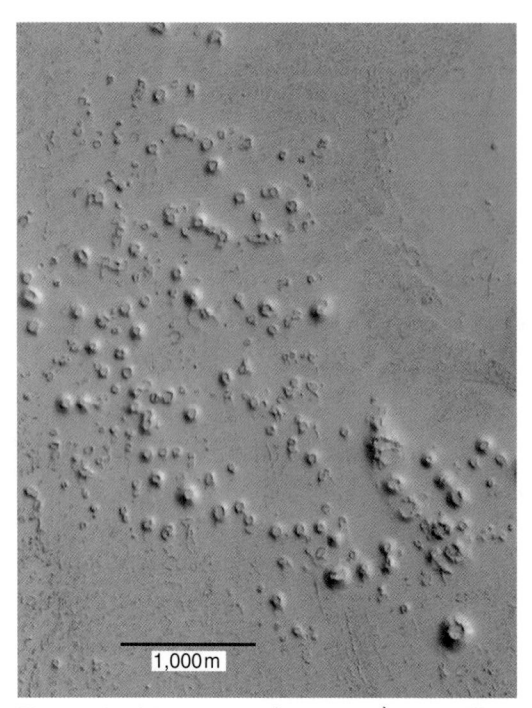

図3.56 ルートレス・コーン（26N, 190W）MOC画像 M0801962 部分：北部低地のエリシウム火山の東方に拡がる溶岩原に存在するルートレス・コーンとみられる地形．大きさは径100 m以下のものが多く，頂上部にへこみが存在するのが特徴である．

見つかったそのような例である．かつて海が存在したと想定されている火星北半球低地の表層直下には，多量の水が存在していることが示唆される．

c．明確な火山体をもたない溶岩流

近年注目されている火山活動は，特定の火山体に付随しない膨大な溶岩流である．火星の表層の多くは必ずしも給源が確定されていない膨大な溶岩流で覆われている．それらの内でアサバスカ地域のものは割れ目噴火の様相を示し，形成年代がきわめて新しいことで有名である．この溶岩流は薄く，広範囲に流出しているために高い流動性をもったものと推測されている．地球上の大陸洪水玄武岩と似た特徴をもっている．

きわめて若い年代をもつ溶岩流はオリンポス・モンスの山腹でもみつかっており，火星は現在も生きていることを示している．小さな天体である火星は内部の冷却が進行し，過去のある時点で火成活動を停止した**死んだ惑星**であると従来考えられてきた．若い年代の溶岩流の発見は今までの火星観を根底から覆すものである．クレーター年代学から明らかになった最も若い形成年代は百万年程度である．

（3）イ　オ

木星に付随する巨大なガリレオ衛星の内で最も木星に近い軌道にあるイオは，地球外で現在進行形の形で火山噴火現象がみつかった最初の天体として有名である．その平均密度は3.53であり，外惑星系の衛星としてはめずらしく岩石主体の天体である．ボェイジャー（Voyager）による1979, 1980年の観測，ガリレオ（Galileo）探査機による1990年代後半からの観測により定常的に火山噴火が起こっていることが明らかになった．

衝突クレーターは存在しないことから，地表面は短いタイムスケールで更新され続けていることを示している．この地表更新を引き起こしているのは活発な火山活動で，全球上に150個以上の噴火を繰り返す活火山が存在する．表面には比高15 kmに及ぶ山体は存在するものの，活動的な火山は大きな山体をもっていない．代表的なシールドは比高1～2 km，火山体基底部の拡がり50～100 km，平均的な傾斜は0.2～0.6°である．これは大きな山体を支えるリソスフェアは存在するが，火山で噴出した溶岩の粘性がきわめて低いために噴出した溶岩は低重力にもかかわらず広範囲に流れ出してしまうことが原因であると考えられる．

溶岩湖や溶岩流（図3.57）では，きわめて高い放射温度を示す例がみつかっており，玄武岩というよりはコマチアイトのような超塩基性の溶岩が噴出している可能性が高い．潮汐変形による摩擦発熱により内部がきわめて高温になっているためと考えられている．また溶岩流の噴出のみならず，火砕物・ガスからなる噴火プルームも観測されている（図3.58）．また光学スペクトルの観測からは，硫黄や硫黄化合物が同定されており，噴出物が低温を示すものがあることからマグマの組成として硫黄も想定されている．

イオの高い内部活動度を支えている熱源は木星との重力相互作用による潮汐加熱である．外側をめぐる大きなガリレオ衛星との相互作用による円軌道からのずれと木星の巨大な重力場によってイオは周期的な潮汐力を受け，その変形の内部摩擦による発熱がイオの内部を融解させ，活発な火山活動を支えている．

（4）氷衛星

「氷衛星」とは氷を主要な成分とする外惑星系に特徴的に存在する衛星である．太陽から遠く離れて

いるために温度は低く，表面は氷で覆われている．岩石成分は少ないために熱源となる長寿命放射性元素に乏しく，内部活動度は高くないと考えられていたが，ボェイジャーI,II，ガリレオ，およびカッシーニ（Cassini）（米国・NASA）による探査によって多様な表面のパターンが明らかになり，活発な内部活動をもつ姿が明らかになってきた．特に木星の衛星のエウロパ，土星の衛星のエンセラダス，海王星の衛星トリトンなどにはクレータがほとんど存在しない，きわめて新しい地表面が存在し，地殻が短い時間の内に更新されていることを示している．これらの天体の内部には氷が融解している**内部海**が存

図3.57
イオの溶岩湖とそこから流出した溶岩流

図3.58
イオの噴煙プルーム：暗い宇宙空間を背景に地平線上にみえる火山爆発による噴煙プルーム．

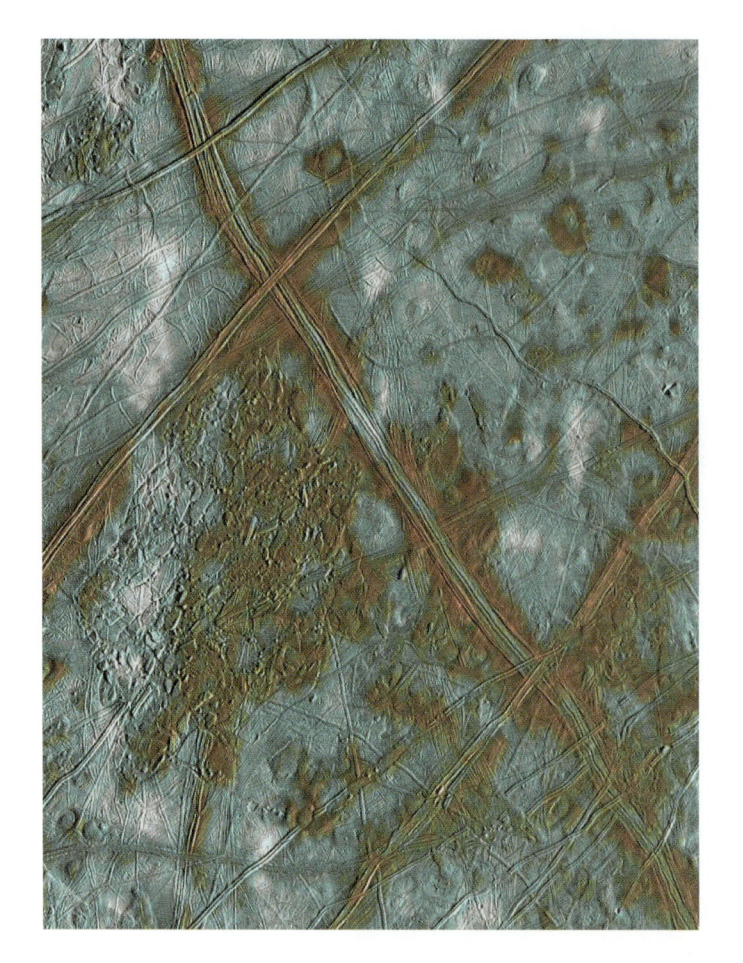

図3.59
エウロパの表面：エウロパの表面は潮汐変形によってできた無数の割れ目が縦横無尽に走っている．その割れ目を分断するようにスムースな表面をもったパッチ状の領域が分布している．内部海から上昇してきた水のマグマが固化したものであると想定されている．色は赤外線スペクトルの違いを表したものであり，赤色部は氷以外の物質（多分硫酸塩や炭酸塩）が含まれている部分である．スムースなパッチ状部分が赤色であるので塩分を含んだ内部海の化学組成を表しているのではないか，と推定されている．

在していると考えられている．天体内部を構成する物質が融解したものを「マグマ」と定義すれば，この水もマグマとよぶことができる．エウロパの表面には内部から水が上昇し固化して形成されたと考えられるスムースな表面をもつ地形がみつかっている（図3.59）．氷・水マグマの溶岩流，マグマの貫入とみなすこともできる．また土星の衛星エンセラダスの表面はクレーターの全く存在しない部分と多数存在している部分の2種類の表面から成り立っており（図3.60），クレーターの存在しない新しい地表面が古い地表面を引き裂き，割るような形で深部より沸き上がってきたことを示している．

エンセラダスや海王星の衛星トリトンではガス成分を主体とした火山爆発の噴煙が撮影されている（図3.61）．内部海の溶融物が真空状態の表面に噴出してもので，エンセラダスでは水蒸気，トリトンではメタンが主成分と考えられている．現在でも活発な活動をしているこれらの天体の熱源は，潮汐変形による摩擦熱であると考えられている．

■図表の出典
図3.49 NASA Planetary Photo Journal, 画像番号 PIA00203.
図3.50 NASA Planetary Photo Journal, 画像番号 PIA00215.
図3.51 NASA Planetary Photo Journal, 画像番号 PIA2982.
図3.52 NASA Planetary Photo Journal, 画像番号 PIA03750.
図3.53 NASA Planetary Photo Journal, 画像番号 PIA06947.
図3.54 NASA/JPL/Arizona State University, THEMIS 画像
　　　 画像番号 V01777009.
図3.55 NASA/JPL/Arizona State University, THEMIS 画像
　　　 画像番号 V05596013.
図3.58 NASA Planetary Photo Journal, 画像番号 PIA01971.
図3.59 NASA Planetary Photo Journal, 画像番号 PIA01296.
図3.61 NASA Planetary Photo Journal, 画像番号 PIA7758.

■参考文献
Cattermole, P.: Planetaryvolcanism 2nd ed, Wiley（1996）.
Frankel, C.: Worldsonfire, Cambridge University Press（2005）.
Mursky, G.: Introductionto Planetary Volcanism, PrenticeHall（1996）.

図 3.60
Cassini がとらえたエンセラダス (Enceladus) の表面 (エンセラダスの半径は 250 km)：クレーター密度の高い古い領域とクレーターの全く存在しない新しい領域が存在する．新しい領域にはしわ状の線形構造がみられ，古い領域を引き裂くように鋭角的に入り込んでいる．これは内部より流動性に富んだ氷が上昇してきて古い地表面を引き裂き，置き換えた結果であると考えられている．Cassini はさらに表面より吹き上げるガス状のプルームを観測し，内部で融解した水が噴出する「水噴火」であると考えられている．

図 3.61
エンセラダスにみられる水火山の噴煙：エンセラダスの表面より立ち上っているガス．水火山噴火で内部より噴出してきた水が水蒸気化したものと考えられている．エンセラダスの活発な内部活動の熱源は土星との重力相互作用による潮汐変形による摩擦熱である．

資　料

●火山活動度と火山のランク

火山活動度は，簡略化すると次のように表現される．

（火山活動度）＝（活動頻度）×（噴火規模）
　　　　　　×（活動様式）

実際には，上式の常用対数をとり，活動度指数で表現し，次の式で表す．

（活動度指数）＝（活動頻度指数）＋（噴火規模指数）
　　　　　　＋（活動様式指数）

活動度指数には1万年活動度指数と100年活動度指数とがあり，それぞれ独立に求められたのち，火山のランク分けに使用される．

それぞれの指数は以下のような手順で求められる．

■1万年活動度指数

おおむね1万年以内の活動度を把握するため，以下の3つの指数を求め，活動度指数を計算する．

活動頻度指数

噴火活動の頻度に応じて指数を決定する．具体的には，過去300年間，1,000年間，3,000年間，1万年間に噴火活動があった場合にそれぞれ0.5ずつ加算する．

噴火規模指数

過去1万年間に起こった最大噴火の火山爆発指数（VEI）を用いる．

活動様式指数

山麓にまで影響を与えた噴火を対象とし，噴出物の移動速度，噴出物が堆積した面積や噴出物の温度などの現象の激しさに応じて次のように配点する．

　　火砕流・火砕サージ：3.
　　山体崩壊：3.
　　泥流：2.
　　マグマ水蒸気爆発：2.
　　溶岩流：1.

なお，活動様式の評価に際しては，活動を1,000年前以前と1,000年前以降に分け，それぞれの期間について，上記噴火現象の最大を計算する．過去1,000年間の活動を重視する立場から，1,000年前以前の値には0.5を，1000年前以降の値には1を乗じ，これら2つの値のうち大きい方を活動様式指数として与える．

■100年活動度指数

近代観測による最近100年以内の火山の活動度を把握するため，以下の3つの情報を整理し，合計して100年活動度指数とする．ここでは活動様式のかわりに，噴火に限らず，噴煙量の増大など，種々の火山性異常を考慮した噴火規模指数を用いる．また活動頻度については過去100年間の活動頻度のほか，観測データが充実した最近30年間については別に取り扱う．

（100年活動度指数）＝（活動頻度100年指数）
　　　　　　　　＋（活動頻度30年指数）
　　　　　　　　＋（噴火規模100年指数）

活動頻度100年指数：最近100年間の観測データに基づいて，噴火や種々の火山性の異常が観測された年数の総計＋1の常用対数．

活動頻度30年指数：観測データが充実した最近30年間については，噴火や種々の火山性の異常が観測された年数の総計＋1の常用対数．噴気活動がある場合には1を加えてから常用対数をとる．

噴火規模100年指数：最近100年間の噴出物総量［万m^3］の常用対数．

上記の活動度指数の評価に基づいた過去の火山活動度に基づく分類（ランク分け）は以下の3種類になる．

ランクA：100年活動度指数（5を超える）あるいは1万年活動度指数（10を超える）が特に高い火山

ランクB：100年活動度指数（1を超える）あるいは1万年活動度指数（7を超える）が高い火山（ランクAを除く）

ランクC：いずれの活動度指数とも低い火山（ランクA，B以外の火山）

● 日本の活火山一覧表

番号	活火山名	英　名	標　高[m]	世界測地系・緯度 （地理院基準点）	世界測地系・経度 （地理院基準点）	ランク
1	知床硫黄山	Shiretoko-Iozan	1,562	44°08′00″	145°09′41″	B
2	羅臼岳	Rausudake	1,661	44°04′33″	145°07′20″	B
3	摩周	Mashu	857	43°34′20″	144°33′39″	B
4	アトサヌプリ	Atosanupuri	508	43°36′37″	144°26′19″	C
			574	43°36′54″	144°25′38″	
5	雌阿寒岳	Meakandake	1,499	43°23′12″	144°00′32″	B
6	丸山	Maruyama	1,692	43°25′03″	143°01′52″	C
7	大雪山	Taisetsuzan	2,290	43°39′49″	142°51′15″	C
8	十勝岳	Tokachidake	2,077	43°25′05″	142°41′11″	A
9	利尻山	Rishirizan	1,721	45°10′43″	141°14′31″	C
10	樽前山	Tarumaesan	1,041	42°41′26″	141°22′36″	A
11	恵庭岳	Eniwadake	1,320	42°47′36″	141°17′07″	C
12	倶多楽	Kuttara	549	42°29′29″	141°09′35″	C
			377	42°30′19″	141°08′40″	
13	有珠山	Usuzan	733	42°32′38″	140°50′21″	A
			398	42°32′33″	140°51′51″	
			669	42°32′39″	140°49′51″	
14	羊蹄山	Yoteisan	1,898	42°49′36″	140°48′41″	C
15	ニセコ	Niseko	1,116	42°53′07″	140°38′25″	C
			1,308	42°52′30″	140°39′32″	
16	北海道駒ケ岳	Hokkaido-Komagatake	1,131	42°03′48″	140°40′38″	A
17	恵山	Esan	618	41°48′17″	141°09′58″	B
18	渡島大島	Oshima-Oshima	737	41°30′35″	139°22′02″	B
19	恐山	Osorezan	879	41°16′43″	141°07′12″	C
20	岩木山	Iwakisan	1,625	40°39′21″	140°18′11″	B
21	八甲田山	Hakkodasan	1,584	40°39′32″	140°52′38″	C
22	十和田	Towada	690	40°27′34″	140°54′36″	B
			1,011	40°30′37″	140°52′48″	
23	秋田焼山	Akita-Yakeyama	1,366	39°57′50″	140°45′25″	B
24	八幡平	Hachimantai	1,613	39°57′28″	140°51′15″	C
25	岩手山	Iwatesan	2,038	39°51′09″	141°00′04″	B
26	秋田駒ケ岳	Akita-Komagatake	1,637	39°45′40″	140°47′58″	B
27	鳥海山	Chokaisan	2,236	39°05′57″	140°02′56″	B
28	栗駒山	Kurikomayama	1,627	38°57′39″	140°47′18″	B
29	鳴子	Naruko	461	38°44′10″	140°43′41″	C
30	肘折	Hijiori	545	38°36′01″	140°09′42″	C
31	蔵王山	Zaozan	1,841	38°08′37″	140°26′24″	B
32	吾妻山	Azumayama	1,949	37°44′07″	140°14′40″	B
33	安達太良山	Adatarayama	1,709	37°37′57″	140°16′59″	B
			1,728	37°38′50″	140°16′51″	
34	磐梯山	Bandaisan	1,819	37°36′03″	140°04′20″	B
35	沼沢	Numazawa	835	37°26′40″	139°33′58″	C
36	燧ヶ岳	Hiuchigatake	2,356	36°57′18″	139°17′07″	C
37	那須岳	Nasudake	1,915	37°07′29″	139°57′46″	B
38	高原山	Takaharayama	1,184	36°57′12″	139°47′19″	C
			1,795	36°54′00″	139°46′36″	
39	日光白根山	Nikko-Shiranesan	2,578	36°47′55″	139°22′33″	C
40	赤城山	Akagisan	1,828	36°33′37″	139°11′36″	C
41	榛名山	Harunasan	1,449	36°28′38″	138°51′03″	B
42	草津白根山	Kusatsu-Shiranesan	2,171	36°37′22″	138°31′55″	B
			2,165	36°37′06″	138°31′40″	
43	浅間山	Asamayama	2,568	36°24′23″	138°31′23″	A
44	横岳	Yokodake	2,480	36°05′14″	138°19′13″	C
45	新潟焼山	Niigata-Yakeyama	2,400	36°55′15″	138°02′09″	B

番号	活火山名	英名	標高[m]	世界測地系・緯度 (地理院基準点)	世界測地系・経度 (地理院基準点)	ランク
46	妙高山	Myokosan	2,454	36° 53′ 29″	138° 06′ 49″	C
47	弥陀ヶ原	Midagahara	2,621	36° 34′ 16″	137° 35′ 23″	C
48	焼岳	Yakedake	2,455	36° 13′ 37″	137° 35′ 13″	B
49	アカンダナ山	Akandanayama	2,109	36° 12′ 01″	137° 34′ 22″	C
50	乗鞍岳	Norikuradake	3,026	36° 06′ 23″	137° 33′ 13″	C
51	御嶽山	Ontakesan	3,067	35° 53′ 34″	137° 28′ 49″	B
52	白山	Hakusan	2,702	36° 09′ 18″	136° 46′ 17″	C
53	富士山	Fujisan	3,776	35° 21′ 39″	138° 43′ 39″	B
54	箱根山	Hakoneyama	1,438	35° 14′ 00″	139° 01′ 15″	B
55	伊豆東部火山群	Izu-Tobu Volcano Group	580	34° 54′ 11″	139° 05′ 41″	B
56	伊豆大島	Izu-Oshima	764	34° 43′ 29″	139° 23′ 41″	A
57	利島	Toshima	508	34° 31′ 13″	139° 16′ 45″	C
58	新島	Niijima	432	34° 23′ 48″	139° 16′ 12″	B
			426	34° 23′ 37″	139° 15′ 56″	
59	神津島	Kozushima	572	34° 13′ 10″	139° 09′ 11″	B
60	三宅島	Miyakejima	775	34° 05′ 37″	139° 31′ 34″	A
61	御蔵島	Mikurajima	851	33° 52′ 28″	139° 36′ 07″	C
62	八丈島	Hachijojima	854	33° 08′ 13″	139° 45′ 58″	C
			701	33° 05′ 31″	139° 48′ 44″	
63	青ヶ島	Aogashima	423	32° 27′ 30″	139° 45′ 33″	C
64	ベヨネース列岩	Beyonesu Rocks	11	31° 53′ 16″	139° 55′ 05″	—
65	須美寿島	Sumisujima（Smith Rocks）	136	31° 26′ 23″	140° 03′ 02″	—
66	伊豆鳥島	Izu-Torishima	394	30° 29′ 02″	140° 18′ 11″	A
67	孀婦岩	Sofugan	99	29° 47′ 37″	140° 20′ 32″	—
68	西之島	Nishinoshima	25	27° 14′ 49″	140° 52′ 29″	B
69	海形海山	Kaikata Seamount	−162	26° 40′	141° 00′	—
70	海徳海山	Kaitoku Seamount	−95	26° 07.6′	141° 05.9′	—
71	噴火浅根	Funkaasane	−14	25° 27.0′	141° 14.1′	—
72	硫黄島	Iojima	161	24° 45′ 03″	141° 17′ 20″	B
73	北福徳堆	Kita-Fukutokutai	−55	24° 24.8′	141° 24.9′	—
74	福徳岡ノ場	Fukutoku-Oka-no-Ba	−22	24° 17.1′	141° 28.9′	—
75	南日吉海山	Minamihiyoshi Seamount	−84	23° 30.0′	141° 56.1′	—
76	日光海山	Nikko Seamount	−612	23° 05′	141° 18′	—
77	三瓶山	Sanbesan	1,126	35° 08′ 26″	132° 37′ 18″	C
78	阿武火山群	Abu Volcanoes	112	34° 26′ 58″	131° 24′ 07″	C
79	鶴見岳・伽藍岳	Tsurumidake and Garandake	1,375	33° 17′ 12″	131° 25′ 47″	B
			1,045	33° 19′ 03″	131° 25′ 39″	
80	由布岳	Yufudake	1,583	33° 16′ 56″	131° 23′ 25″	C
81	九重山	Kujusan	1,791	33° 05′ 09″	131° 14′ 56″	B
			1,787	33° 04′ 56″	131° 14′ 27″	
82	阿蘇山	Asosan	1,592	32° 53′ 04″	131° 06′ 14″	A
			1,506	32° 53′ 01″	131° 05′ 49″	
83	雲仙岳	Unzendake	1,486	32° 45′ 41″	130° 17′ 56″	A
84	福江火山群	Fukue Volcanoes	315	32° 39′ 23″	128° 50′ 55″	C
85	霧島山	Kirishimayama	1,700	31° 56′ 03″	130° 51′ 42″	B
			1,421	31° 54′ 34″	130° 53′ 11″	
			1,574	31° 53′ 11″	130° 55′ 08″	
86	米丸・住吉池	Yonemaru and Sumiyoshiike	14	31° 46′ 27″	130° 34′ 05″	C
			40	31° 46′ 17″	130° 35′ 31″	
87	若尊	Wakamiko	−200	31° 39.2′	130° 45.9′	—
88	桜島	Sakurajima	1,117	31° 35′ 19″	130° 39′ 17″	A
			1,060	31° 34′ 38″	130° 39′ 32″	
89	池田・山川	Ikeda and Yamagawa	256	31° 12′ 48″	130° 34′ 02″	C
			3	31° 12′ 36″	130° 38′ 12″	
90	開聞岳	Kaimondake	924	31° 10′ 48″	130° 31′ 42″	C

番号	活火山名	英　　名	標　高[m]	世界測地系・緯度 （地理院基準点）	世界測地系・経度 （地理院基準点）	ランク
91	薩摩硫黄島	Satsuma-Iojima	704	30° 47′ 35″	130° 18′ 19″	A
92	口永良部島	Kuchinoerabujima	657	30° 26′ 36″	130° 13′ 02″	B
93	口之島	Kuchinoshima	628	29° 58′ 05″	129° 55′ 32″	C
			425	29° 57′ 40″	129° 55′ 58″	
94	中之島	Nakanoshima	979	29° 51′ 33″	129° 51′ 25″	B
95	諏訪之瀬島	Suwanosejima	799	29° 38′ 18″	129° 42′ 50″	A
96	硫黄鳥島	Io-Torishima	212	27° 52′ 52″	128° 13′ 20″	B
97	西表島北北東海底火山	Submarine Volcano NNE of Iriomotejima	—	24° 34′	123° 56′	—
98	茂世路岳	Moyorodake	1,124	45° 23′ 21″	148° 50′ 17″	—
99	散布山	Chirippusan	1,587	45° 20′ 26″	147° 55′ 14″	—
100	指臼岳	Sashiusudake	1,125	45° 05′ 59″	148° 01′ 11″	—
101	小田萌山	Odamoisan	1,208	45° 01′ 43″	147° 55′ 03″	—
102	択捉焼山	Etorofu-Yakeyama	1,158	45° 00′ 43″	147° 52′ 16″	—
103	択捉阿登佐岳	Etorofu-Atosanupuri	1,206	44° 48′ 27″	147° 07′ 50″	—
104	ベルタルベ山	Berutarubesan	1,221	44° 27′ 42″	146° 55′ 55″	—
105	ルルイ岳	Ruruidake	1,486	44° 27′ 20″	146° 08′ 21″	—
106	爺爺岳	Chachadake	1,822	44° 21′ 12″	146° 15′ 08″	—
107	羅臼山	Raususan	888	43° 58′ 44″	145° 43′ 55″	—
108	泊山	Tomariyama	543	43° 50′ 37″	145° 30′ 16″	—

出典：気象庁編，「日本活火山総覧 第3版」

● 日本の主な噴火災害

火山名	西暦年	元号年	月・日	災害要因	詳細現状
霧島山	788	延暦7	4月18日	噴火	（御鉢）溶岩流出，降灰礫多量．
富士山	800〜801	延暦19〜20	4月15日	噴火	降灰砂礫多量，足柄路は埋没．
富士山	864	貞観6	6月	噴火	溶岩で家屋埋没，湖の魚被害．
鳥海山	871	貞観13	5月5日	泥流	泥流が流下堤防が崩壊．
新島	886	仁和2		噴火	房総半島で降灰砂多く，牛馬倒死多数．
浅間山	1108	天仁1	9月5日	噴火	広範囲の降灰砂，田畑大被害．
霧島山	1112	天永3	3月9日	噴火	神社焼失．
霧島山	1113	天永4	2月27日	噴火	霧島峰神社焼失．
霧島山	1167	仁安2		噴火	寺院焼失．
蔵王山	1230	寛喜2	11月29日	噴火	噴石により人畜に被害多数．
阿蘇山	1274	文永11		噴火	噴石，降灰のため田畑荒廃．
阿蘇山	1335	建武2	2月7日	噴火	堂舎被害．
阿蘇山	1335	建武2	3月26日	噴火	堂舎被害．
那須岳	1404	応永11		噴火	近傍の諸村に被害．
那須岳	1410	応永17	3月5日	噴火	噴石や埋没（山崩れ？）のため死者180余名．牛馬多数被害．
桜島	1471	文明3		噴火	溶岩流出，噴石，降灰，死者多数．
桜島	1476	文明8	10月	噴火	噴石，降灰砂のため埋没家屋多数，人畜多数死亡．
八丈島	1487	長享1	12月7日	噴火	飢饉．
八丈島	1522	大永2		噴火	桑園被害大．
浅間山	1532	享禄4	1月14日	噴火	積雪が融解・流下し，山麓の道路，家屋に被害．
白山	1554〜1556	天文23〜弘治2		噴火	社堂破壊．川魚に被害．
霧島山	1566	永禄9	10月31日	噴火	（御鉢）死者多数．
白山	1579	天正7	9月27日	噴火	噴石により神社焼失．
阿蘇山	1584	天正12	8月	噴火	田畑荒廃．
浅間山	1596	慶長1	5月5日	噴火	噴石により死者多数．
八丈島	1605	慶長10	10月27日	噴火	田畑被害．
霧島山	1637〜1638	寛永14〜15	11月1日	噴火	（新燃岳）寺院焼失．
北海道駒ケ岳	1640	寛永17	7月31日	山崩れ	山頂部が一部崩壊し，津波発生．沿岸で700名余が溺死．
三宅島	1643	寛永20	3月31日	噴火	噴石により阿古村（現在位置とは異なる）は全村焼失．旧坪田村は火山灰，噴石により，人家，畑が埋没．
浅間山	1648	慶安1	3月	噴火	積雪融解により追分駅流失．
日光白根山	1649	慶安2		噴火	頂上の神社全壊．
有珠山	1663	寛文3	8月16日	噴火	家屋は焼失または埋没．死者5名．
雲仙岳	1663	寛文3	12月	噴火	土石流で死者30余名．
硫黄鳥島	1664	寛文4		噴火	地震，死者あり．
伊豆大島	1684	貞享1	3月末〜	噴火・地震	地震多発し，家屋倒壊．
蔵王山	1694	元禄7	5月29日	噴火	神社焼失．
霧島山	1706	宝永2		噴火	（御鉢）神社など焼失．
富士山	1707	宝永4	12月16日	噴火	宝永地震の49日後に噴火．山麓で家屋・耕地被害．噴火後洪水などの土砂災害が継続．
三宅島	1712	正徳1	2月4日	噴火	阿古村で泥水の噴出で多くの家屋が埋没し，牛馬が死亡した．
霧島山	1716〜1717	享保1〜2	11月9日	噴火	（新燃岳）複数回の準プリニー式噴火．火砕流が発生．死者5名，負傷者31名，神社・仏閣焼失，焼失家屋600余棟，山林・田畑・牛馬に被害．
浅間山	1721	享保6	6月22日	噴火	噴石により登山者15名死亡，重傷者1名．
鳥海山	1740〜	元文5〜		噴火	荒神ヶ岳の南東側山腹火口から噴火．水田・川魚に被害．
渡島大島	1741	寛保1	8月29日	噴火	大津波が発生し，死者1,467名（北海道・津軽），流出家屋791棟．
恵山	1764	明和1	7月	噴気	死者あり．
有珠山	1769	明和5	1月23日	噴火	明和火砕流，南東山麓民家焼失．
霧島山	1771〜1772	明和8〜9		噴火	（御鉢）水蒸気ないし水蒸気マグマ爆発．山火事．

火山名	西暦年	元号年	月・日	災害要因	詳細現状
伊豆大島	1777〜1779	安永6〜8		噴火	溶岩流北東海岸まで達する.
桜島	1779	安永8	11月8日	噴火	噴石，溶岩を流出．死者150余名.
桜島	1781	天明1	4月	噴火	高免沖の島で噴火，津波により死者8名，行方不明者7名，負傷者1名．船舶6隻損失.
浅間山	1783	天明3	8月5日	爆発	鎌原火砕流が発生，北麓に流下，下流では泥流に変化して吾妻川を塞ぎ，決壊し利根川流域の村落を流失した．鎌原火砕流発生直後に鬼押出溶岩が北側斜面を流下．死者1,151名，流失家屋1,061棟，焼失家屋51棟，倒壊家屋130余棟.
青ヶ島	1783	天明3	4月10日	噴火	噴石により家屋61戸焼失，死者7名.
青ヶ島	1785	天明5	4月18日	噴火	当時327人の居住者のうち130〜140名が死亡と推定され，残りは八丈島に避難.
雲仙岳	1791	寛政3	12月	噴火	小浜で山崩れによる死者2名.
雲仙岳	1792	寛政4	5月21日	噴火	眉山（当時前山）が大崩壊を起こし，有明海に流れ込み津波発生．このため島原および対岸の肥後・天草に被害，死者約15,000名.
鳥海山	1801	享和1		噴火	噴石により登山者8名死亡.
浅間山	1803	享和3	11月7日	噴火	噴石により分去茶屋倒壊.
樽前山	1804〜1817	文化年間		噴火	死傷者多数.
諏訪之瀬島	1813	文化10		噴火	住民全員避難，1883（明治16）年まで無人島となる.
阿蘇山	1815	文化12		噴火	降灰多量，噴石，田畑荒廃.
阿蘇山	1816	文化13	7月	噴火	噴石により死者1名.
有珠山	1822	文政5	3月23日	噴火	火砕流（文政熱雲）が発生し，旧アブタ集落（今の入江付近）全滅，死傷者多数.
阿蘇山	1828	文政11	6月	噴火	降灰砂多量，田畑被害.
口永良部島	1841	天保12	8月1日	噴火	村落焼亡，死者多数.
恵山	1846	弘化3	11月18日	噴火	泥流，家屋被害，死者あり.
阿蘇山	1854	安政1	2月26日	噴火	参拝者3人死亡.
北海道駒ケ岳	1856	安政3	9月25日	噴火	降下軽石のため死者2名，負傷者多数，17家屋が焼失．軽石流で死者19〜27名.
蔵王山	1867	慶応3	10月21日	噴火？	御釜沸騰，洪水により死者3名.
阿蘇山	1872	明治5	12月30日	噴火	硫黄採掘者が数名死亡.
三宅島	1874	明治7	7月3日	噴火	溶岩により家屋45軒が埋没．死者1名.
磐梯山	1888	明治21	7月15日	噴火	大規模な岩屑なだれが発生し，山麓の5村11部落を埋没．死者461（477とも）名．家屋山林耕地の被害大.
吾妻山	1893	明治26	6月7日	噴火	火口付近調査中の2名死亡.
蔵王山	1895	明治28	2月15日	噴火	御釜沸騰し，洪水．川魚被害.
霧島山	1895	明治28	10月16日	噴火	（御鉢）山ノ根で噴石で家屋22軒出火．御鉢付近で4名が岩塊にあたり死亡した.
霧島山	1896	明治29	3月15日	噴火	（御鉢）登山者1名死亡．負傷者1名.
草津白根山	1897	明治30	7月8日	噴火	湯釜火口内で爆発，熱泥・湯噴出．付近の硫黄採掘所全壊.
草津白根山	1897	明治30	8月3日	噴火	爆発，負傷者1名.
安達太良山	1900	明治33	7月17日	噴火	火口の硫黄採掘所全壊．死者72名，負傷者10名．山林耕地被害.
霧島山	1900	明治33	2月16日	噴火	（御鉢）爆発により重傷者5名，内2名は後に死亡.
草津白根山	1902	明治35	7月15日	噴火	浴場・事務所の建物全壊.
伊豆鳥島	1902	明治35	8月上旬（7日〜9日のいつか）	噴火	全島民125名死亡.
硫黄鳥島	1903	明治36	3月〜8月	噴火	噴石，全島民が一時久米島に移住.
有珠山	1910	明治43	7月25日	噴火	7月24日 地震により虻田村で半壊破損15棟．25日 家屋・山林・耕地に被害．泥流で死者1名.
浅間山	1911	明治44	5月8日	噴火	噴石により死者1名，負傷者2名．空振による家屋の被害.
浅間山	1911	明治44	8月15日	噴火	死者多数.
浅間山	1913	大正2	5月29日	噴火	登山者1名死亡，負傷者1名.

火山名	西暦年	元号年	月・日	災害要因	詳細現状
桜島	1914	大正3	1月12日	噴火	地震，噴火により村落埋没，全壊家屋120棟，死者58名，負傷者112名，農作物大被害など．
桜島	1914	大正3	1月29日	噴火	溶岩流出．瀬戸海峡を閉塞．
焼岳	1915	大正4	6月6日	噴火	泥流による梓川のせき止め，決潰，洪水発生．
浅間山	1920	大正9	12月14日	噴火	噴石により峰の茶屋焼失．
霧島山	1923	大正12		噴火	（御鉢）死者1名．
十勝岳	1926	大正15	5月24日	噴火	熱い岩屑なだれが積雪を溶かして大規模な泥流発生，2か村（上富良野・美瑛）埋没．死者・行方不明144名，負傷者約200名．建物372棟，家畜68頭，山林耕地被害．
十勝岳	1926	大正15	9月8日	噴火	行方不明2名．
浅間山	1928	昭和3	2月23日	噴火	噴石により分去茶屋焼失，屋根の破損多数．山麓で空振のため戸障子破損．
北海道駒ケ岳	1929	昭和4	6月17日	噴火	噴石，降下軽石，火砕流（軽石流），火山ガスによる被害は8町村に及ぶ．家屋の焼失，全半壊，埋没など1,915余り，山林耕地の被害多く，死者2名，負傷者4名，牛馬の死136頭．
浅間山	1930	昭和5	8月20日	噴火	火口付近で死者6名．
浅間山	1931	昭和6	8月20日	噴火	死者3名．
口永良部島	1931	昭和6	4月2日	爆発	爆発（新岳の西側山腹）．土砂崩壊，負傷者2名，馬，山林田畑被害．
草津白根山	1932	昭和7	10月1日	噴火	火口付近で死者2名，負傷者7名，山上施設破損甚大．
阿蘇山	1932	昭和7	12月18日	噴火	火口付近で負傷者13名．
箱根山	1933	昭和8	5月10日	噴気	大涌谷の噴気孔で大音響とともに噴出，死者1名．
口永良部島	1933〜1934	昭和8〜9	12月24日〜1月11日	噴火	七釜集落全焼，死者8名，負傷者26名，家屋全焼15棟，牛馬や山林耕地に大被害．
浅間山	1936	昭和11	7月29日	噴火	登山者1名死亡．
浅間山	1936	昭和11	10月17日	噴火	登山者1名死亡．
浅間山	1938	昭和13	7月16日	噴火	登山者若干名死亡．農作物被害．
伊豆鳥島	1939	昭和14	8月18日	噴火	住民，海軍気象観測所，全員撤退．
三宅島	1940	昭和15	7月14日	噴火	死者11名，負傷者20名，牛の被害35頭，全壊・焼失家屋24棟，その他被害大．
阿蘇山	1940	昭和15	4月	噴火	負傷者1名．
浅間山	1941	昭和16	7月13日	噴火	死者1名，負傷者2名．
草津白根山	1942	昭和17	2月2日	噴火	火口付近の施設破損．
有珠山	1944	昭和19	7月11日	噴火	負傷者1名，家屋破損，焼失，農作物に被害．
桜島	1946	昭和21	5月21日	噴火	溶岩流出．山林焼失，農作物に大被害，死者1名．
浅間山	1947	昭和22	8月14日	噴火	噴石，降灰，山火事，登山者9名死亡．
浅間山	1949	昭和24	8月15日	噴火	負傷者4名．
浅間山	1950	昭和25	9月23日	噴火	登山者1名死亡，負傷者6名．山麓でガラス破損．
ベヨネーズ列岩	1952	昭和27	9月24日	大爆発	調査中の海上保安庁水路部観測船第5海洋丸遭難31名殉職．
阿蘇山	1953	昭和28	4月27日	噴火	観光客6名死亡，負傷者90余名．
桜島	1955	昭和30	10月13日	噴火	爆発で死者1名，負傷者9名，降灰多量で農作物に被害．（以後，1994年頃まで爆発多数．ガラス，屋根，自動車，航空機の被害多数．降灰による農林被害が継続した．）
桜島	1955	昭和30	10月15日	噴火	爆発で負傷者2名．
伊豆大島	1957	昭和32	10月13日	噴火	火口付近の観光客のうち1名死亡，重軽傷者53名．
阿蘇山	1958	昭和33	6月24日	噴火	死者12名，負傷者28名，建築物に被害．
硫黄鳥島	1959	昭和34	6月8日		全島民86名は島外に移住．
浅間山	1961	昭和36	8月18日	噴火	行方不明1名．耕地，牧草に被害．
十勝岳	1962	昭和37	6月29日	噴火	噴石により大正火口縁の硫黄鉱山事務所を破壊．死者4名，行方不明1名，負傷者11名．
焼岳	1962	昭和37	6月17日	噴火	火口付近の山小屋で負傷者4名．
三宅島	1962	昭和37	8月24日	噴火	焼失家屋5棟のほか道路，山林，耕地など被害．
桜島	1964	昭和39	2月3日	爆発	登山者8名重軽傷．
伊豆鳥島	1965	昭和40	11月16日	地震	気象観測所閉鎖，全員撤退．

火山名	西暦年	元号年	月・日	災害要因	詳細現状
阿蘇山	1965	昭和40	10月31日	噴火	噴石により建築物に被害.
口永良部島	1966	昭和41	11月22日	噴火	爆発，噴石，負傷者3名，牛死亡1頭.
硫黄鳥島	1967	昭和42	11月25日頃	噴火	硫黄採掘者撤退.
草津白根山	1971	昭和46	12月27日	火山ガス	温泉造成のボーリング孔のガス（H_2S）漏れによる中毒死，死者6名.
桜島	1973	昭和48	6月1日	爆発	火山礫により負傷者1名，車ガラス破損.
新潟焼山	1974	昭和49	7月28日	噴火	噴石のため山頂付近で登山者3名死亡.
桜島	1974	昭和49	6月17日	土石流・鉄砲水	土石流，鉄砲水などに二次災害発生し，8月9日と合わせて合計8名死亡.
草津白根山	1976	昭和51	8月3日	火山ガス	本白根山白根沢（弁天沢）で滞留火山ガスにより登山者3名死亡.
有珠山	1977～1978	昭和52～53	8月7日～10月27日	噴火	噴出物による家屋や農林被害．地殻変動により道路や建物，上下水道などに被害．1978年10月に二次泥流により死者2名，行方不明1名，軽傷2名，家屋被害196棟，非家屋被害9棟，農林業，土木，水道施設等に被害.
阿蘇山	1979	昭和54	9月6日	爆発	楢尾岳周辺で死者3名，重傷者2名，軽傷者9名，火口東駅舎被害.
三宅島	1983	昭和58	10月3日	噴火	溶岩流出，多量の岩塊および火山灰で，住宅の埋没・焼失約400棟．山林耕地などに被害.
伊豆大島	1986	昭和61	11月21日	噴火	全島民1万名島外へ避難（約1ヶ月）.
桜島	1986	昭和61	11月23日	噴火	噴石が古里町のホテルに落下，重軽傷6名．近くの飼料乾燥室全焼.
雲仙岳	1991	平成3	5月26日	火砕流	火砕流に対する避難勧告.
雲仙岳	1991	平成3	6月3日	火砕流	火砕流災害（死者不明43名，建物179棟被害）.
雲仙岳	1991	平成3	6月7日	噴火	警戒区域設定，以後次第に拡大し最大時の9月には避難対象人口11,000名.
雲仙岳	1991	平成3	6月8日	火砕流	火砕流災害（建物207棟）.
雲仙岳	1991	平成3	9月15日	火砕流・泥流	火砕流災害（建物218棟）．このほか雨による泥流災害あり.
雲仙岳	1992	平成4	8月8日	噴火	火砕流災害（建物17棟）．このほか雨による土石流災害あり．避難勧告・警戒区域継続，年末時点の避難対象人口約2,000名.
雲仙岳	1993	平成5	6月23～24日	火砕流・土石流	火砕流災害（死者1名，建物187棟）．このほか雨による土石流災害あり.
焼岳	1995	平成7	2月11日	水蒸気爆発	焼岳南東山麓の安曇村の中ノ湯の工事現場で熱水性の水蒸気爆発，作業員4名死亡.
アカンダナ山	1995	平成7	2月11日	水蒸気爆発	安房トンネル建設作業現場において水蒸気爆発が発生し，その衝撃によって引き起こされた土砂崩れにより，作業員4名が死亡.
八甲田山	1997	平成9	7月12日	火山ガス	山麓の田代平で，窪地内に滞留していた炭酸ガスにより，レンジャー訓練中の陸上自衛隊員3名が死亡.
安達太良山	1997	平成9	9月15日	火山ガス	火山ガス（硫化水素）により，沼ノ平で登山者4名死亡.
有珠山	2000	平成12	3月31日	噴火	地殻変動および噴石等で建物被害．住民避難.
三宅島	2000	平成12	8月29日	泥流	9月初めに全島避難（2005年2月1日まで）．多量の火山ガスの放出.
浅間山	2004	平成16	9月1日	噴火	農作物，ガラスなどに被害.

注：日付については噴火災害が生じた月日を示しており，噴火開始日ではない．
出典：気象庁編，「日本活火山総覧 第3版」（一部改変）

●日本の主な地震・津波災害

年月日 (旧暦・和暦)	場所	名称	M	被害摘要
416.8.23 (允恭5.7.14)	遠飛鳥宮付近 (大和)	允恭天皇の大和 河内地震		「日本書紀」に「地震」とのみ記載．被害の記述はないが，我が国の歴史に現れた最初の地震．
599.5.28 (推古7.4.27)	大和		7.0	倒壊屋を生じた，と「日本書紀」にある．地震による被害の記述としては我が国最古．
684.11.29 (天武13.10.14)	土佐その他南海・東海・西海地方	天武天皇(白鳳)の南海・東海地震	8.25	山崩れ，家屋・社寺の倒壊があり，多くの死傷者が出た．津波の来襲後，土佐で船が多数沈没し，田畑約12km^{2}が沈下して海となった．南海トラフ沿いの巨大地震と思われる．
734.5.18 (天平6.4.7)	畿内・七道諸国			倒壊による圧死者が多く，山崩れ，川塞がり，地割れが無数に生じた．
745.6.5 (天平17.4.27)	美濃	天正の美濃地震	7.9	櫓館・正倉・仏寺・堂塔・民家が多数倒壊し，摂津では余震が20日間止まなかった．
818.-.- (弘仁9.7.-)	関東諸国		7.5以上	山崩れによって谷が埋まり，圧死者が多数出た．津波があったとされていたが，おそらく洪水と思われる．
841.-.- (承和8.-.-)	伊豆	承和の北伊豆地震	7.0	「里落完からず」，死者があったといわれる．同年5月3日以前の地震．丹那断層の活動によるものだろうか．
850.-.- (嘉祥3.-.-)	出羽		7.0	地割れ，山崩れがあり，国府の城柵が傾損し，圧死者が多数出た．最上川の岸が崩れ，海水が国府まであと6里のところに迫ったとされる．
863.7.10 (貞観5.6.17)	越中・越後			山崩れで谷が埋まった．水が湧いて民家を破壊し，圧死者が多数出た．直江津付近にあった数個の小島が壊滅したという．
869.7.13 (貞観11.5.26)	三陸沿岸	貞観の三陸沖地震	8.3	城郭・倉庫・門櫓・垣壁などが崩れ落ちた．津波が多賀城下を襲い，溺死者が約1,000名出た．三陸沖の巨大地震とみられる．
878.11.1 (元慶2.9.29)	関東諸国		7.4	相模・武蔵の被害がひどく，5～6日間震動が止まらず，圧死者が多数出た．地面が陥没し交通不能となった．京都でも揺れが感じられたという．
887.8.26 (仁和3.7.30)	五畿・七道	仁和の南海・東海地震	8.0～8.5	京都で民家・官舎の倒壊による圧死者が多数出た．津波が沿岸を襲い，多くの人が溺死した．特に摂津での被害が大きかった．南海トラフ沿いの巨大地震と思われる．
1096.12.17 (永長1.11.24)	畿内・東海道	永長の東海地震	8.0～8.5	皇居の大極殿に被害があり，東大寺の巨鐘が落下．また，近江の勢多橋が落ちた．津波により駿河で社寺・民家400余が流失した．東海沖の巨大地震とみられる．
1099.2.22 (康和1.1.24)	南海道・畿内	康和の南海地震	8.0～8.3	興福寺・摂津天王寺で被害があった．土佐で田畑1,000町余りがすべて海に沈んだとされる．津波があったらしい．
1185.8.13 (文治1.7.9)	近江・山城・大和	文治の京都地震	7.4	京都の白河辺の被害が最も大きく，宇治橋が落ちた．社寺・家屋の倒壊で死者が多数出た．9月まで余震が続いた．
1257.10.9 (正嘉1.8.23)	関東南部		7.0～7.5	鎌倉の社寺のほとんどが破壊され，山崩れによって家屋が転倒した．地割れで水が湧き出た．同日，三陸沿岸に津波が来襲したといわれているが疑わしい．
1293.5.27 (永仁1.4.13)	鎌倉		7.0	鎌倉に強震があった．建長寺が炎上したほか，諸寺に被害が出た．死者は数千人とも23,000名余ともいわれる．余震が多発した．
1360.11.22 (正平15.10.5)	紀伊・摂津		7.5～8.0	4日に大地震があり，5日に再震があった．6日に津波が熊野尾鷲から摂津兵庫までを襲い，人や家畜に被害が多数出た．
1361.8.3 (正平16.6.24)	畿内・土佐・阿波	正平の南海地震	8.25～8.5	摂津四天王寺の金堂が転倒し，圧死者が5名出た．津波で摂津，阿波，土佐に被害があった．阿波の雪(由岐)湊で家屋1,700戸が流失，60名余が溺死した．南海トラフ沿いの巨大地震と思われる．
1433.11.7 (永享5.9.16)	相模		7.0以上	相模大山で仁王の首部分が落ちる．鎌倉周辺で社寺・築地の被害が多かった．当時東京湾に注いでいた利根川の水が逆流した．
1498.7.9 (明応7.6.11)	日向灘		7.0～7.5	九州で山崩れがあり，地割れで泥水が湧き出た．民家はすべて壊れ，死者が多数出た．他地域(伊予・畿内)でも地変や地震が記録されているが，同じ地震であるかは不明．
1498.9.20 (明応7.8.25)	東海道全般	明応の東海地震	8.2～8.4	紀伊から房総にかけてと甲斐に大きな揺れがあった．津波の被害が大きく，伊勢大湊で家屋流失1,000戸・溺死者5,000名，伊勢・志摩で溺死者10,000名，静岡県志太郡で溺死者26,000名などの被害があった．南海トラフ沿いの巨大地震とみられる．

年月日 (旧暦・和暦)	場所	名称	M	被害摘要
1502.1.28 (文亀1.12.10)	越後南西部		6.5〜7.0	越後の国府 (現・直江津) で家屋が壊れ, 死者が多数出た. 会津でも強い揺れがあった.
1510.9.21 (永正7.8.8)	摂津・河内		6.5〜7.0	摂津・河内の諸寺で被害があり, 大阪では倒壊による死者が出た. 余震が70日以上続いた.
1586.1.18 (天正13.11.29)	畿内・東海・東山・北陸諸道	天正の飛騨美濃近江地震	7.8	飛騨白川谷で大山が崩れ, 民家300戸以上が埋没し, 死者が多数出た. 余震が翌年まで続いたとされる.
1596.9.1 (慶長1.閏7.9)	豊後	慶長の豊後地震	7.0	高崎山が崩れ, 八幡村の柞原八幡社拝殿などが倒壊した. 大津波で別府湾沿岸に被害があり, 大分などで家屋が流失した. 「瓜生島」(大分の北にあった沖ノ浜とされる) の80%が陥没し, 708人が亡くなった.
1596.9.5 (慶長1.閏7.13)	畿内	慶長の京都地震	7.5	三条から伏見で最も被害が大きく, 伏見城天守閣が大破し, 石垣が崩れ約500名が圧死した. 堺で600名以上が亡くなり, 奈良・大阪・神戸でも被害があった. 余震が翌年4月まで続いたとされる.
1605.2.3 (慶長9.12.16)	東海・南海・西海諸道	慶長地震	7.9	犬吠崎から九州までの太平洋岸に津波が来襲し, 八丈島で死者57名, 紀伊西岸広村で700戸流失, 阿波宍喰で死者1,500名, 土佐甲ノ浦で死者350名, 室戸岬付近で死者400名以上の被害があった.
1611.9.27 (慶長16.8.21)	会津	慶長の会津地震	6.9	若松城下とその付近で3,700名以上が亡くなった. 山崩れで会津川と只見川が塞がり, 南北60kmの間に多数の沼をつくった.
1611.12.2 (慶長16.10.28)	三陸沿岸および北海道東岸	慶長の三陸沖地震	8.1	地震よりも津波による被害が大きかった. 伊達領内で死者1,783名, 南部・津軽で人や馬に3,000名以上の被害があったといわれる. 三陸沿岸で家屋の流出が多く, 北海道東部でも溺死者が多数出た.
1633.3.1 (寛永10.1.21)	相模・駿河・伊豆		7.0	小田原城の矢倉・門塀・石壁が破壊し, 城下で家屋が倒壊. 150名が亡くなった. 箱根で山崩れがあり, 熱海を津波が襲った.
1649.7.30 (慶安2.6.21)	武蔵・下野		7.0	川越で強震があり, 町屋が700軒大破した. 江戸城では石垣の破損, 侍屋敷の破損の被害があり, 圧死者が多数出た. 上野東照宮の大仏の頭部が落ち, 日光東照宮でも被害があった. 余震が日々40〜50回もあった.
1662.6.16 (寛文2.5.1)	山城・大和・河内・和泉・摂津・丹後・若狭・近江・美濃・伊勢・駿河・三河・信濃	寛文の琵琶湖西岸地震	7.25〜7.6	比良岳付近で被害が大きく, 滋賀唐崎で田畑が湖中に没し, 倒壊家屋1,570, 大溝では倒壊1,020以上, 死者37名, 彦根で倒壊1,000, 死者30名以上, 榎村で死者300名, 戸川村で死者260名以上, 京都で倒壊1,000, 死者200名以上の被害があった.
1662.10.31 (寛文2.9.20)	日向・大隅		7.5〜7.75	日向灘沿岸に被害があり, 城の破損, 倒壊などで死者が出た. 山崩れ, 津波で宮崎県沿岸の7ヶ村の周囲, 7里35町が陥没して海となった. 日向灘の地震の中で最も被害が大きかった.
1666.2.1 (寛文5.12.27)	越後西部		6.75	高田城が破損し, 侍屋敷が700以上潰れた. 夜半に火災があり, 約1,500名が亡くなった.
1677.11.4 (延宝5.10.9)	磐城・常陸・安房・上総・下総	延宝の房総沖地震	8.0	磐城から房総にかけてを津波が襲った. 小名浜などで死者・行方不明者130名以上, 水戸領内で溺死36名, 房総で溺死246名以上, 奥州岩沼領で死者123名の被害があった. 陸に近いM6級の地震とする説がある.
1694.6.19 (元禄7.5.27)	能代付近		7.0	42ヶ村に被害があり, 中でも能代の被害は壊滅的だった. 394名が亡くなり, 2,000以上の家屋が倒壊または焼失した. 秋田・弘前でも被害があり, 岩木山で岩石が崩れ, 硫黄平で火災が発生した.
1703.12.31 (元禄16.11.23)	江戸・関東諸国	元禄地震	7.9〜8.2	相模・武蔵・上総・安房で強震があり, 小田原城下は全滅した. 倒壊8,000以上, 死者2,300名以上の被害があった. 津波が犬吠崎から下田の沿岸を襲い, 数千名が亡くなった. 相模トラフ沿いの巨大地震と思われる.
1707.10.28 (宝永4.10.4)	五畿・七道	宝永地震	8.6	我が国最大級の地震の1つ. 少なくとも死者20,000名, 倒壊家屋60,000, 流出家屋20,000の被害があった. 東海道・伊勢湾・紀伊半島が最もひどく, 津波が紀伊半島から九州までの太平洋沿岸や瀬戸内海を襲った. 遠州灘沖および紀伊半島沖で2つの巨大地震が同時に起こったとも考えられる. 2ヶ月後に富士山の宝永噴火があった.

年月日 (旧暦・和暦)	場所	名称	M	被害摘要
1710.10.3 (宝永 7. 閏 8.11)	伯耆・美作	宝永の伯耆地震	6.5	河村・久米両郡（現・鳥取県東伯郡）で被害が最も大きかった．山崩れで人家が倒壊した．倉吉・八橋町・大山・鳥取で被害があり，死者が多数出た．
1717.5.13 (享保 2.4.3)	仙台・花巻		7.5	仙台城の石垣が崩れたほか，花巻で家屋の多くが破損し，地割れや泥の噴出があった．津軽・角館・盛岡・江戸で揺れが感じられた．
1741.8.29 (寛保 1.7.19)	渡島西岸・津軽・佐渡	寛保の渡島半島津波		渡島大島では火山がこの月の上旬から活動し，13日に噴火した．19日早朝に津波があり，北海道で死者1,467名，流出家屋729，船の破壊1,521の被害があった．津軽では家屋が約100棟流出し，37名が亡くなった．
1751.5.21 (宝暦 1.4.26)	越後・越中		7.0〜7.4	高田城が破損した．鉢崎・糸魚川間で山崩れがあり，多くの人が圧死した．富山，金沢，日光で揺れが感じられた．死者は合計1,500名以上．
1766.3.8 (明和 3.1.28)	津軽		7.25	弘前から津軽半島で被害が大きく，弘前城が破損し，各地で地割れが起こった．倒壊家屋5,000以上，焼失200以上，圧死約1,000名，焼死約300名の被害があった．余震が年末まで続いた．
1769.8.29 (明和 6.7.28)	日向・豊後・肥後		7.75	延岡城・大分城で被害が大きく，寺社・町屋の破損が多かった．熊本領内でも被害があり，宇和島で強い揺れが感じられた．津波があった．
1771.4.24 (明和 8.3.10)	八重山・宮古両群島	八重山地震津波	7.4	津波による被害が大きく，特に石垣島でひどかった．家屋流失計2,000以上，溺死者約12,000名の被害があった．
1772.6.3 (安永 1.5.3)	陸前・陸中		6.75	遠野・宮古・大槌・沢内で落石や山崩れがあり，死者12名の被害．花巻城で所々破損，地割れが見られた．盛岡で家屋破壊の被害があった．江戸でも揺れが感じられた．
1792.5.21 (寛政 4.4.1)	雲仙岳	寛政の島原地震	6.4	前年10月から始まった地震が11月10日頃から強くなり，山崩れなどでたびたび被害があった．4月1日に大地震が2回起こり，天狗山の東部が崩れ，崩土が島原海に入り津波を生じた．津波による死者は約15,000名．「島原大変肥後迷惑」とよばれた．
1793.2.17 (寛政 5.1.7)	陸前・陸中・磐城		8.0〜8.4	仙台封内で家屋損壊1,000以上，死者12名の被害．大槌・両石を津波が襲い，流出家屋71，死者9名，気仙沼で流出家屋300以上の被害を出した．
1804.7.10 (文化 1.6.4)	羽前・羽後	象潟地震	7.0	5月より付近で鳴動があった．倒壊家屋5,000以上，死者300名以上の被害があり，象潟湖が隆起して陸地あるいは沼となった．象潟・酒田などに津波の記録がある．
1828.12.18 (文政 11.11.12)	越後		6.9	信濃川流域の三条，見付，今町，与板などは激震地域で被害が大きかった．全壊9,808，焼失1,204，死者1,443名との記録がある．地割れからの水や砂の噴出や，流砂現象がみられた．
1830.8.19 (天保 1.7.2)	京都および隣国		6.5	洛中洛外の土蔵はほとんど被害を受けたが，民家の倒壊はほとんどなかった．御所・二条城などで被害があり，京都では280名が亡くなった．上下動が強く，余震が頻繁に起こった．
1833.12.7 (天保 4.10.26)	羽前・羽後・越後・佐渡		7.5	庄内地方で被害が大きく，倒壊475，死者42名の被害があった．津波が本庄から新潟までの海岸と佐渡を襲い，能登で流出家屋約345，死者約100名の被害があった．
1843.4.25 (天保 14.3.26)	釧路・根室	天保の根室釧路沖地震	7.5	厚岸国泰寺で被害があった．津波も発生し，死者46名，家屋破壊76の被害があった．八戸でも津波が発生し，松前，津軽，さらには江戸にまで揺れが感じられた．
1847.5.8 (弘化 4.3.24)	信濃北部および越後西部	善光寺地震	7.4	高田から松本にかけて被害が大きかった．松代領で倒壊家屋9,550，死者2,695名，飯山領で倒壊1,977名，死者586名，善光寺領で倒壊家屋2,285，死者2,486名の被害が記録されている．全国からの善光寺参詣者7,000〜8,000名のうち，生存者は約1割であったといわれている．
1853.3.11 (嘉永 6.2.2)	小田原付近		6.7	小田原で被害が大きく，倒壊家屋1,000以上，死者24名の被害があった．山崩れが多発した．
1854.7.9 (安政 1.6.15)	伊賀・伊勢・大和および隣国	安政の伊賀地震	7.25	12日頃から前震があった．上野付近，奈良など全体で死者1,500名以上の被害．上野の北方で西南西−東北東方向の断層を生じ，南側1kmの地域が最大1.5m沈下した．

年月日 (旧暦・和暦)	場所	名称	M	被害摘要
1854.12.23 (安政1.11.4)	東海・東山・南海諸道	安政東海地震	8.4	関東から近畿まで被害が及び，房総から土佐までの沿岸を津波が襲った．特に沼津から伊勢湾にかけての被害が最大で，地震による家屋の倒壊・焼失が約30,000，2,000～3,000名が亡くなった．この地震から100年以上経過した現在，次の東海地震の発生が心配されている．
1854.12.24 (安政1.11.5)	畿内・東海・東山・北陸・南海・山陰・山陽道	安政南海地震	8.4	東海地震の32時間後に発生し，被害地域は中部から九州に及んだ．各地で大津波が発生し，波高は串本で15m，久礼で16m，種崎で11mなど，数千名が亡くなった．この地震で室戸・串本の地域が約1m隆起し，甲浦・加太では約1m沈下した．
1855.11.11 (安政2.10.2)	江戸および付近	江戸地震	7.0～7.1	地震後，30ヶ所以上から出火し，焼失面積は2.2km²に及んだ．下町の被害が大きく，江戸町方で倒壊・消失14,000以上，4,000名以上が亡くなった．
1856.8.23 (安政3.7.23)	日高・胆振・渡島・津軽・南部	安政の八戸沖地震	7.5	津波が三陸および北海道の南岸を襲い，南部藩で流失93，倒壊106，溺死者26名の被害があった．1968年十勝沖地震に津波の様子が似ている．
1858.4.9 (安政5.2.26)	飛騨・越中・加賀・越前	安政の飛越地震	7.0～7.1	飛騨で倒壊319，死者203名の被害．山崩れで常願寺川の上流が堰止められた後，決壊し流出．倒壊1600以上，溺死140名の被害があった．跡津川断層が右横ずれしたことによると考えられる．
1872.3.14 (明治5.2.6)	石見・出雲	浜田地震	7.1	1週間前から鳴動があり，当日には前震もあった．被害は全壊約5,000，死者約550名．特に石見東部で被害が多発した．海岸沿いに数尺の隆起・沈降が見られ，小津波があった．
1891.10.28 (明治24)	岐阜県西部	濃尾地震	8.0	我が国の内陸地震としては最大で，仙台以南で揺れが感じられた．全壊140,000以上，半壊80,000以上，死者7,273名，山崩れ10,000以上の被害．根尾谷を通る大断層を生じ，水鳥で上下方向に6m，水平方向に2m地面がずれた．
1894.10.22 (明治27)	山形県北西部	庄内地震	7.0	庄内平野に被害が集中した．山形県下で全壊3,858，半壊2,397，焼失2,148，死者726名の被害があった．
1896.6.15 (明治29)	岩手県沖	明治三陸地震津波	8.25	地震による被害はなかった．津波が北海道から牡鹿半島の海岸に襲来し，死者は青森343名，宮城3,452名，北海道6名，岩手18,158名．家屋流失・全半壊10,000以上，船の被害約7,000の被害があった．波高は，吉浜24.4m，綾里38.2mなど．津波はハワイやカリフォルニアに達した．
1896.8.31 (明治29)	秋田県東部	陸羽地震	7.2	秋田県の仙北郡・平鹿郡，岩手県の西和賀郡・稗貫郡で被害が大きかった．両県で全壊5,792，死者209名の被害．川舟断層・千屋断層を生じた．
1905.6.2 (明治38)	安芸灘	芸予地震	7.25	広島・呉・松山付近で被害が大きく，広島県で家屋全壊56，死者11名，愛媛県で家屋全壊8の被害があった．
1909.8.14 (明治42)	滋賀県東部	江濃（姉川）地震	6.8	虎姫付近で特に被害が大きく，滋賀・岐阜両県で死者41名，家屋全壊978の被害があった．姉川河口の湖底が数十m深くなった．
1911.6.15 (明治44)	奄美大島付近	喜界島地震	8.0	喜界島・沖縄島・奄美大島で，死者12名，家屋全壊422の被害があった．この地域で最大の地震．中部地方にまで揺れが感じられた．
1914.3.15 (大正3)	秋田県南部	秋田仙北地震	7.1	仙北郡で特に被害が大きかった．死者94名，家屋全壊640の被害．地割れや山崩れが多発した．
1923.9.1 (大正12)	神奈川県西部	関東地震（関東大震災）	7.9	地震後に発生した火災が被害を大きくした．死者・行方不明者100,500名以上，家屋全壊109,000以上，半壊102,000以上，焼失212,000以上（全半壊後の焼失を含む）の被害．房総方面・神奈川南部は隆起，東京付近以西・神奈川北方は沈下した．相模湾の海底は小田原−布良線以北は隆起，南は沈下した．関東沿岸を津波が襲い，波高は熱海で12m，相浜で9.3mを記録した．
1925.5.23 (大正14)	兵庫県北部	北但馬地震	6.8	死者428名，家屋全壊1,295，焼失2,180の被害があった．特に円山川流域で被害が大きく，河口付近に長さ1.6km，西落ちの小断層が2つ生じた．葛港川の河口が陥没して海となった．
1927.3.7 (昭和2)	京都府北西部	北丹後地震	7.3	被害地域は淡路・福井・岡山・米子・徳島・三重・香川・大阪に及び，特に丹後半島の頸部で被害が大きかった．死者2,925名，家屋全壊12,584（家屋5,106，非家屋7,478）の被害．郷村断層（長さ18km，水平ずれ最大2.7m）とそれに直交する山田断層（長さ7km）を生じた．

年月日 (旧暦・和暦)	場所	名称	M	被害摘要
1930.11.26 (昭和5)	静岡県伊豆地方	北伊豆地震	7.3	2〜5月に伊東群発地震．11月11日より前震があった．死者272名，家屋全壊2,165．山崩れ・崖崩れが多く，丹那断層（長さ35km，横ずれ最大2〜3m）とそれに直交する姫之湯断層などを生じた．
1931.9.21 (昭和6)	埼玉県北部	西埼玉地震	6.9	死者16名，家屋全壊207（家屋76，非家屋131）．
1933.3.3 (昭和8)	三陸沖	三陸地震津波	8.1	津波が太平洋岸を襲った．三陸沿岸の被害が甚大で，死者・行方不明者3,064名，家屋流失4,034，倒壊1,817，浸水4,018の被害．波高は綾里湾で28.7mに達した．
1939.5.1 (昭和14)	秋田県沿岸北部	男鹿地震	6.8	この2分後にもM6.7の地震があった．男鹿半島頸部で死者27名，家屋全壊479などの被害があった．半島西部が最大44cm隆起した．小さな津波も発生した．
1940.8.2 (昭和15)	北海道北西沖	積丹半島沖地震	7.5	地震の被害はほとんどなく，津波による被害が大きかった．波高は，羽幌・天塩2m，利尻3m，金沢・宮津1m．天塩河口で溺死10名の被害．
1943.9.10 (昭和18)	鳥取県東部	鳥取地震	7.2	鳥取市を中心に被害が大きく，死者1,083名，家屋全壊7,485，半壊6,158の被害．鹿野断層（長さ8km），吉岡断層（長さ4.5km）を生じた．地割れ・地変が多かった．
1944.12.7 (昭和19)	紀伊半島沖	東南海地震	7.9	静岡・愛知・三重などで合わせて死者・行方不明者1,223名，家屋全壊17,599，半壊36,520，流失3,129の被害（長野県諏訪盆地での家屋全壊12などを含む）があった．熊野灘沿岸で6〜8m，遠州灘沿岸で1〜2mの津波が発生し，紀伊半島東岸で30〜40cm地盤が沈下した．
1945.1.13 (昭和20)	三河湾	三河地震	6.8	地震規模と比べて被害が大きく，死者2,306名，家屋全壊7,221，半壊16,555の被害．特に幡豆郡の被害が大きかった．深溝断層（延長9km，上下ずれ最大2mの逆断層）を生じた．津波は蒲郡で1mなどを記録．
1946.12.21 (昭和21)	紀伊半島沖	南海地震	8.0	被害は中部以西の日本各地にわたり，死者1,330名，家屋全壊11,591，半壊23,487，流失1,451，焼失2,598の被害があった．高知・三重・徳島沿岸では津波が4〜6mに達した．室戸で1.27m，潮岬で0.7m地盤が上昇，須崎・甲浦で約1m沈下し，高知付近で田園15km^{2}が海面下に没した．
1948.6.28 (昭和23)	福井県嶺北地方	福井地震	7.1	福井平野とその周辺で，死者3,769名，家屋全壊36,184，半壊11,816，焼失3,851の被害があった．南北に断層が生じた．
1952.3.4 (昭和27)	釧路沖	十勝沖地震	8.2	北海道南部・東北北部で，死者28名，行方不明者5名，家屋全壊815，半壊1,324，流失91の被害があった．津波が関東地方に及び，波高は北海道で3m前後，三陸沿岸で1〜2m．
1960.5.23 (昭和35)	チリ沖	チリ地震津波	M_s 8.5, M_w 9.5	24日2時頃から津波が日本各地に襲来した．波高は三陸沿岸で5〜6m，その他で3〜4m．北海道南岸・三陸沿岸・志摩半島付近で被害が大きく，沖縄でも被害があった．日本全体で死者・行方不明142名（うち沖縄で3名），家屋全壊1,500以上，半壊2,000以上の被害．
1964.6.16 (昭和39)	新潟県沖	新潟地震	7.5	新潟・秋田・山形を中心に，死者26名，家屋全壊1,960，半壊6,640，浸水15,297の被害があった．また，船舶・道路の被害も大きかった．新潟市内で噴砂水，地盤の液状化が確認された．新潟県沿岸で4m以上に達した．
1968.5.16 (昭和43)	三陸沖	1968年十勝沖地震	7.9	青森を中心に北海道南部・東北地方に，死者52名，負傷者330名，建物全壊673，半壊3,004の被害があった．三陸沿岸で3〜5m，襟裳岬で3mの津波が襲い，浸水529，船舶流失・沈没127の被害．
1974.5.9 (昭和49)	伊豆半島南方沖	1974年伊豆半島沖地震	6.9	伊豆半島南端に，死者30名，負傷者102名，家屋全壊134，半壊240，全焼5の被害があった．御前崎などに小津波が起こった．
1978.1.14 (昭和53)	伊豆大島近海	1978年伊豆大島近海の地震	7.0	死者25名，負傷者211名，家屋全壊96，半壊616，道路損壊1,141，崖崩れ191の被害があった．翌15日の最大余震（M5.8）でも，伊豆半島西部にかなりの被害が出た．
1978.6.12 (昭和53)	宮城県沖	1978年宮城県沖地震	7.4	宮城県を中心に，死者28名（うちブロック塀などによる圧死18名），負傷者1,325名，家屋全壊1,183，半壊5,574，道路損壊888，山・崖崩れ529の被害があった．特に新興開発地に被害が集中した．

年月日 (旧暦・和暦)	場所	名称	M	被害摘要
1983.5.26 (昭和58)	秋田県沖	昭和58年日本海中部地震	7.7	秋田県を中心に，死者104名（うち津波で100名），負傷者163名（同104名），建物全壊934，半壊2,115，流失52，一部破損3,258，船沈没255，流失451，破損1,187の被害があった．津波が津波警報発令以前に沿岸に到達したところもあった．
1984.9.14 (昭和59)	長野県西部	昭和59年長野県西部地震	6.8	王滝村で被害が大きく，死者29名，負傷者10名，家屋全壊・流失14，半壊73，一部破損565，道路損壊258の被害があった．この被害は主として，王滝川・濁川の流域などに発生した大規模な崖崩れと土石流が原因である．
1993.1.15 (平成5)	釧路沖	平成5年釧路沖地震	7.5	我が国では11年ぶりの震度6を釧路で記録し，死者2名，負傷者967名の被害があった．北海道の下に沈み込む太平洋プレートの内部で発生した深さ約100 kmの地震で，この型の地震としては例外的に規模が大きかった．
1993.7.12 (平成5)	北海道南西沖	平成5年北海道南西沖地震	7.8	被害は死者202名，行方不明者28名，負傷者323名で，津波が主な原因である．特に奥尻島の被害は甚大で，島南端の青苗地区は壊滅状態になり，夜半に多くの人命，家屋が失われた．津波の高さは青苗の市街地で10 mを越えたところがある．
1994.10.4 (平成6)	北海道東方沖	平成6年北海道東方沖地震	8.2	北海道東部を中心に，地震と津波により負傷者437名，家屋全壊61，半壊348の被害があった．津波は花咲で173 cm．震源に近い択捉島では，死者・行方不明者10名の被害．
1994.12.28 (平成6)	三陸沖	平成6年三陸はるか沖地震	7.6	震度6の八戸を中心に，死者3名，負傷者788名，家屋全壊72，半壊429の被害があった．道路や港湾の被害もあった．
1995.1.17 (平成7)	淡路島付近	平成7年兵庫県南部地震，阪神・淡路大震災	7.3	活断層の活動による直下型地震．多くの木造家屋，鉄筋コンクリート造，鉄骨造などの建物のほか，高速道路，新幹線を含む鉄道線路なども崩壊した．被害は死者6,434名，行方不明者3名，負傷者43,792名，家屋全壊104,906，半壊144,274，全半焼7,132などの被害があった．
2000.10.6 (平成12)	鳥取県西部	平成12年鳥取県西部地震	7.3	鳥取県境港市，日野町で震度6強（計測震度導入後初めて）．負傷者182名，家屋全壊435，半壊3,101の被害があった．M7級の地殻内地震にもかかわらず活断層が事前に指摘されておらず，明瞭な地表地震断層も現れなかった．
2001.3.24 (平成13)	安芸灘	平成13年芸予地震	6.7	フィリピン海プレート内部の正断層型の地震．いわゆるスラブ内地震（深さ約50 km）で，呉市の傾斜地などで被害が目立った．被害は死者2名，負傷者288名，家屋全壊70，半壊774．
2003.9.26 (平成15)	釧路沖	平成15年十勝沖地震	8.0	太平洋プレート上面のプレート境界地震で1952年とほぼ同じ場所．行方不明者2名，負傷者849名，住家全壊116，半壊368．最大計測震度は6弱（道内9町村）．北海道および本州の太平洋岸に最大4m程度の津波が起こった．
2004.10.23 (平成16)	新潟県中越地方	平成16年新潟県中越地震	6.8	「新潟－神戸歪み集中帯」に属する活褶曲帯で発生した逆断層型地震．規模の大きな余震が多数発生（M6以上4余震）して被害を助長，死者67名，負傷者4,805名，家屋全壊3,175，半壊13,794，火災9の被害（2006年9月22日現在）．計測震度導入後初めて，川口町で震度7を記録した．震源域の地質を反映して地すべり被害が目立った．
2007.3.25 (平成19)	能登半島沖	平成19年能登半島地震	6.9	海陸境界域の横ずれ成分を含む逆断層型地殻内地震．死者1名，負傷者359名，家屋全壊638，半壊1,563（2007年6月14日現在）．珠洲と金沢で0.2 mの津波．
2007.7.16 (平成19)	新潟県上中越沖	平成19年新潟県中越沖地震	6.8	2004年中越地震に続き歪み集中帯で発生した沿岸海域の逆断層型地殻内地震．震源域に原子力発電所があった初めての例．死者11名，負傷者2,343名，家屋全壊1,244，半壊5,241，火災3の被害（2007年10月9日現在）．最大計測震度6強（新潟県内3市村，長野県内1町），地盤変状・液状化などが目立った．日本海沿岸で最大35 cm（柏崎）の津波．

出典：国立天文台編「理科年表 平成20年版」（丸善，2007），科学技術庁「日本の地震」，宇津徳治「地震学 第3版」（共立出版，2001）をもとに作成．

索　引

欧文

BPT 分布　89
b 値　23
CMT 解　27
cryovolcanism　161
D''　2
F-net　44
GPS　17
　──観測　124
Hi-net　44
KiK-net　44
K-NET　44
LAZE　138
P 波　36
SMAC 型強震計　44
S 波　36
USCGS 型強震計　44
VLBI　16
VOG　138

あ行

アイスコア　132
アスペリティ　28, 54, 96
アセノスフェア　2, 7
あびき現象　61
安山岩マグマ　109

一倍強震計　44
イベントツリー　143
今村式強震計　44
岩なだれ　51

ウィーヘルト地震計　42
有珠山　153
ウッド・アンダーソン地震計　22, 42
雲仙普賢岳　156

液状化現象　51
液相温度　111
延焼　57
遠地津波　79

応力降下　89
大森式強震計　44

大森式地震計　41
オフィオライト　5

か行

外核　3
海溝型地震　87, 90
階段ダイヤグラム　145
海底地震　62
海洋地殻　8
海洋プレート内地震　26
海嶺　8
核　1
核マントル境界面　37
確率論的地震動予測地図　97
火口　103
火砕サージ　131
火災旋風　58
火砕物　130
火砕流　130
火山ガス　127, 133
火山活動　132
　──のマーカー　132
火山岩塊　130
火山災害　135
火山砕屑物　130
火山性地震　121
火山体　103
火山灰　130, 139
火山爆発指数　117
火山ハザードマップ　148
火山フロント　106
火山噴火　116
火山噴火予知　145
火山防災マップ　135, 148
火山礫　130
活火山　105
活断層　25, 36, 91
滑落　48
火道　116
ガーネット　5
過熱融解　111
下部マントル　2, 7
カルデラ　103
岩屑なだれ　130, 140
岩屑流　51
関東地震　57
関東大震災　57

かんらん岩　5
機械式地震計　41
幾何減衰　38
気候変動　132
基準面　73
気象庁マグニチュード　23, 64
輝石　5
きのこ雲　117
基盤　41
基本倍率　44
逆断層　26
逆伝播図法　73
休火山　107
強震計　44
共振現象　56
強振動　41, 46, 94
強振動予測　41, 94, 97
　──地図　96
距離減衰曲線　39
距離減衰式　95
屈折　37
屈折波　38
屈折法　44
グーテンベルグ・リヒターの関係　23
群発地震　23

経験的手法　95
計測震度　41, 44
結晶分化作用　115
減圧融解　111
検潮儀　65, 71
検潮所　71
玄武岩マグマ　109

広域テフラ　104
降下火山灰　130
光学式地震計　42
工学的基盤　94
高感度地震計　43
高周波地震　122
更新過程　88
構造探査　44
広帯域地震計　43
固有地震　33
固有周期　25

孤立型微動　122
コンラッド面　38

さ行

災害要因　135
最高水位　72
最大加速度　39
最大全振幅　72
最大速度　39
最大偏差　72
ザクロ石　5
砂防　147
砂防堰堤　148
サンアンドレアス断層　21
3重会合点　74
30年確率　87
30年発生確率　90
酸性雨　138
酸性霧　138
山体崩壊　50
山腹崩壊　51
散乱　39
散乱減衰　39

死火山　107
時間予測モデル　89
示現時刻　72
地震　19, 46
地震基盤　94
地震計　41
地震考古学　88
地震探査　44
地震断層　28
地震地体構造区　97
地震調査研究推進本部　44
地震動　19, 36, 46
地震波　36
地震波速度不連続面　2
地震波トモグラフィ　44
地震モーメント　25
地すべり　48
シナリオ地震　96
地盤　39, 94
地盤増幅率　94
島原大変肥後迷惑　49
斜面崩壊　48
周期　42
重力変化　126
衝撃波　141
上部マントル　2, 7
初生マグマ　113
初動　20, 72
初動の押し引き分布　20
震央　27, 37

震源　20, 27, 38
震源域　27
震源過程　27
震源距離　38
震源断層　28, 39
人工震源　44
震災の帯　54
死んだ惑星　168
震度　41
震度計　41, 44
深発地震　34
深発地震面　34
振幅　38

推算潮位線　72
水蒸気爆発　116
スカート海域　68
スコリア　130
スコリア丘　103
スネルの法則　37
スーパーボルケーノの噴火　117
スピネル　7
スフリエールヒルズ火山　160
すべり速度　27
スマトラ島　81
スラブ　27
スラブ内地震　27, 39
スロースリップ　31
スロッシング　55

成層火山　103
正断層　26
ゼリノス　5
潜在ドーム　153
前震　23
前兆現象　121
前兆すべり　31
セントヘレンズ火山　157
浅発地震　34

層　38
造山作用　13
走時　1, 38
増幅　38
相転移　5
相変化　5
速度地震計　43
側方流動　52
ソリダス　110

た行

体感震度　41
ダイナモ機構　4

ダイビングウェーブ　38
大陸地殻　8
楯状火山　103
縦ずれ断層　26
ダブル・カップル　25
単成火山　104
弾性体　36
弾性定数　36
弾性反発説　20
断層　20
段波　70

地殻　1, 8, 36
地殻再生　162
地殻変動　124
地下構造探査　44
地下水　127
地球磁場　3
地溝帯　107
地磁気の逆転　4
地磁気変化　125
地表地震断層　28, 47, 91
超巨大噴火　117
長周期地震動　39, 55
津波　61, 141
　——の諸元　72
　——の高さ　67
　——の波源　67
津波規模　64
津波警報　64, 82
津波地震　30, 65
津波初動到達時間　72
津波浸水高さ　64
津波スケール　64
津波第1波偏差　72
津波マグニチュード　65
デイサイトマグマ　109, 115
低周波地震　30, 122
低速度層　2, 7
泥流　51, 116
電気抵抗変化　125
電磁気観測　126
電磁式地震計　42
伝播経路　39

導流堤　139, 148
毒性　137
土石流　50, 116, 139
ドームふじ　132
トモグラフィ　10
トラフ　62
トリガ機構　44
トレンチ調査法　93

な行

内核　2, 3
内部海　169
内陸地殻内地震　26, 39
南海地震　87

二酸化硫黄　137
二次溶岩流　131
二次余震　22
ニッケル　3
日本海東縁　75

根なし火山　167
野島断層　94

は行

背弧　107
ハイブリッド合成法　95, 96
破壊伝播効果　96
破壊伝播速度　27
爆風　158
ハザード　46
ハザード曲線　98
波順　72
波状段波　70
発震機構　27
発震機構解　27
発生確率　89
波面　37
半経験的手法　96
パンケーキ　163
反射　37
反射法　44
阪神・淡路大震災　44
判定係数　66

左横ずれ　26
非弾性減衰　39
ピナツボ火山　158
非分散性の波　66
兵庫県南部地震　41
氷床ボーリング　132
表面波　36

風波　70
フェルマーの原理　37
複成火山　104
複双力源　25, 36
フックの法則　36
部分融解　7
ブラスト　158

振り子　41
プレート　8, 12, 23, 36
プレート間地震　26, 39
プレート境界地震　26, 39
プレートテクトニクス　12, 23
不連続面　37
噴煙　130
　——の柱　117
噴煙プルーム　161
噴火　116
噴火マグニチュード　118
噴砂現象　52

平均間隔　89
ヘッドウェーブ　38
ペリドタイト　5, 110
変位地震計　43
変換波　37
変成作用　112

ボア　70
崩壊カルデラ　158
捕獲岩　5
本源マグマ　113
本震　22

ま行

マグニチュード　22, 42
マグマ　109
マグマ貫入説　21
マグマ水蒸気爆発　116, 153
マグマ溜まり　113
マグマ爆発　116
マグマ噴火　116
マール　103
マントル　1
マントル対流　10

右横ずれ　26
水鳥断層　47
三宅島　153
ミルン水平振り子地震計　42

茂木モデル　124
モホ面　2, 37
モーメント・マグニチュード　25
モーメント密度　25

や行

大和碓　75

やや深発地震　34
ユーイング・グレイ・ミルン式
　地震計　41
融解温度　110
遊砂地　139, 148
融雪泥流　140
ゆっくりすべり　31
揺れ　36

溶岩　109
溶岩円頂丘　103
溶岩ドーム　103
溶岩流　109, 130
余効すべり　30
横ずれ断層　26
余震　22
　——の大森公式　22
余震域　25
4象限型　20
410 km不連続面　7

ら行

ライフライン　59
落石　48

リアルタイムハザードマップ
　135, 149
リキダス　111
リスク　46
リソスフェア　2, 8, 12
リヒター・スケール　23
硫化水素　137
流紋岩マグマ　115
理論的手法　96

ルートレス・コーン　167

レシーバ関数法　45
連続微動　122

660 km不連続面　7, 38

わ行

ワイヤーセンサー　148
和達・ベニオフ帯　34
湾口防波堤　84

地震・津波と火山の事典

　　　　　　　平成 20 年 3 月 1 日　発　　　行
　　　　　　　平成 23 年 6 月 30 日　第 3 刷発行

監 修 者　　東京大学地震研究所

編　者　　藤井敏嗣・纐纈一起

発 行 者　　吉　田　明　彦

発 行 所　　丸善出版株式会社
　　　　　〒140-0002 東京都品川区東品川四丁目13番 14 号
　　　　　編集：電話（03）6367-6033／FAX（03）6367-6156
　　　　　営業：電話（03）6367-6038／FAX（03）6367-6158
　　　　　http://pub.maruzen.co.jp/

Ⓒ Earthquake Research Institute, The University of Tokyo, 2008
組版印刷・有限会社 悠朋舎／製本・株式会社 松岳社
ISBN 978-4-621-07923-2 C 3044　　　　Printed in Japan
本書の無断複写は著作権法上での例外を除き禁じられています。